數位 IC 積木式實驗與專題製作
(附數位實驗模板 PCB)

盧明智　編著

U0069015

全華圖書股份有限公司

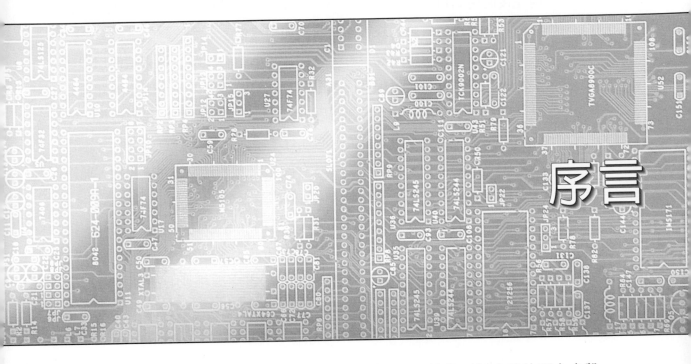

序言

　　期盼學生能把原理說明轉換成實用線路，並能真正以自己的理念去設計及製作相關產品，一直是數位課程上課老師們的共同心願。卻又在大學門戶洞開的時代裡，技職體系所招收的學生，其相關背景與知識能力，雖不敢說不好，卻是整體而言，也帶給老師們不少的困惑。

　　此書的首要目標乃建立其基本常識，溶入正確觀念，以簡單又實用的線路當實習內容，以期培養其信心與興趣。讓學生感受到所做的實習都可以使用在每日的生活中。然後輔之以思考方式的訓練，由所學延伸到其它應用的設計、當學生願意也有能力用"大腦"去想自己要做的實習或線路時，做老師的才會比較輕鬆也比較有成就感。

　　此書的另一項目標乃希望所做的實習，不再是單一IC動作情形的判斷。盼能提升到練習做系統組合，由許多個IC組合成一個實用的線路。則往後使用到PLA、PLD、FPGA……等產品的應用時，整體接線的連結就變得很有概念，將使往後的課程更加順暢。

　　於做數位邏輯應用實習時，往往一個小小的線路，就必須使用四～八個各式數位IC，光接線就要上百條，學生做不下去，老師也不知道如何下手幫忙除錯(因插線實在亂又雜)。所以在第二篇中，我們提供了六塊小模板，以輔助各種數位實習的進行。將使接線減少百分之六十～百分之八十。如此才能讓這些"e世代"的年青人，很快的完成接線，並得到滿意的結果，才能真正的提高學生們的學習興趣。

　　雖然本書已經盡量達到題意明確，正向引導思考方向及大大減少接線。然數位邏輯應用領域實在太廣，相互取代性又很普遍，並且各科系、每一位老師所強調的重點各有差異。書中編排或有疏漏，尚祈指正。更盼望學生能以這些模板及所學創造出更多實用的設計。

盧明智　謹識于來富天廈

使用此書的建議

(一)為學生接一項模板的應用，讓學生感動

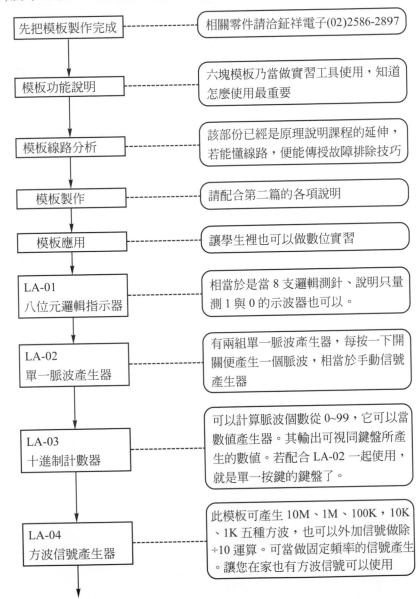

先把模板製作完成 ---- 相關零件請洽鉦祥電子(02)2586-2897

模板功能說明 ---- 六塊模板乃當做實習工具使用，知道怎麼使用最重要

模板線路分析 ---- 該部份已經是原理說明課程的延伸，若能懂線路，便能傳授故障排除技巧

模板製作 ---- 請配合第二篇的各項說明

模板應用 ---- 讓學生裡也可以做數位實習

LA-01 八位元邏輯指示器 ---- 相當於是當 8 支邏輯測針、說明只量測 1 與 0 的示波器也可以。

LA-02 單一脈波產生器 ---- 有兩組單一脈波產生器，每按一下開關便產生一個脈波，相當於手動信號產生器

LA-03 十進制計數器 ---- 可以計算脈波個數從 0~99，它可以當數值產生器。其輸出可視同鍵盤所產生的數值。若配合 LA-02 一起使用，就是單一按鍵的鍵盤了。

LA-04 方波信號產生器 ---- 此模板可產生 10M、1M、100K，10K、1K 五種方波，也可以外加信號做除÷10 運算。可當做固定頻率的信號產生。讓您在家也有方波信號可以使用

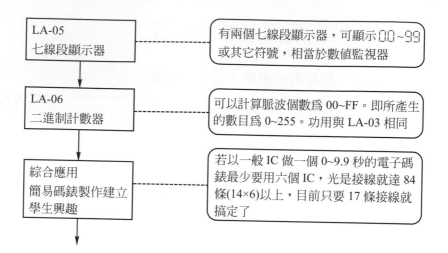

LA-05
七線段顯示器 —— 有兩個七線段顯示器，可顯示 00～99 或其它符號，相當於數值監視器

LA-06
二進制計數器 —— 可以計算脈波個數為 00～FF。即所產生的數目為 0～255。功用與 LA-03 相同

綜合應用
簡易碼錶製作建立
學生興趣 —— 若以一般 IC 做一個 0～9.9 秒的電子碼錶最少要用六個 IC，光是接線就達 84 條(14×6)以上，目前只要 17 條接線就搞定了

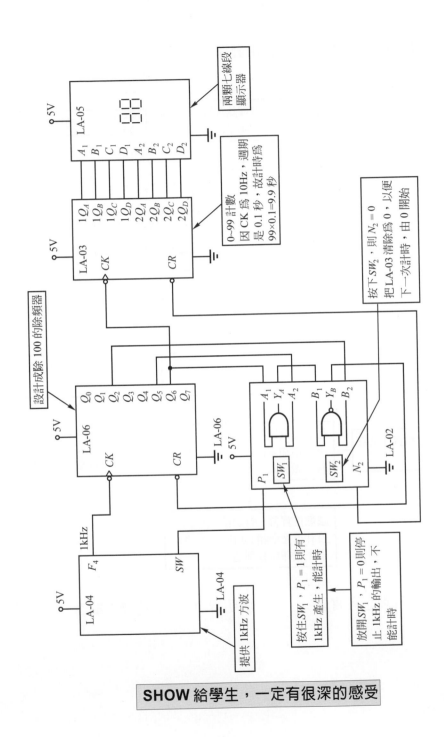

SHOW 給學生，一定有很深的感受

(二)以模板的應用讓學生自由發揮

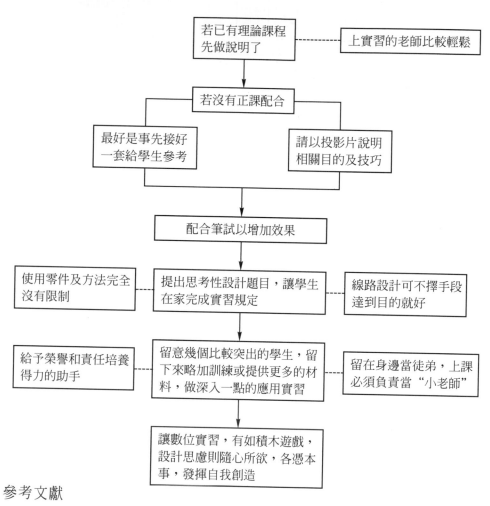

參考文獻

邏輯設計與思考實驗　　　盧明智.王地河.范俊杰編者　　　高立

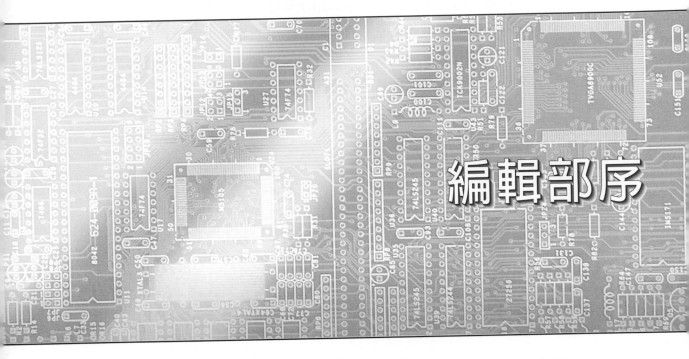

編輯部序

「系統編輯」是我們的編輯方針，我們所提供給您的，絕不只是一本書，而是關於這門學問的所有知識，它們由淺入深，循序漸進。

本書作者以其在學術界多年的教學經驗，以理論結合實務編撰 而成此書。本書分兩篇：第一篇實驗與專題篇包含數位 IC 的認識、 數位 IC 之電壓、電流與時脈、邏輯閘的應用與線路分析、邏輯運算 (函數)之應用、二進制／十進制解碼器、七線段解碼器與顯示器、 編碼器的應用與 A/D C、D/A C 的認識和應用實驗等多種應用實驗， 第二篇為製作篇，內容為數位實驗模板的詳細線路分析。書末並附 CMOS IC 接腳圖、CMOS 分類表及 TTL 分類表。本書適合大專、技術學院電子科、電機科系的數位邏輯或數位實習課程使用，其所產出的作品可支援微電腦實習及專題製作，也是除錯工具。

同時，為了使您能有系統且循序漸進研習相關方面的叢書，我們以流程圖方式，列出各有關圖書的閱讀順序，以減少您研習此門學問的摸索時間，並能對這門學問有完整的知識。若您在這方面有任何問題，歡迎來函連繫，我們將竭誠為您服務。

相關叢書介紹

書號：0528875
書名：數位邏輯設計(第六版)
　　　(精裝本)
編著：林銘波
18K/728 頁/720 元

書號：06425007
書名：FPGA 可程式化邏輯設計實
　　　習：使用 Verilog HDL 與
　　　Xilinx Vivado(附範例光碟)
編著：宋啓嘉
16K/312 頁/360 元

書號：05129037
書名：電腦輔助電子電路設計
　　　－使用 Spice 與 OrCAD
　　　PSpice(第四版)(附軟體
　　　光碟)
編著：鄭群星
16K/608 頁/600 元

書號：0529202
書名：最新數位邏輯電路設計
　　　(第三版)
編著：劉紹漢
16K/592 頁/520 元

書號：05567047
書名：FPGA/CPLD 數位電路設計
　　　入門與實務應用－
　　　使用 Quartus II (第五版)
　　　(附系統.範例光碟)
編著：莊慧仁
16K/420 頁/450 元

書號：04F62
書名：Altium Designer 極致電
　　　路設計
編著：張義和.程兆龍
16K/568 頁/650 元

◎上列書價若有變動，請
以最新定價為準。

流程圖

書號：0526303
書名：數位邏輯設計
　　　(第四版)
編著：黃慶璋

書號：04C18010
書名：可程式邏輯設計實習全一
　　　冊(附範例、動態影音教學
　　　光碟及 PCB 板)
編著：鄭旺泉.張元庭.林佳沂

書號：06186036
書名：電子電路實作
　　　與應用(第四版)
　　　(附 PCB 板)
編著：張榮洲.張宥凱

書號：0630001/ 0630101
書名：電子學(基礎理論)/(進
　　　階應用)(第十版)
編譯：楊棧雲.洪國永.張耀鴻

書號：03838036
書名：數位 IC 積木式實驗與專題
　　　製作(附數位實驗模板 PCB)
　　　(第四版)
編著：盧明智

書號：0502602
書名：電子實習與專題製
　　　作－感測器應用
　　　篇(第三版)
編著：盧明智.許陳鑑

書號：04870216/04871216
書名：電子學 I/II(附鍛練本)
編著：蔡朝洋.蔡承佑

書號：0544802
書名：數位邏輯電路實習
　　　(第三版)
編著：周靜娟.鄭光欽
　　　黃孝祖.吳明瑞

書號：0629601
書名：電子應用電路 DIY
　　　(第二板)
編著：張榮洲.張宥凱

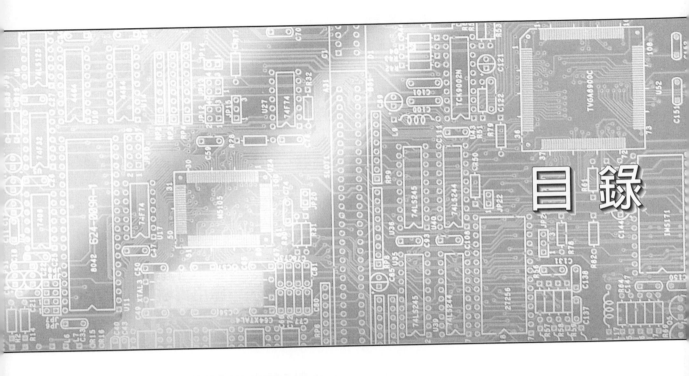

目 錄

第一篇 實驗與專題

第一章 數位 IC 的認識……基本邏輯閘實驗

第二章 數位 IC 之電壓、電流與輸出……電氣特性實驗

第二篇 製作篇

第一章 數位實驗模板功能介紹

第二章 數位實驗模板線路分析與故障排除

附　錄

第 **1** 篇

實驗與專題

第 1 章

數位 IC 的認識⋯⋯基本邏輯閘實驗

實驗目的

(1) 了解基本邏輯閘可視為開關的組合。

(2) 本章主要為驗證各種邏輯閘的真值表。

(3) 了解邏輯狀況乃以電壓的高低代表之。

原理說明

在數位 IC 還沒有出現之前，邏輯運算早就被使用於各種控制電路之中，可用開關或電晶體組成邏輯電路，例如：

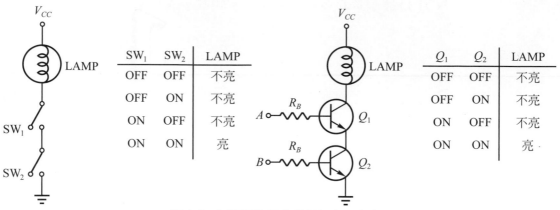

圖 1-1　邏輯運算可由開關組合而完成

而在數位 IC 中的基本邏輯閘和開關的對照關係如下：

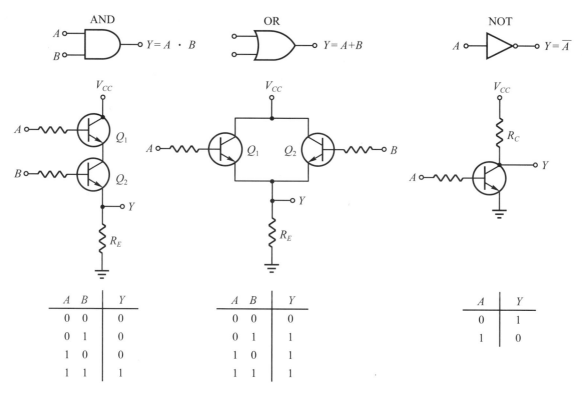

圖 1-2　最基本的邏輯閘

　　AND，OR，NOT 是最基本的邏輯閘，其它邏輯閘均可由這三個的組合而完成。例如：

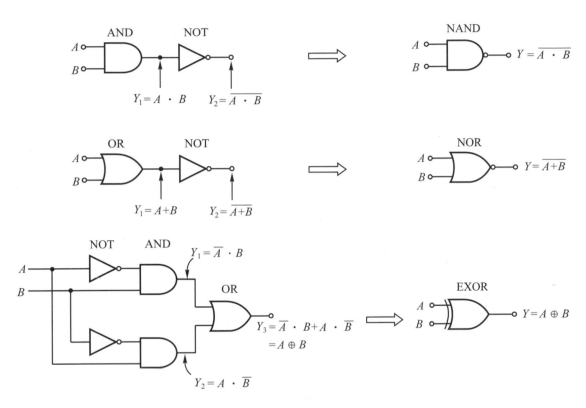

圖 1-3　由 AND，OR，NOT 組成 NAND，NOR，EXOR

　　數位 IC 中已把這些相關的邏輯閘集中做成各種不同的運算，計有：

⑴　AND(及閘)：輸入全部為 1，輸出等於 1，否則為 0。

⑵　NAND(反及閘)：輸入只要有一個 0，輸出就為 1。

⑶　OR(或閘)：輸入只要有一個 1，輸出就為 1。

⑷　NOR(反或閘)：輸入全部為 0，輸出等於 1，否則為 0。

⑸　NOT(反相閘)：輸入和輸出互為反相。

(6) EXOR(互斥閘)：兩支輸入狀態不一樣，輸出等於1。

(7) Buffer(緩衝器)：輸入和輸出狀態相同。

實驗線路

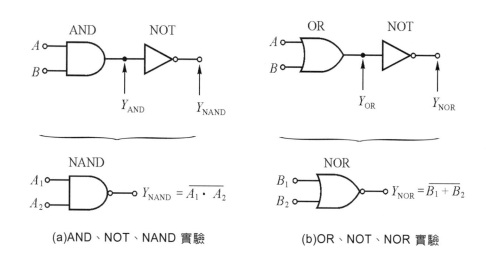

(a)AND、NOT、NAND 實驗　　　　(b)OR、NOT、NOR 實驗

圖1-4　兩組接線代表五種基本閘

　　每次做實驗都為了把接線減到最少，我們費盡心思去設計實驗內容和步驟，希望以最少的零件、最少的接線完成所有該學到的單元和項目，目前這個實驗只會用到一個IC，卻能把六種邏輯閘的真值表都建立起來。

模板應用與實驗接線

(1)　AND 的實驗

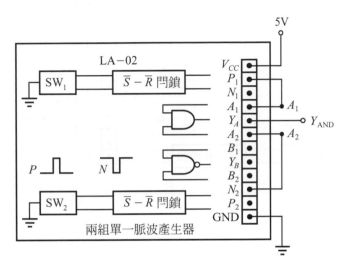

圖 1-5　AND 實驗接線

開關動作		量輸入電壓		量輸出電壓
SW_1	SW_2	A_1	A_2	Y_{AND}
OFF	OFF	V	V	V
OFF	ON	V	V	V
ON	OFF	V	V	V
ON	ON	V	V	V

1. 量測 A_1，A_2 和 Y_{AND} 旳各點電壓。
2. 把所量測的各點電壓填入上表。

(2) NAND 的實驗

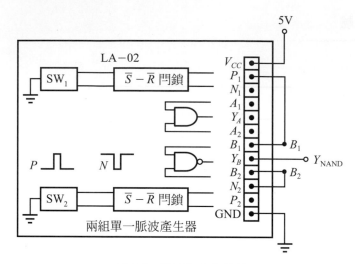

圖 1-6　NAND 實驗接線

開關動作		量輸入電壓		量輸出電壓
SW_1	SW_2	B_1	B_2	Y_{NAND}
OFF	OFF	V	V	V
OFF	ON	V	V	V
ON	OFF	V	V	V
ON	ON	V	V	V

1. 量測B_1，B_2和Y_{NAND}的各點電壓。

2. 把所量測的各點電壓填入上表。

(3)　OR 的實驗與 NOR 實驗同時進行

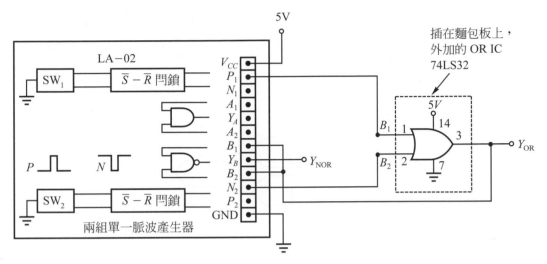

圖 1-7　OR 實驗接線

因為數位模板並沒有預留 OR 閘，所以想做 OR 運算的實驗必須外加一顆 OR IC (74LS32)；並把 74LS32 的輸出接到 LA-02 的 B_1 和 B_2(此乃把 LA-02 的 NAND 當 NOT 使用) 而形成 NOR 的運算，則 $Y_{NOR} = Y_B$。如此為之，就不用再插一個 NOR IC 了。

前面 AND 和 NAND 的實驗也可以一次接線就完成。從這些簡單的接線，配合按開關的動作，便已輕鬆完成所有量測。

開關動作		量輸入電壓		量輸出電壓	
SW_1	SW_2	B_1	B_2	Y_{OR}	Y_{NOR}
OFF	OFF	V	V	V	V
OFF	ON	V	V	V	V
ON	OFF	V	V	V	V
ON	ON	V	V	V	V

1. 量測 B_1，B_2，Y_{OR} 和 Y_{NOR} 旳各點電壓。
2. 把所量測的各點電壓填入上表。

實驗討論

(1) 實驗記錄中，2.4V以上者，看成是邏輯1(或用H代表之)，而0.8V以下者，看成是邏輯0(或以L代表之)。請依實驗記錄，寫出各邏輯閘的真值表。(a)AND，(b)NAND，(c)NOT，(d)OR，(e)NOR。

(2)

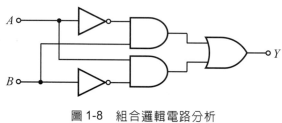

圖1-8　組合邏輯電路分析

① 請寫出Y和A、B的關係式(邏輯函數是也)。

② 寫出Y和A、B的真值表。

③ 這種組合的另一個名稱是叫什麼邏輯閘？

④ 這種邏輯閘，可能被用到什麼地方？

⑤ 請找出該類IC的編號3個(含CMOS最少一個)。

(3) 常用的數位閘，其輸入接腳是幾支？請您分類整理。

【Ans】：　儘把 TTL 和 CMOS 邏輯閘的接腳圖整理在一起，供您參考，使這本書能具有如下各項功能

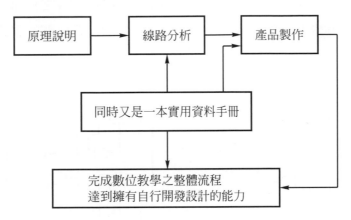

圖 1-9　資料手冊功用流程圖

① 常用邏輯閘分類表

參考資料……各種邏輯閘的接腳圖

基本邏輯閘、三態閘、傳輸閘

00 Quad 2-Input NAND Gates

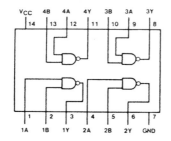

01 Quad 2-Input NAND Gates with Open-Collector Outputs

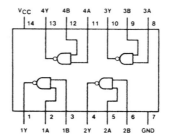

02 Quad 2-Input NOR Gates

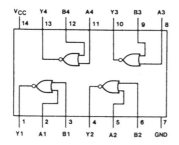

03 Quad 2-Input NAND Gates with Open-Collector Outputs

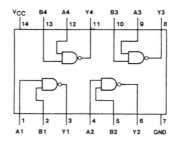

04 Hex Inverters

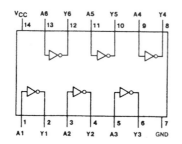

05 Hex Inverters with Open-Collector Outputs

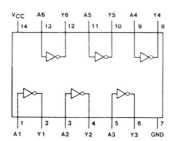

06　Hex Inverter Buffers with Open-Collector High Voltage Outputs

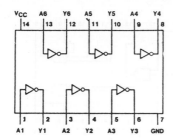

08　Quad 2-Input AND Gates

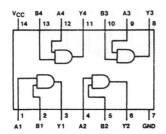

10　Triple 3-Input NAND Gates

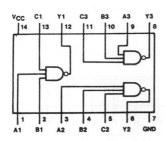

12　Triple 3-Input NAND Gates with Open-Collector Outputs

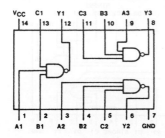

07　Hex Buffers with Open-Collector High Voltage Outputs

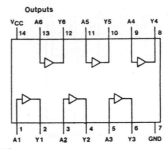

09　Quad 2-Input AND Gates with Open-Collector Outputs

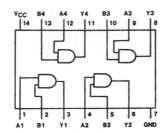

11　Triple 3-Input AND Gates

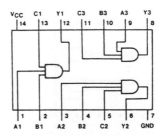

13　Dual 4-Input NAND Schmitt Triggers

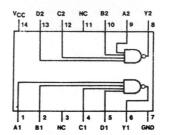

14   Hex Schmitt Triggers

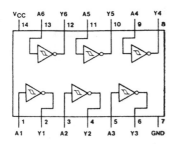

15   Triple 3-Input AND Gates with Open-Collector Outputs

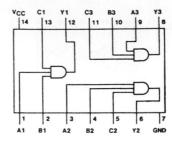

16   Hex Inverter Buffers with Open-Collector High-Voltage Outputs

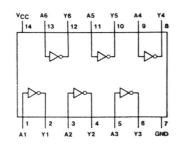

17   Hex Buffers with Open-Collector High-Voltage Outpu

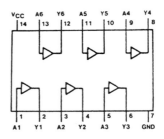

20   Dual 4-Input NAND Gates

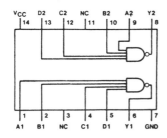

21   Dual 4-Input AND Gates

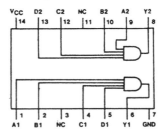

22   Dual 4-Input NAND Gates with Open Collector Outputs

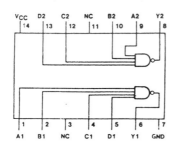

23   Expandable Dual 4-Input NOR Gates with Strobe

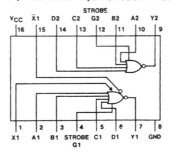

25 **Dual 4-Input NOR Gates with Strobe**

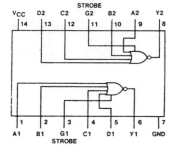

27 **Triple 3-Input NOR Gates**

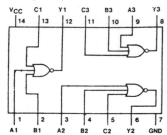

32 Quad 2-Input OR Gates

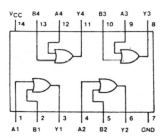

38 Quad 2-Input NAND Buffers with Open-Collector Outputs

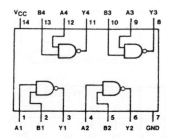

26 Quad 2-Input High-Voltage NAND Gates

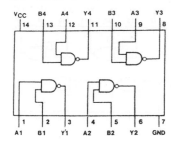

30 8-Input NAND Gates

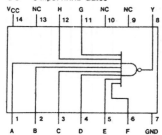

37 Quad 2-Input NAND Buffers

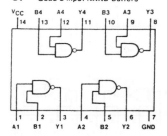

40 Dual 4-Input NAND Buffers

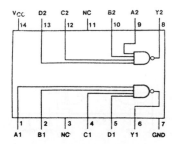

86 Quad 2-Input EXCLUSIVE-OR Gates

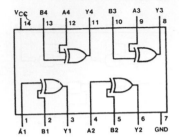

132 Quad 2-Input NAND Schmitt Triggers

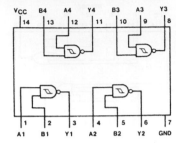

133 13-Input NAND Gates

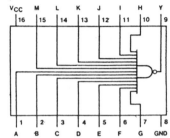

134 TRI-STATE 12-Input NAND Gates

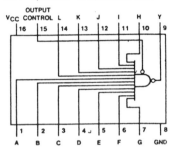

135 Quad EXCLUSIVE-OR/NOR Gates

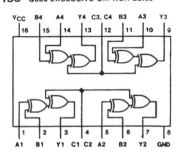

136 Quad EXCLUSIVE-OR Gates with Open-Collector Outputs

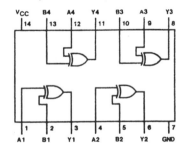

386 Quad 2-Input Exclusive-OR Gates

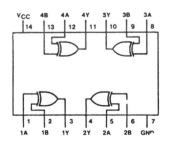

140 Dual 50-Ohm Line Drivers

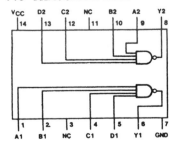

266 Quad EXCLUSIVE-NOR Gates with Open-Collector

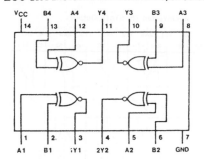

126 TRI-STATE° Quad Buffers

Truth Table

Inputs		Output
A	C	Y
H	H	H
L	H	L
X	L	Hi-Z

Y = A

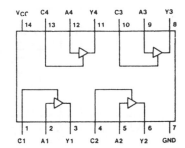

125 TRI-STATE° Quad Buffers

Truth Table

Inputs		Output
A	C	Y
H	L	H
L	L	L
X	H	Hi-Z

Y = A

365 TRI-STATE Hex Buffers

Truth Table

Inputs			Output
$\overline{G1}$	$\overline{G2}$	A	Y
H	X	X	Z
X	H	X	Z
L	L	H	H
L	L	L	L

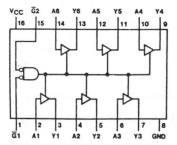

366 TRI-STATE° Hex Inverting Buffers

Truth Table

Inputs			Output
$\overline{G1}$	$\overline{G2}$	A	Y
H	X	X	Z
X	H	X	Z
L	L	H	L
L	L	L	H

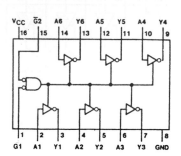

Octal Buffers/Line Drivers/Line Receivers

240 Inverted TRI-STATE® Outputs

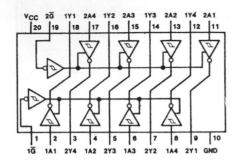

Octal Buffers/Line Drivers/Line Receivers

241 Noninverted TRI-STATE Outputs

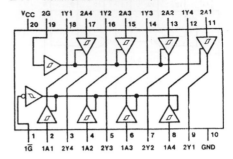

Quadruple BUS Transceivers

242 Inverted TRI-STATE® Outputs

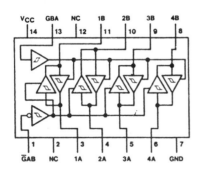

Quadruple Bus Transceivers

243 Noninverted TRI-STATE Outputs

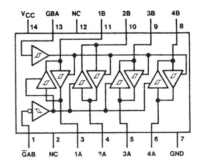

Octal Buffers/Line Drivers/Line Receivers

244 Noninverted TRI-STATE Outputs

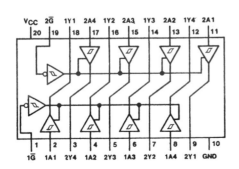

Octal Bus Tranceivers

245 Noninverted TRI-STATE® Outputs

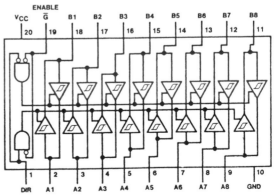

367 TBI-STATE Hex Buffers

Truth Table

Inputs		Output
$\overline{G}$	A	Y
H	X	Z
L	H	H
L	L	L

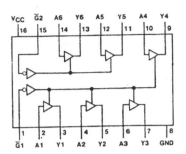

368 TRI-STATE Hex Inverting Buffers

Truth Table

Inputs		Output
$\overline{G}$	A	Y
H	X	Z
L	H	L
L	L	H

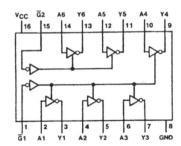

邏輯閘擴展器和 AOI 組合邏輯

50 Dual 2-Wide, 2-Input, AND-OR-INVERT Gates

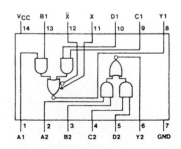

51 Dual 2-Wide, 2-Input AND-OR-INVERT Gates

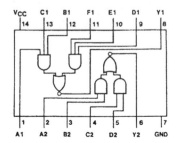

53 Expandable 4-Wide AND-OR-INVERT Gates

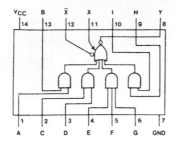

54 4-Wide AND-OR-INVERT Gates

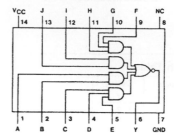

55 2-Wide, 4-Input AND-OR-INVERT

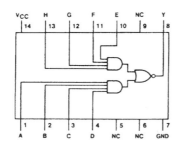

60 Dual 4-Input Expander

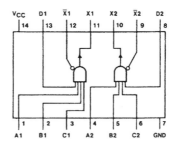

62 4-Wide AND-OR Expander

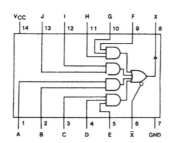

64 4-Wide AND-OR-INVERT Gates

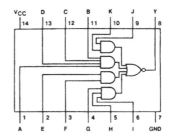

65 4-Wide AND-OR-INVERT Gates with Open-Collector Outputs

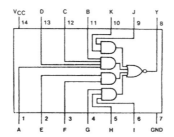

第 2 章

數位 IC 之電壓、電流與輸出……電氣特性實驗

實驗目的

(1) 了解數位 IC (V_{IH}，V_{IL})和(V_{OH}，V_{OL})的大小關係。

(2) 了解數位 IC (I_{IH}，I_{IL})和(I_{OH}，I_{OL})的大小和方向。

(3) 了解數位 IC 輸出的差異性。

2-1 實驗(一)……電壓特性的量測(一般輸入型)

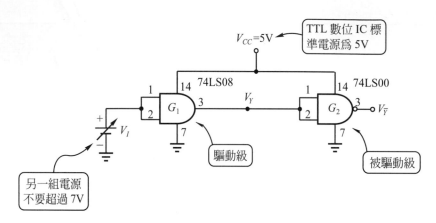

圖 2-1　確定數位 IC 電壓關係的實驗電路

　　我們都已經知道數位 IC 乃以邏輯 1 和邏輯 0 代表其狀態。並且是以電壓的高、低分辨其邏輯狀態。當把信號加到數位 IC 的輸入端時，該 IC 必須先判斷所輸入的信號是邏輯 1 還是邏輯 0。此時數位 IC 判斷輸入電壓高低的臨界值，乃以 V_{IH} 和 V_{IL} 為其規定值。

V_{IH} ：確定輸入所加的狀態為邏輯 1 的最小電壓。亦即被驅動級 G_2 所接收到的電壓必須比 V_{IH} 大，才代表由驅動級 G_1 所送過來的信號為邏輯 1。

V_{IL} ：確定輸入所加的狀態為邏輯 0 的最大電壓。亦即被驅動級 G_2 所接收到的電壓必須比 V_{IL} 小，才代表由驅動級 G_1 所送過來的信號為邏輯 0。

V_{OH} ：驅動級輸出為邏輯 1 時的輸出電壓，則必須 $V_{OH} > V_{IH}$，才能代表真正的邏輯 1。

V_{OL} ：驅動級輸出為邏輯 0 時的輸出電壓，則必須 $V_{OL} < V_{IL}$，才能代表真正的邏輯 0。

則當 G_1 去驅動 G_2 的時候必須：

G_1 的 $V_{OH} > G_2$ 的 V_{IH}……正確的邏輯 1

G_1 的 $V_{OL} < G_2$ 的 V_{IL}……正確的邏輯 0

一般數位 IC 的 V_{IH} 和 V_{IL} 是廠訂規格，無法改變，此時您就必須要求 **V_{OH} 愈大愈好，V_{OL} 愈小愈好**，以滿足 **$V_{OH} > V_{IH}$，$V_{OL} < V_{IL}$**。

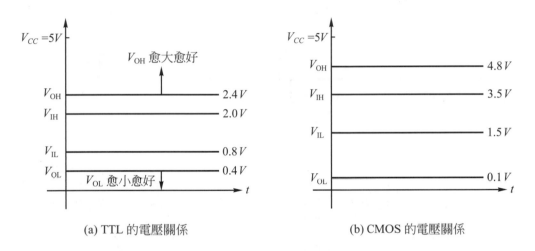

(a) TTL 的電壓關係　　　　　　　(b) CMOS 的電壓關係

圖 2-2　TTL 和 CMOS 的電壓關係

邏輯 1 的雜音邊限(NM1)

$$\text{TTL(NM1)} = V_{OH(TTL)} - V_{IH(TTL)} = 2.4\text{V} - 2.0\text{V} = 0.4\text{V}$$

$$\text{CMOS(NM1)} = V_{OH(CMOS)} - V_{IH(CMOS)} = 4.8\text{V} - 3.5\text{V} = 1.3\text{V}$$

邏輯 0 的雜音邊限(NM0)

$$\text{TTL(NM0)} = V_{IL(TTL)} - V_{OL(TTL)} = 0.8\text{V} - 0.4\text{V} = 0.4\text{V}$$

$$\text{CMOS(NM0)} = V_{IL(CMOS)} - V_{OL(CMOS)} = 1.5\text{V} - 0.1\text{V} = 1.4\text{V}$$

意思是說 CMOS 可以容忍 1.3V 左右的電壓變動也不會使其狀態錯亂，但 TTL 只能容忍 0.4V 的電壓變動。而當電壓位於 V_{IL} 和 V_{IH} 之間時，可能是看成邏輯 1 也可能被當做邏輯 0，所以在 V_{IL} 和 V_{IH} 之間的驅動電壓稱之為**不明狀況**。當使用數位電路時，必須避免 $V_{OH} < V_{IH}$ 或 $V_{OL} > V_{IL}$ 的情況發生。

實驗(一)之實驗接線

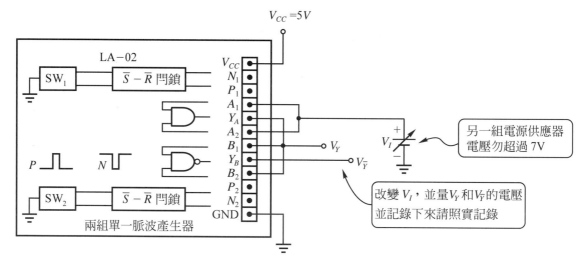

圖 2-3　電壓特性量測之實驗接線

⑴　因 LA-02 中已有 AND 和 NAND(74LS00)，故不必外加 IC。

⑵　V_I 乃由另一組電源供應器所提供(由 0V～5V 做調整)。

表 2-1　電壓特性記錄表

V_I	0V	0.1	0.2	0.4	0.6	0.8	1.0	1.2	1.4	2.0	2.5	3.0	3.5	4.0	4.5	5V
V_Y																
$V_{\bar{Y}}$																

實驗(一)之實驗討論

(1) 請參閱附錄中 74LS00 和 CD4011(分別是 TTL 和 CMOS NAND 閘)的特性資料，
且回答下列各問題。

① TTL 的電源電壓是多少？

② CMOS 的電源電壓是多少？

③ 就 V_{OH}，V_{OL}，V_{IH} 和 V_{IL} 做大小的排列。

④ 已知 V_{IH} 和 V_{IL} 是廠訂規格，幾乎不會改變，而在什麼情況下，會使得 V_{OH} 下降
而 V_{OL} 上升，變成 $V_{OH} < V_{IH}$ 或 $V_{OL} > V_{IL}$ 的錯誤狀況呢？

⑤ 您所做的實驗

$V_{IH} =$ ＿＿＿＿＿＿ ，$V_{OH} =$ ＿＿＿＿＿＿ ，$V_{IL} =$ ＿＿＿＿＿＿ ，$V_{OL} =$ ＿＿＿＿＿＿

2-2 實驗(二)……電壓特性的量測(史密特觸發輸入型)

(a) 史密特觸發輸入型　　　　　　　(b) 一般輸入型

圖 2-4　不同輸入型的符號比較

在一個邏輯符號中又多畫了一個磁滯曲線的 IC，我們稱它為具有史密特觸發特
性的數位 IC。接著我們將比較兩者之間的主要差別及其特點。

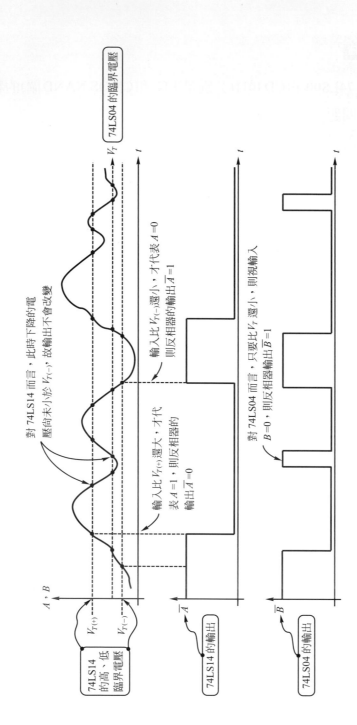

圖 2-5 不同輸入型的結果比較

　　從圖 2-5 針對史密特輸入型(74LS14)和一般輸入型(74LS04)都加相同的信號，卻是得到不同的輸出。而兩者之間最大的差別又是什麼呢？

　　對 74LS04(一般輸入型)而言：只要電壓比 V_T 大，就看成輸入為邏輯 1(即 $B = 1$，$Y_B = \overline{B} = 0$)，若電壓比 V_T 小，則看成輸入是邏輯 0(即 $B = 0$，$Y_B = \overline{B} = 1$)。所以一般輸入型的數位 IC 只有一個臨界值，當輸入稍有變動，可能造成錯誤的判斷，而造成系統當掉。

　　對 74LS14(史密特輸入型)而言：電壓的變動，當電壓變大時，必須大到 $V_{T(+)}$ 以上，才被看成是邏輯 1 的輸入，在這種情況下，才使 $A = 1$，$Y_A = \overline{A} = 0$，而當電壓下降時，雖降到比 $V_{T(+)}$ 還小，但輸出依然沒有改變，除非是降到比 $V_{T(-)}$ 還小，才把輸入看成是邏輯 0，才會使 $A = 0$，$Y_A = \overline{A} = 1$。所以在輸入電壓由 $V_{T(-)}$ 上升到 $V_{T(+)}$ 之間，或由 $V_{T(+)}$ 下降到 $V_{T(-)}$ 之間，都不會改變輸出狀態。簡單地說就是：若有雜訊干擾，只要大不比 $V_{T(+)}$ 還大，小不比 $V_{T(-)}$ 還小，都不會影響史密特輸入型的輸出結果。

　　總之，史密特輸入型的數位 IC 能夠容忍較高的雜訊干擾，或說它具有較好的雜訊免疫力。

實驗(二)之實驗接線

(1) 因 LA-XX 沒有用到史密特輸入型的數位 IC，所以請您使用 74LS14 和 74LS04 同樣是反相器 IC，來做一次比較。

(2) 把 V_I 從 0V 開始慢慢增加(最大加大 5V)，並由 LA-01 的 D_0 和 D_7 監看 Y_A 和 Y_B。(注意 LD_0 和 LD_7 OFF 那一瞬間的 V_I)。

$V_I = \underline{\hspace{2cm}}$ V 時，$Y_B = 0$，LD_7 OFF……代表輸入電壓已達邏輯 1

$V_I = \underline{\hspace{2cm}}$ V 時，$Y_A = 0$，LD_0 OFF……代表輸入電壓已大於 $V_{T(+)}$

(3) 把V_I從5V開始下降(注意LD_0和LD_7 ON 那一瞬間的V_I)

$V_I =$ ＿＿＿＿＿＿ V 時，$Y_B = 1$，LD_7 ON……代表輸入電壓已達邏輯 0

$V_I =$ ＿＿＿＿＿＿ V 時，$Y_A = 1$，LD_0 ON……代表輸入電壓已小於$V_{T(-)}$

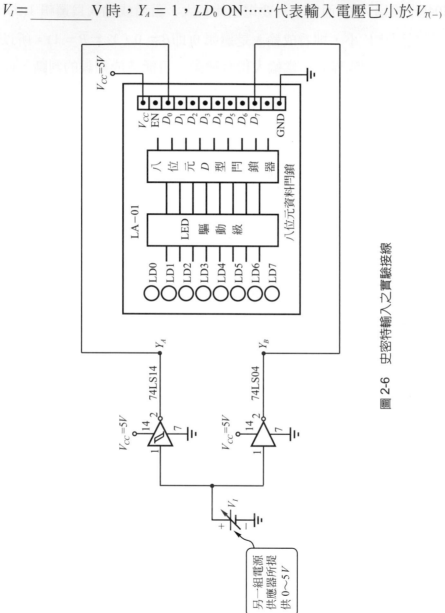

圖 2-6　史密特輸入之實驗接線

實驗(二)之實驗討論

(1) 從您的實驗中得知 74LS14 的 $V_{T(+)}$ ＝ _____ V，$V_{T(-)}$ ＝ _____ 。

(2) 請找到具有史密特輸入型的數位 IC 五種。

(3) 史密特輸入型的數位 IC，其最大的特點是什麼？

(4) 若輸入信號如 V_I 所示，請繪出 74LS14 的 Y_A 波形

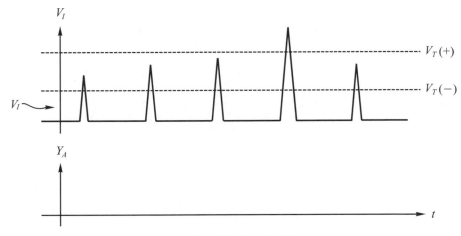

圖 2-7 請繪出 Y_A 的波形

(5)

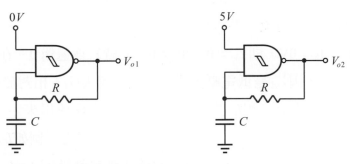

圖 2-8 史密特閘的應用

請繪出 V_{o1} 和 V_{o2} 可能的波形。

2-3 實驗(三)……電流特性的量測

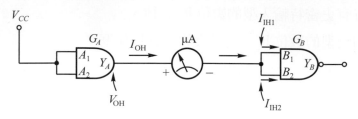

(a) I_{OH} 和 I_{IH} 的關係

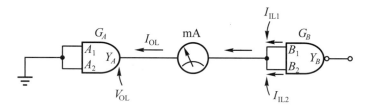

(b) I_{OL} 和 I_{IL} 的關係

圖2-9 數位 IC 電流量測

　　圖2-9(a)，$A_1 = A_2 = V_{CC}$，則$Y_A = 1 \cdot 1 = 1$，此時Y_A為邏輯1，在邏輯1時的輸出電流，我們用I_{OH}代表。此時因V_{OH}為高電壓所以輸出電流是由G_A流出，然後流入G_B。每一支輸入腳都有其流入電流，共有I_{IH_1}和I_{IH_2}。

　　圖2-9(b)，$A_1 = A_2 = 0V$，則$Y_A = 0 \cdot 0 = 0$，此時Y_A為邏輯0。在邏輯0時的輸出電流，我們用I_{OL}代表，因V_{OL}是低電壓，所以電流會流入G_A。相對於G_B而言就是輸入電流，I_{IL_1}和I_{IL_2}。但輸入電流I_{IL_1}和I_{IL_2}並非流入G_B，而是由G_B流出來。

　　在資料手冊中電流的方向乃以"＋"、"－"號代表之。例如$I_{OH} = -400\mu A$，$I_{IH} = +40\mu A$，表示I_{OH}是由驅動級(G_A)流出，I_{IH}是流入被驅動級(G_B)。$I_{OL} = 4mA$，$I_{IL} = -0.4mA$，則表示I_{OL}流入驅動級，I_{IL}是由被驅動級流出。

實驗(三)之實驗接線

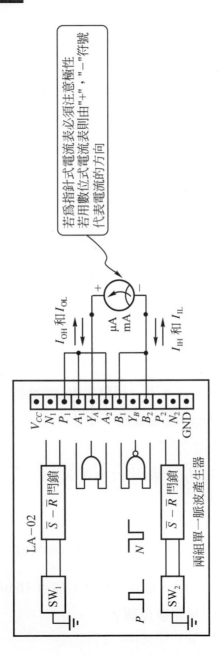

圖 2-10 驅動與被驅動級間電流量測

(1) LA-02 中的 AND (Y_A)和 NAND (Y_B)當做本實驗的基本電路。

(2) 目前(未按SW_1之前)，$N_1 = 1$，所量測的是I_{OH}和$I_{IH1}+I_{IH2}$。

$I_{OH} = $ _____ ，$I_{IH1}+I_{IH2} = $ _____ 。 (電流很小，細心量測)

(3) 若把 NAND 閘的B_1拆掉，只接B_2，則

$I_{OH} = $ _____ ，$I_{IH2} = $ _____ 。 (電流很小，細心量測)

(4) 按住SW_1，$N_1 = 0$，所量測的是I_{OL}和I_{IL}(注意電流的極性)

$I_{OL} = $ _____ ，$I_{IL2} = $ _____ ……(只接B_2，B_1不接)。

(5) 把B_1再接回去，(B_1和B_2都接到Y_A)，則

$I_{OL} = $ _____ ，$I_{IL1}+I_{IL2} = $ _____ 。

實驗(三)之實驗討論

(1) 已從實驗中得知，數位IC的電流方向並非輸出端就是流出，輸入端亦非流入。而是依其邏輯狀況決定電流的方向。

I_{OH}： _____ ，I_{OL}： _____ ，I_{IH}： _____ ，I_{IL}： _____ (寫流出或流入)。

(2) 一個輸出端可能驅動好多輸入端。而一個數位 IC 能驅動多少個輸入端，我們把它稱作 **"扇出量"** (Fan Out)。其定義為：

邏輯 1 的扇出量：$N(1) = \dfrac{|\,I_{OH}\,|}{|\,I_{IH_1} + I_{IH_2} + \cdots + NI_{IH_N}\,|}$ ，$N(1)$：取整數

邏輯 0 的扇出量：$N(0) = \dfrac{|\,I_{OL}\,|}{|\,I_{IL_1} + I_{IL_2} + \cdots + NI_{IL_N}\,|}$ ，$N(0)$：取整數

數位 IC 真正的扇出量 Min $[N(1)，N(0)]$……$N(1)$和$N(0)$的最小值

若有一個IC其輸出$I_{OH} = -800\mu A$，$I_{IH} = 100\mu A$，$I_{OL} = 16mA$，$I_{IL} = -1mA$，請問驅動同一種 IC 時，其扇出量是多少個？

(3)　數位 IC 若扇出量太大時，會有什麼結果？

【Ans】　：當驅動級扇出量太大時，會使得驅動級的 V_{OH} 下降，V_{OL} 上升，違背我們要求 "V_{OH} 愈大愈好，V_{OL} 愈小愈好" 的希望。將使得驅動級和被驅動級之間的協定破壞，而造成 $V_{OH} < V_{IH}$，$V_{OL} > V_{IL}$，而使邏輯狀況跑到 "不明狀況" 的區間可能使數位系統當機。一般 TTL 的驅動能力(扇出量)大約是 5 個以下最保險。CMOS 數位 IC 則可達 10 個。……(經驗談)

(4)　試說明數位 IC 當扇出量太大時，V_{OH} 下降，V_{OL} 上升的原因，請以 TTL IC 為例說明之。

2-4　實驗(四)……數位 IC 輸出電路的差異

數位 IC 的輸出電路為了配合不同的使用場合而有不同的電路結構，可概分為三大類：

(1)　圖騰式輸出：TotemPole Output

(2)　集極開路式輸出：Open Collector Output

(3)　三態式輸出：Three-State Output

①　圖騰式輸出

圖騰式輸出電路結構為兩個串聯電晶體 Q_A 和 Q_B，且 Q_A 和 Q_B 為交互導通的情形。每次都有一個電晶體 ON，另一個 OFF。不會發生兩個都 ON 的情形(兩個都 ON，會使內部電流太大而燒毀)。也不會發生兩個都 OFF 的情形(兩個都OFF時，形成高阻抗狀態)。所以圖騰式輸出的數位IC，不論如何，它的輸出在正常使用下，不是邏輯 1 就是邏輯 0，不應設有其它情形。

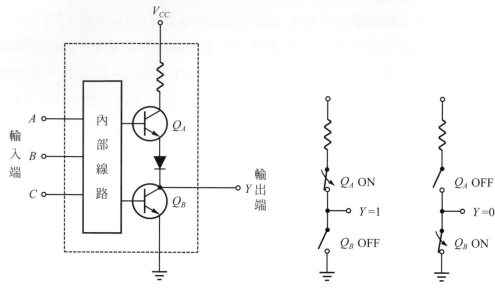

圖 2-11　圖騰式輸出及其等效電路

② 集極開路式輸出

圖 2-12 我們看到其輸出乃留著一支集極沒有處理(空在那裡的意思)。所以這種數位IC，我們稱它為集極開路式輸出，簡稱為OC。從中我們看到它只有邏輯 0 而沒有邏輯 1，為了使輸出符合有 0 與 1 的要求，使用OC的IC，必須於輸出接一個外加電阻到V_{CC}。且一般 OC 的 IC，其輸出電流都比圖騰式大許多。也常被用於較大電流的驅動(控制)。

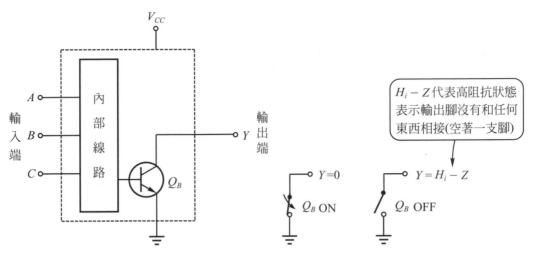

圖 2-12　集極開路式輸出及其等效電路

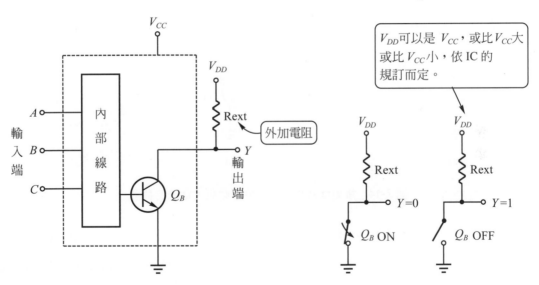

圖 2-13　接 R_{ext} 使輸出為 OC 的 IC 具有 0 與 1

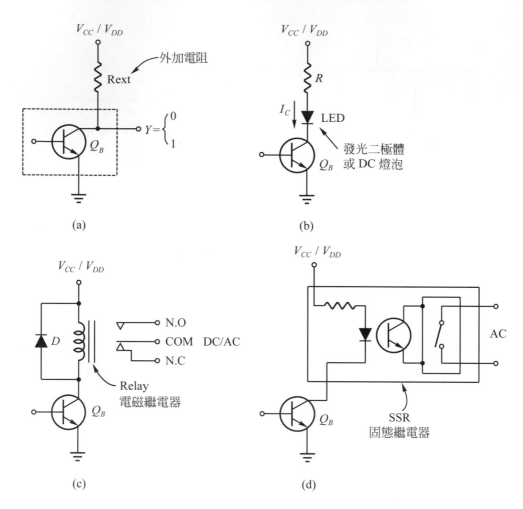

圖 2-14　集極開路 IC，常用於驅動較大電流的負載

　　集極開路的 IC，其耐壓可高達 15V 或 30V，其電流也達 30mA 甚至高到 60mA。這些規格均遠比 TTL IC 高出許多($V_{CC} = 5V$，$I_{OL} \approx 8mA$)。所以以後您想驅動一個數拾 mA 的負載不能選用圖騰式的 IC，而是要找具有集極開路的 IC。並且因為它所使用的電壓範圍很廣，所以可以當做位準轉換器來使用。例如若 $V_{DD} = 12V$，則把 0～5V 的信號轉換成 0～12V 系統中所能使用。

集極開路的 IC 還有一個重要的特點，它能把兩個輸出接在一起，且變成另一個新功能的IC(而圖騰式千萬不要把輸出接在一起，穩燒無疑)。這種把輸出接在一起的結果，稱之為「**線及閘**」。

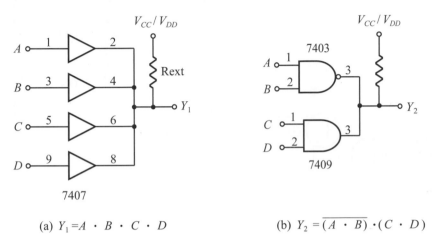

(a) $Y_1 = A \cdot B \cdot C \cdot D$　　　　(b) $Y_2 = \overline{(A \cdot B)} \cdot (C \cdot D)$

圖 2-15　集極開路做「線及閘」

「線及閘」的輸出為原本每一個輸出做 AND 的處理，即因為用接線把輸出接在一起，而得到AND的運算，所以稱它叫「線及閘」(Wired-AND)。

③　**三態式輸出**

三態式輸出和圖騰式輸出的基本架構是一樣的。由Q_A和Q_B組成串聯開關，所以在一般使用下，三態式輸出和圖騰式輸出並沒有差別。其輸出都有邏輯 1 和邏輯 0。但當三態控制腳為邏輯 1(也有設計成邏輯 0 控制)的時候，Q_G ON，使得D也ON，則Q_A和Q_B都不導通，有如兩個串聯開關都OFF，則中間的Y，往上無法得到邏輯 1 (V_{CC})，往下無法得到邏輯 0(接地)，此時的Y只是一支懸空的接腳，其阻抗理論上是無限大(事實上有好幾 MΩ)，所以在Q_A和Q_B都 OFF 的情況下，我們稱它為高阻抗狀態，表示輸入信號和輸出結果毫無關係(隔離效果)。

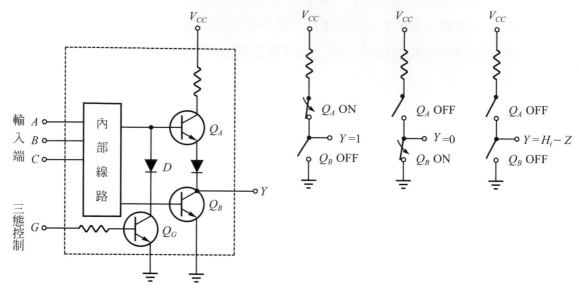

圖 2-16　三態式輸出及其等效電路

　　總結三態式輸出爲：

❶　具圖騰式輸出的架構，有邏輯 1 和邏輯 0。

❷　除了原本的輸入腳以外，又多了一支三態控制腳。

❸　當三態控制動作的時候，其輸出爲高阻抗狀態，有如輸出腳斷掉(Q_A和Q_B斷開)。

　　圖 2-17 是以緩衝器(Buffer)和反相器(Inverter)爲例，說明三態閘控制情形、有分高態(邏輯 1)和低態(邏輯 0)兩種控制方法。其它 IC 也有三態式輸出的設計，並非只有 Buffer 和 Inverter 才有這種三態控制功能。

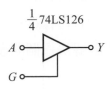

$G = 0 \qquad Y = H_i - Z$

$G = 1 \qquad Y = A$

(a) 三態閘(高態動作)

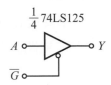

$\overline{G} = 0 \qquad Y = A$

$\overline{G} = 1 \qquad Y = H_i - Z$

(b) 三態閘(低態動作)

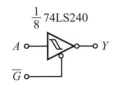

$\overline{G} = 0 \qquad Y = \overline{A}$

$\overline{G} = 1 \qquad Y = H_i - Z$

(c) 三態反相器(低態動作)

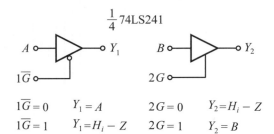

$1\overline{G} = 0 \qquad Y_1 = A \qquad 2G = 0 \qquad Y_2 = H_i - Z$

$1\overline{G} = 1 \qquad Y_1 = H_i - Z \qquad 2G = 1 \qquad Y_2 = B$

(d) 三態閘(同時具高態與低態動作)

圖 2-17　各種三態閘及高、低態動作情形

　　而三態式輸出最主要的功用計有：資料選擇和方向控制。

① 資料選擇

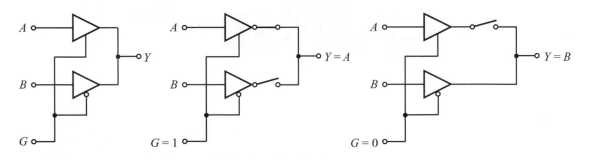

圖 2-18　把三態閘當資料選擇

在許多IC的輸出電路是設計成三態閘，如此一來便能當做資料選擇器，例如四組來源不同的資料都要送到微電腦資料線上，但資料線每次都只容許一組資料進入，此時具有三態閘設計的IC，就能適時解決這個問題。

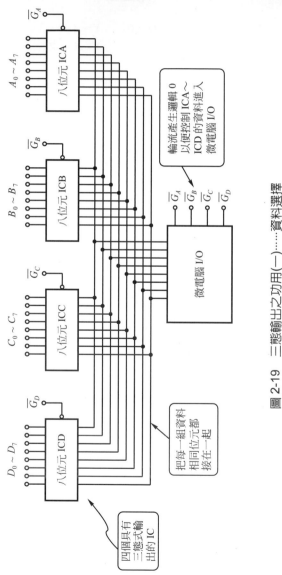

圖 2-19　三態輸出之功用(一)……資料選擇

　　四組資料($A_0 \sim A_7$)，($B_0 \sim B_7$)，($C_0 \sim C_7$)，($D_0 \sim D_7$)都透過一個三態式輸出的數位 IC，再送到微電腦的 I/O。若 $\overline{G_A} \sim \overline{G_D}$ 能依序產生邏輯 0，當 $\overline{G_A} = 0$，$\overline{G_B} = 1$，$\overline{G_C} = 1$，$\overline{G_D} = 1$ 時，只有 ICA 的資料能進入微電腦 I/O，其它 ICB~ICD 的輸出端都為高阻抗狀態，視同斷路，相當於 ICB~ICD 都不存在一樣。則只有 $A_0 \sim A_7$ 可以被送到微電腦的 I/O。

② 方向控制

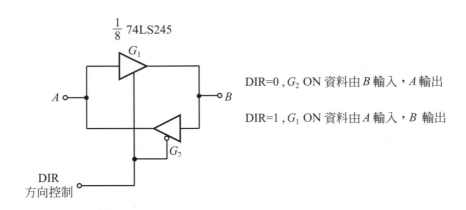

圖 2-20　三態輸出之功用(二)……方向控制

實驗(四)之實驗接線

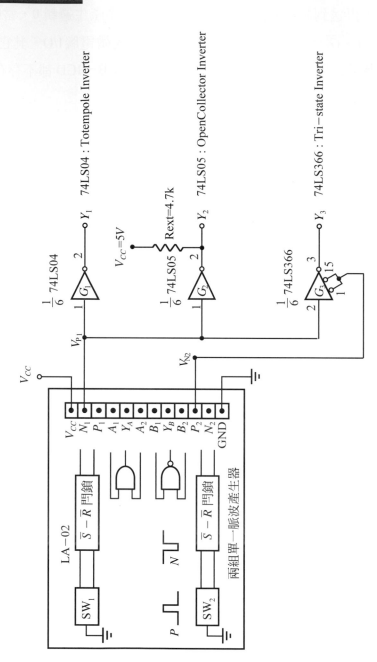

圖 2-21　三種不同輸出電路之實驗接線

(1) 請找到 74LS04(圖騰式輸出)，74LS05(集極開路式輸出)，74LS366(三態式輸出)。圖中標示 $\frac{1}{6}$74LS04，表示 74LS04 IC 中共有 6 個反相器，目前只用一個 $\left(即\frac{1}{6}也\right)$。

(2) SW_1 OFF，表示$P_1 = 0$(即所有 IC 輸入均為 0)，但此時SW_2也是 OFF，則$N_2 = 1$，表示G_3正處於高阻抗狀態。請測各點電壓。

$V_{P_1} =$ ＿＿＿＿ ，$V_{N_2} =$ ＿＿＿＿ ，$V_{Y_1} =$ ＿＿＿＿ ，$V_{Y_2} =$ ＿＿＿＿ ，$V_{Y_3} =$ ＿＿＿＿ 。

(3) 按下SW_1，SW_1 ON 則$P_1 = 1$，SW_2 OFF 則

$V_{P_1} =$ ＿＿＿＿ ，$V_{N_2} =$ ＿＿＿＿ ，$V_{Y_1} =$ ＿＿＿＿ ，$V_{Y_2} =$ ＿＿＿＿ ，$V_{Y_3} =$ ＿＿＿＿ 。

(4) SW_1和SW_2同時按下，

$V_{P_1} =$ ＿＿＿＿ ，$V_{N_2} =$ ＿＿＿＿ ，$V_{Y_1} =$ ＿＿＿＿ ，$V_{Y_2} =$ ＿＿＿＿ ，$V_{Y_3} =$ ＿＿＿＿ 。

(5) SW_1 OFF，SW_2 ON，則

$V_{P_1} =$ ＿＿＿＿ ，$V_{N_2} =$ ＿＿＿＿ ，$V_{Y_1} =$ ＿＿＿＿ ，$V_{Y_2} =$ ＿＿＿＿ ，$V_{Y_3} =$ ＿＿＿＿ 。

(6) R_{ext}拿掉，

SW_1 ON，$V_{P_1} =$ ＿＿＿＿ ，$V_{Y_2} =$ ＿＿＿＿ 。

SW_1 OFF，$V_{P_1} =$ ＿＿＿＿ ，$V_{Y_2} =$ ＿＿＿＿ 。

實驗(四)之實驗討論

(1) G_1而言，它是屬於哪一種輸出結構？

(2) G_2而言，它是屬於哪一種輸出結構？

(3) G_3而言，它是屬於哪一種輸出結構？

(4) 74LS05 (G_2)加R_{ext}的目的？

(5) 什麼情形下，G_3是當正常的反相器？

(6) 什麼情形下，G_3 為高阻抗狀態？

(7) 請找到有三態控制的 IC 五種。

(8) 請把本章實驗中之重要術語加以說明。

　① 什麼是雜音邊限？

　② 什麼是扇出量？

　③ 什麼是線及閘？

　④ 什麼是集極開路式輸出？

　⑤ 集極開路式輸出有哪些功用？

　⑥ 三態式輸出有哪些功用？

第 3 章

邏輯閘的應用與線路分析
…瞬間啓動延遲電路實驗

實驗目的

(1) 了解基本的邏輯閘也可以組成實用電路。

(2) 練習數位電路動作與波形分析。

實驗線路

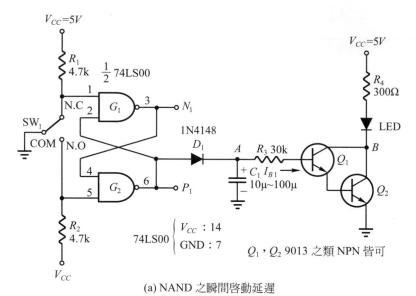

(a) NAND 之瞬間啓動延遲

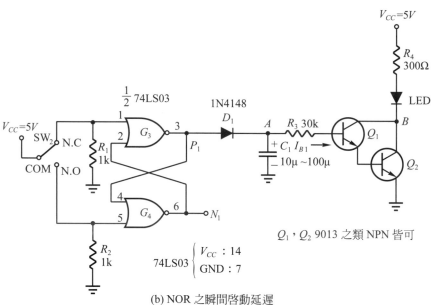

(b) NOR 之瞬間啓動延遲

圖 3-1　不同邏輯閘做成相同功能的線路

線路分析

　　圖 3-1 中圖(a)和圖(b)雖然是用不同的 IC，但卻有相同的功能，這告訴我們，數位電路的設計可以說是：

> 　　我喜歡有什麼不可以，各憑本事。講白一點，
> 　　就是……爲達目的可以不擇手段……

　　※該手段指的是設計構想和方法與技巧，並非……

而圖(a)用的是NAND閘，圖(b)用的是NOR閘，這又給我們一個新的啓示，那就是：

> 　　數位中的邏輯閘和各種數位IC，可依原理相互取代，
> 　　學會以原理爲導向的取代方法，將使數位設計，
> 　　海闊天空，隨心所欲。

　　讓我們以圖(a)當做線路分析的範例，並輔之以電路動作說明各點波形的分析，使您更容易了解。若把這個電路的各部份先判讀出來，您將發現，所有的線路都是您已經學過的東西，然後以"積木式"的組合而成，並沒有什麼了不起的地方。

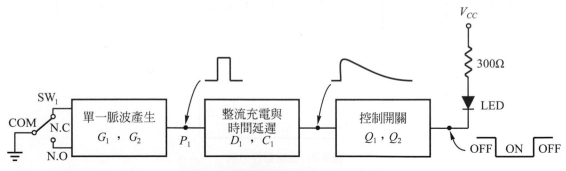

圖 3-2　瞬間啓動延遲之系統方塊圖

　　整個線路每一個元件的功用，我們會再做詳細的說明，目前先就圖3-2系統方塊圖說明其動作情形如下：

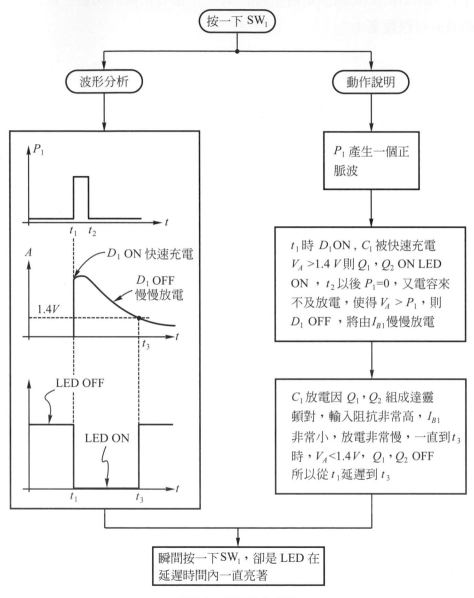

圖3-3　系統動作分析

　　由圖 3-3 便能很清楚了解該電路是如何動作。接著我們將把線路圖中的每一個元件加以說明。

1.　單一脈波產生器(由 G_1 和 G_2 所組成)

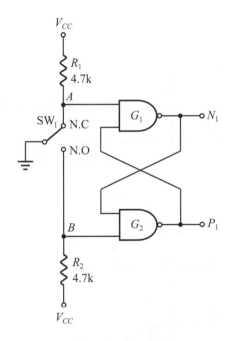

圖 3-4　單一脈波產生器

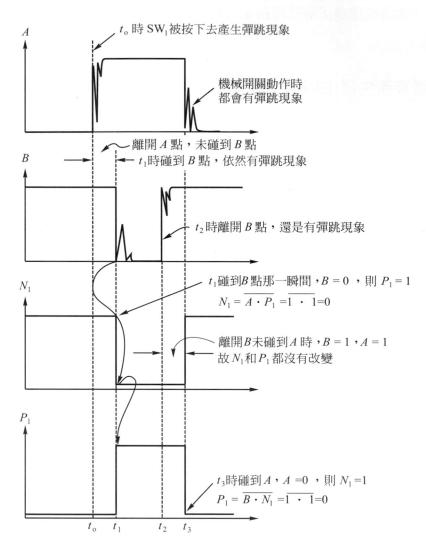

圖 3-5　單一脈波產生器之各點波形分析

從上述動作說明及波形分析，總結歸納如下：

(1)　輸入B只要有一瞬間由 "1" 變為 "0" (⎤_⎿)，將使$N_1 = 0$，$P_1 = 1$。

(2)　輸入A只要有一瞬間由 "1" 變為 "0" (⎤_⎿)，將使$N_1 = 1$，$P_1 = 0$。

(3)　當A、B都為1的時候，狀態並沒有改變，都和上次一樣。

A	B	動作情形	N_1	P_1
0	0	不可能發生	?	?
0	1	碰到A	1	0
1	0	碰到B	0	1
1	1	於A、B之間	沒有改變	沒有改變

R	S	Q	$\overline{Q}$
0	0	?	?
0	1	1	0
1	0	0	1
1	1	Q_0	$\overline{Q_0}$

※$A = R$、$B = S$時，G_1、G_2的電路稱之為閂鎖器。

※？：代表要避免使這種情形發生，即R和S不要同時為0。

※$\overline{Q_0}$：代表是Q_0的反相狀態

2.　時間延遲與開關

(1)　當$P_1 = 1$時(V_{OH})

D_1為順向偏壓，則D_1 ON，其內阻非常小，所以C_1被快速充電，使得A點電壓上升，當$V_A > 1.4V$ 以後，Q_1、Q_2 ON，LED ON。

(2) 當 $P_1 = 0$ 時 (V_{OL})

將因 C_1 已被充到最高電壓 V_{OH}，導致 $V_A > V_{P_1}$，則 D_1 為逆向電壓，D_1 OFF，則 C_1 所存的電荷必須經 R_3 而放電，此時放電電流為 Q_1 的基極電流 I_{B_1}，而 $I_{B_1} \approx \dfrac{I_C}{\beta_1 \times \beta_2}$ (β_1、β_2 為 Q_1 和 Q_2 的直流放大率)，勢必 I_{B_1} 非常小，必須經過一段時間的放電，才會使 $V_A < 1.4\text{V}$，Q_1、Q_2 才會真正地 OFF。

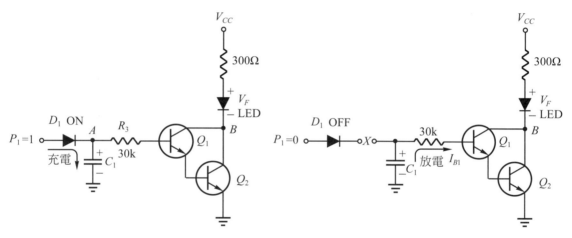

圖 3-6　C_1 充放電說明

綜合上述分析得知，只要 P_1 有一瞬間(快速按一下 SW_1)為邏輯 1，便能使 LED ON。並且由於 C_1 所存的電荷必須經相當時間放電，才能使 LED OFF。如此便達到時間延遲的目的。即按一下 SW_1，便能使 LED 亮一陣子。

若把人體感知器的輸出信號加到圖 3-6 的輸入端，便能達到有人靠近的時候，電燈就亮一陣子，此即一般燈光自動點滅裝置。

實驗接線

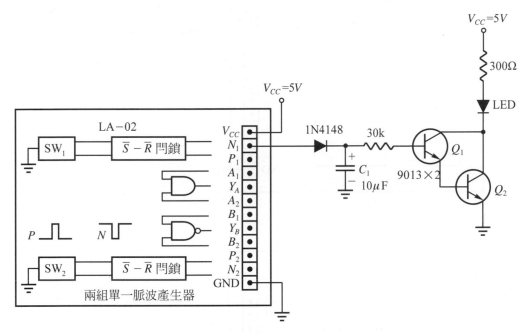

圖 3-7　瞬間啓動延遲實驗接線

(1)　按一下 SW_1，看看 LED 是否亮一陣子？

　　【Ans】：＿＿＿＿＿＿

(2)　把 C_1 換成 $100\mu F$，再按一下 SW_1，則 LED ON 的時間是否更久？

　　【Ans】：＿＿＿＿＿＿

(3)　以圖 3-8 當實驗接線，請按一下 SW_1，看看 LD_0 是否也會亮一陣子？

　　【Ans】：＿＿＿＿＿＿

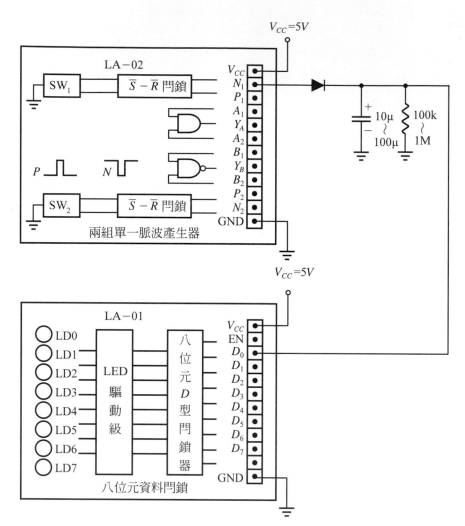

圖 3-8　另一種實驗接線

實驗討論

(1)　試說明圖 3-4 單一脈波產生器，當SW_1由A往B移動，且未碰到B之前，即($A=0$，$B=1$)變成($A=1$，$B=1$)時，N_1和P_1為什麼都沒有改變？

(2)　試說明圖 3-6 中

　①　LED ON 時，LED 兩端的順向偏壓$V_F=$？

　②　為什麼$V_A < 1.4V$ 以後，LED 才會 OFF？

　③　若$V_F = 1.6V$，則$I_F=$？

　④　為什麼C_1愈大，LED ON 的時間愈長。

(3)　已知數位 IC 的輸出電流I_{OH}(數百μA)，I_{OL}(數 mA)，都非常小，若想用數位 IC 的輸出去驅動數百 mA 的負載，是不可能的，但可搭配電晶體做電流放大。

　①　數位 IC 如何搭配NPN電晶體，以提升電流驅動能力？

　②　數位 IC 如何搭配PNP電晶體，以提升電流驅動能力？

第 4 章

邏輯運算(函數)之應用……
【邏輯閘取代】實驗

實驗目的

(1) 學習怎樣完成邏輯閘的相互取代。

(2) 笛莫根定理的認識與應用。

實驗線路

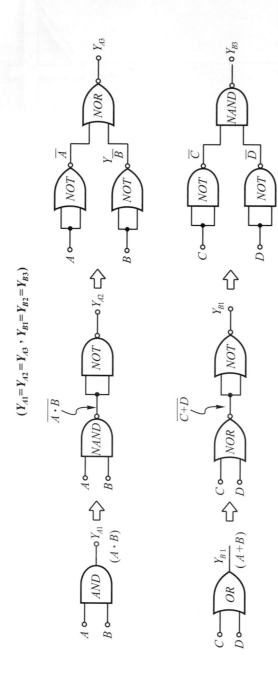

圖 4-1 AND 和 OR 之取代方法

原理說明

(1) $Y_{A_2} = \overline{\overline{(A \cdot B)}}$，表示把$(A \cdot B)$反相後再反相乙次，相當於沒有反相，所以$Y_{A_2} = A \cdot B = Y_{A_1}$。

(2) $Y_{A_3} = \overline{(\overline{A} + \overline{B})}$，表示先把$A$反相，$B$也反相，然後相加，相加的結果再反相乙次。若以輸入$(A，B) = (0,0)，(0,1)，(1,0)，(1,1)$來判斷$Y_{A_3}$和$Y_{A_1}$是否相等，其分析如下：

A	B	$Y_{A1} = A \cdot B$
0	0	0
0	1	0
1	0	0
1	1	1

A	B	$\overline{A}$	$\overline{B}$	$(\overline{A}+\overline{B})$	$Y_{A3} = \overline{(\overline{A}+\overline{B})}$
0	0	1	1	1	0
0	1	1	0	1	0
1	0	0	1	1	0
1	1	0	0	0	1

$\cdots\cdots Y_{A1} = Y_{A3} \cdots\cdots$

此時表示$Y_{A_3} = Y_{A_1} = Y_{A_2}$，由此分析得知

$\left[Y_{A_2} = \overline{\overline{(A \cdot B)}} \right] = \left[\overline{(\overline{A} + \overline{B})} = Y_{A_3} \right]$……則必須$\overline{(A \cdot B)} = (\overline{A} + \overline{B})$

意思是說：相乘的反相＝反相的相加……現象(1)

(3) $Y_{B_2} = \overline{\overline{(C + D)}}$，表示把$C$和$D$相加，$(C+D)$先做反相，然後再反相乙次，其結果並沒有反相，還是和原來一樣，即$Y_{B_2} = C + D = Y_{B_1}$。

(4) $Y_{B_3} = \overline{\overline{C} \cdot \overline{D}}$，表示把$C$反相，$D$反相，先做相乘$\overline{C} \cdot \overline{D}$，然後再反相乙次。若以$(C，D) = (0,0)，(0,1)，(1,0)，(1,1)$來做判斷，可證得$C + D = \overline{\overline{(C + D)}} = \overline{(\overline{C} \cdot \overline{D})}$。

C	D	$Y_{B2}=\overline{(C+D)}$
0	0	0
0	1	1
1	0	1
1	1	1

C	D	$\bar{C}$	$\bar{D}$	$(\bar{C}\cdot\bar{D})$	$Y_{B3}=\overline{(\bar{C}\cdot\bar{D})}$
0	0	1	1	1	0
0	1	1	0	0	1
1	0	0	1	0	1
1	1	0	0	0	1

$Y_{B2}=Y_{B3}$

此時表示$Y_{B_3}=Y_{B_2}$，由此分析得知

$$\left[Y_{B_2}=\overline{(C+D)}\right]=\left[\overline{(\bar{C}\cdot\bar{D})}=Y_{B_3}\right]\cdots\cdots則必須\overline{C+D}=\bar{C}\cdot\bar{D}$$

意思是說：相加的反相＝反相的相乘……現象(2)

(5) 把現象(1)和現象(2)加以擴大，其通式即為**笛莫根定理**：

① $\overline{A\cdot B\cdot C\cdot\cdots\cdots}=\bar{A}+\bar{B}+\bar{C}+\cdots\cdots$。

② $\overline{A+B+C+\cdots\cdots}=\bar{A}\cdot\bar{B}\cdot\bar{C}\cdot\cdots\cdots$。

以文字來描述笛莫根定理時，即為

① **(長的相乘)＝(短的相加)**……或是：**(相乘的相反)＝(相反的相加)**。

② **(長的相加)＝(短的相乘)**……或是：**(相加的相反)＝(相反的相乘)**。

從上述的分析得知，把笛莫根定理善加使用，可以完成邏輯閘的相互取代。

實驗接線

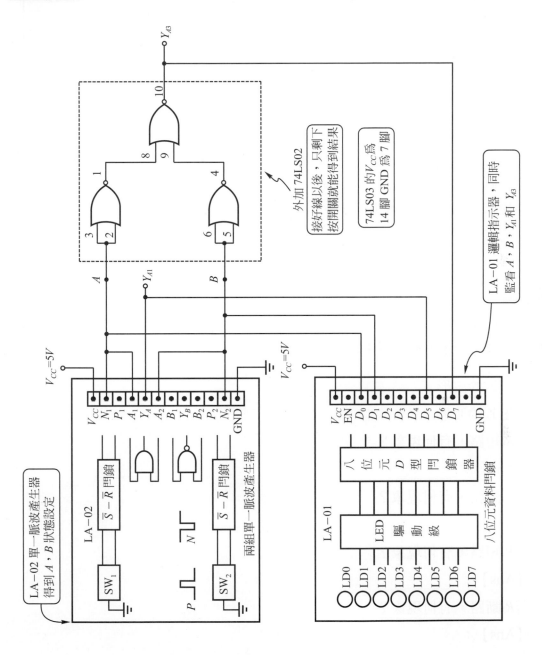

圖 4-2　AND 取代的實驗接線

SW_1	SW_2	A	B	Y_{A_1}	$\overline{A}$	$\overline{B}$	$(\overline{A} + \overline{B})$	Y_{A_3}
OFF	OFF							
OFF	ON							
ON	OFF							
ON	ON							

(1) 請依序按SW_1和SW_2，如上表所示，並同時觀測A、B、Y_{A_1}、Y_{A_3}。記錄於上表相對位置。

(2) 實驗結果Y_{A_1}和Y_{A_3}是否相等？

【Ans】： _____ 。

實驗討論

(一)紙上實驗(一)：參照圖 4-3 回答下列問題

(1) 繪出Y_A的波形。

(2) 繪出Y_B的波形。

(3) 若R_1短路，有何現象？

【Ans】： _____

(4) 若R_1斷路，有何現象？

【Ans】： _____

(5) 若R_2短路，有何現象？

【Ans】： _____

(6) 若R_2斷路，有何現象？

【Ans】： _____

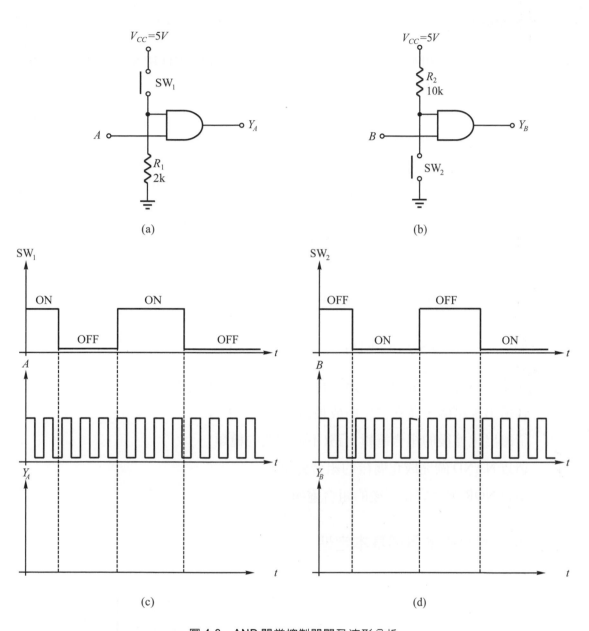

圖 4-3　AND 閘當控制開關及波形分析

(二)紙上實驗(二)

⑴ 如下之 NAND 和 NOR，請您把它改成 NOT(即用 NAND 和 NOR 變成反相器)。
請完成接線，各有兩種方法。

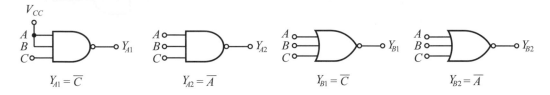

圖 4-4 用 NAND 和 NOR 取代 NOT

(三)邏輯電路化簡練習及相互取代設計

$$Y = \Sigma(0,1,2,4,5,9,10,13,15)$$

⑴ 請繪出該邏輯函數的組合邏輯電路(不限制閘的種類)。

⑵ 請繪出卡諾圖，並把它化簡成最簡式。

⑶ 請繪出化簡後的組合邏輯電路(不限制閘的種類)。

⑷ 請以 NAND 閘完成化簡後的組合邏輯。

⑸ 請以 NOR 閘完成化簡後的組合邏輯。

(四)整理邏輯函數的各項基本定理

AND	OR	NOT
$A \cdot 0 = 0$	$A + 0 = A$	$\overline{\overline{A}} = A$
$A \cdot 1 = A$	$A + 1 = 1$	
$A \cdot A = A$	$A + A = A$	

$$\overline{A + B + C + \cdots\cdots} = \overline{A} \cdot \overline{B} \cdot \overline{C} \cdot \cdots\cdots 。$$

$$\overline{A \cdot B \cdot C \cdot \cdots\cdots} = \overline{A} + \overline{B} + \overline{C} + \cdots\cdots 。$$

(1)　圖 4-3(a)SW_1 用的是哪一項基本定理？

(2)　圖 4-3(b)SW_2 用的是哪一項基本定理？

(3)　圖 4-4 各圖所用的基本定理是哪些？

(4)　請用 NAND 閘取代 NOR 閘，應如何設計？

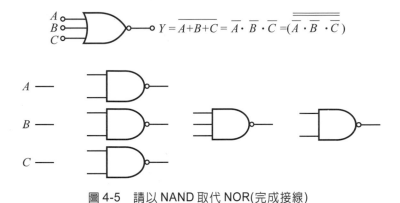

圖 4-5　請以 NAND 取代 NOR(完成接線)

第5章

模板之靈活應用……特殊
信號之產生實驗

實驗目的

(1) 練習把數位模板當工具，並且靈活應用。

(2) 練習動腦做思考設計。

實驗項目(一)

若想得到如下的波形,線路應如何設計。

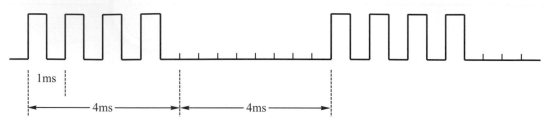

圖 5-1　如何產生這種波形

實驗提示(一)

⑴　直接由振盪器產生這種波形(相當困難,也還沒有學到)。

⑵　由兩種信號週期分別為 1ms 和 8ms 的方波來組成。

⑶　把這兩種信號做 AND 的處理便大功告成。

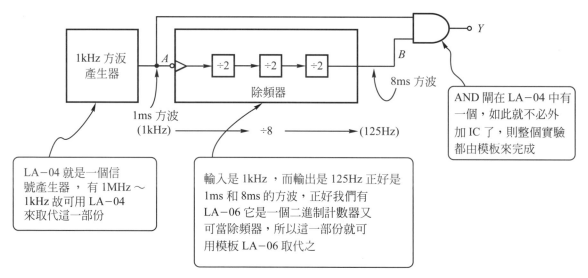

圖 5-2　系統方塊圖提示與說明

實驗接線(一)

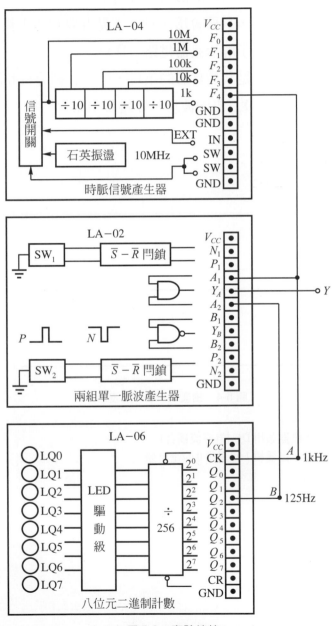

圖 5-3　實驗接線

(1) 目前縱使您不了解LA-04和LA-06內部線路也無妨，只要把LA-04和LA-06看成是 "信號產生器" 和 "頻率除法器" 就夠了。

(2) 把此模板先看成是工具，只要會用工具，不見得要知道工具是怎麼製造(就如會用示波器，而不見得了解示波器電路一樣)。

(3) 有關各模板內部線路都是我們實驗的項目，會有詳細分析和說明。

(4) 請用示波器量測A、B、Y三點的波形，並繪製出來。

圖 5-4　繪製A、B、Y的波形

※示波器請用 DC 檔(直流耦合)
※標示出邏輯 1 和邏輯 0 的電壓值

實驗討論

(1)　波形分析練習

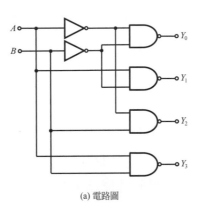

(a) 電路圖

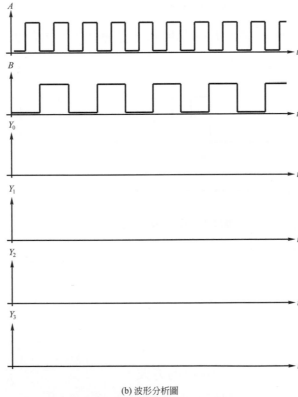

(b) 波形分析圖

圖 5-5　依電路圖繪出 $Y_0 \sim Y_3$ 的波形

(2) 數位模板功能複習

① LA-04 目前的接法，各點頻率應是多少？

$F_0 = $ _____ ，$F_1 = $ _____ ，$F_2 = $ _____ ，$F_3 = $ _____ ，$F_4 = $ _____ 。

② 若把 LA-04 的 SW 端接地，代表把 10MHz 的振盪輸出切斷，可由 IN 端輸入外加信號。若 IN 端加的是 20kHz，請問各點頻率

$F_0 = $ _____ ，$F_1 = $ _____ ，$F_2 = $ _____ ，$F_3 = $ _____ ，$F_4 = $ _____ 。

③ 目前 LA-06 的 CK 加的是 1kHz 的方波，請問 LA-06 各點頻率

$Q_0 = $ _____ ，$Q_1 = $ _____ ，$Q_2 = $ _____ ，$Q_3 = $ _____ 。

④ 若把 LA-06 的 CR 接地，得到什麼結果？

(3) 練習數位電路之狀態與波形分析

依圖 5-5 線路結構，加入 A、B 信號後，請繪出 $Y_0 \sim Y_3$ 的波形。

(4) 請您設計一個電路，由模板組合而成，得到如下的波形。

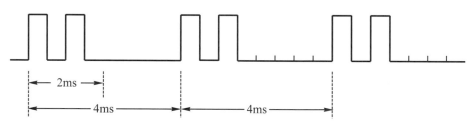

圖 5-6　由您來產生這個波形

實驗項目(二)

希望用一個按鍵開關，控制 10Hz 的輸出。

(1) 開關被按住時，輸出得到 10Hz 的方波。

(2) 開關放掉時，輸出保持邏輯 0。

實驗提示(二)

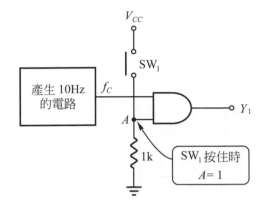
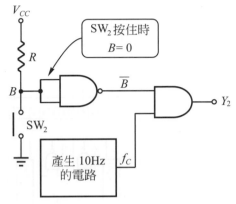

SW_1 ON ， $A=1$ ， $Y_1 = 1 \cdot f_C = f_C$　　　SW_2 ON ， $B=0$ ， $\overline{B}=1$ ， $Y_2 = 1 \cdot f_C = f_C$

SW_1 OFF， $A=0$ ， $Y_1 = 0 \cdot f_C = 0$　　　SW_2 OFF， $B=1$ ， $\overline{B}=0$ ， $Y_2 = 0 \cdot f_C = 0$

圖 5-7　兩種不同的提示

實驗接線(二)

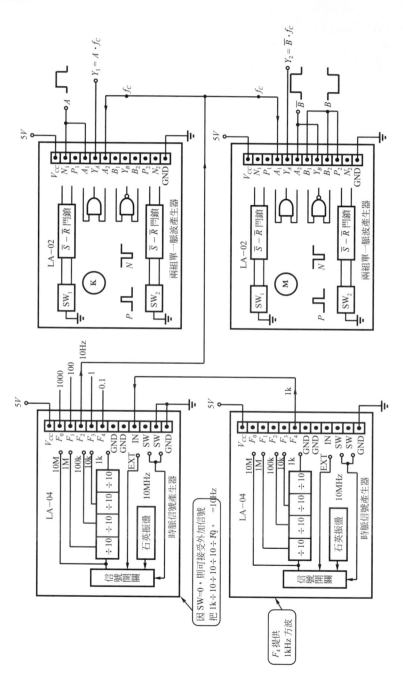

圖 5-8　產生 Y_1 和 Y_2 的實驗接線

(1)　按住 Ⓚ LA-02 的 SW_1，則 P_1 得到邏輯 1，則 $Y_1 = 1 \cdot f_c = f_c = 10\text{Hz}$ 的方波。

(2)　手放開後，SW_1 彈回原位置，且 $P = 0$，則 $Y_1 = 0 \cdot f_c = 0$。

(3)　按住 Ⓜ LA-02 的 SW_2，則 N_2 得到邏輯 0，即 $B = 0$，$\overline{B} = 1$，$Y_2 = \overline{B} \cdot f_c$
$= 1 \cdot f_c = f_c$。

(4)　手放開後，SW_2 彈回原位置，且 $N_2 = 1$，$B = 1$，$\overline{B} = 0$，$Y_2 = \overline{B} \cdot f_c = 0 \cdot f_c = 0$。

實驗討論(二)

(1)　若想 SW ON 使輸出為 f_c，而 SW OFF 時，輸出為邏輯 1，應如何安排？

(2)　請繪出 Y_1 和 Y_2 的波形，條件如下所示。

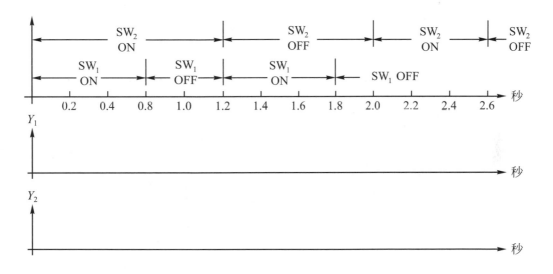

第**6**章

二進／十進解碼器……解碼器認識與應用實驗

實驗目的

(1)　了解什麼叫解碼器，怎麼用它？

(2)　知道一些解碼器可能應用的場合。

原理說明

　　解碼器的原理就像對號入座，依每一張票的號碼做為入座的依據，但對數位電路而言，是給一個數碼(如二位元數碼 00，01，10，11)，每一個數碼會對應到其相對應的輸出。該數碼對應的輸出若為邏輯 0，則其它的輸出設為邏輯 1(反之亦可)。

讓我們以圖示的方法說明解碼器,將更容易了解。其數碼輸入端(B,A),則所對應的輸出端共有四支$(2^2=4)$,Y_0、Y_1、Y_2、Y_3。

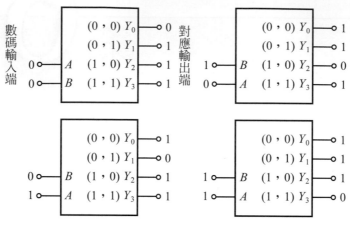

圖 6-1 解碼器的方塊說明

數位電路的解碼器就如圖 6-1 所示,當輸入數碼為$(B,A)=(0,0)$的時候,只有$Y_0=0$,其它$Y_1\sim Y_3$都為邏輯 1。當$(B,A)=(0,1)$時,$Y_1=0$,$Y_0=Y_2=Y_3=1$,……。這種輸入 2 支、輸出 4 支的組合,稱之為二進制解碼器。當然還有輸入 3 支、輸出 8 支,……。或輸入 4 支卻是輸出只有 10 支,稱之為十進制(或 BCD)解碼器。

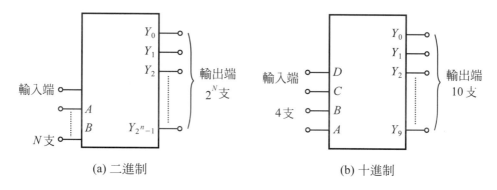

圖 6-2 常見解碼器示意圖

　　所有數位IC都能由基本邏輯閘組成。目前我們使用NAND閘來設計解碼器(其它閘亦可)，茲以二位元輸入爲例。$(B，A)＝[00,01,10,11]$，相對於輸出Y_0、Y_1、Y_2、Y_3，分別爲

$$Y_0＝\overline{\overline{B}\cdot\overline{A}}＝\overline{\overline{0}\cdot\overline{0}}＝\overline{1\cdot1}＝0\cdots\cdots(B，A)＝(0,0)時$$

$$Y_1＝\overline{\overline{B}\cdot A}＝\overline{\overline{0}\cdot1}＝\overline{1\cdot1}＝0\cdots\cdots(B，A)＝(0,1)時$$

$$Y_2＝\overline{B\cdot\overline{A}}＝\overline{1\cdot\overline{0}}＝\overline{1\cdot1}＝0\cdots\cdots(B，A)＝(1,0)時$$

$$Y_3＝\overline{B\cdot A}＝\overline{1\cdot1}＝0\cdots\cdots(B，A)＝(1,1)時$$

　　若把上述的分析整理後，繪其邏輯電路，則如圖 6-3 所示。

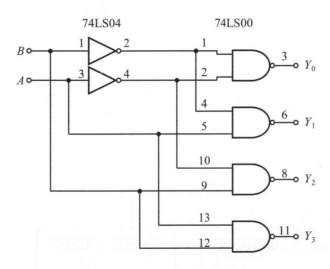

圖 6-3　二對四解碼器(低態動作)

　　若每次都用基本閘來組成解碼器，實在太辛苦，也太……，IC 工廠早就爲我們做好各種解碼器 IC，有二對四、三對八、四對十六，當然也有四對十的解碼 IC。

6-1 74LS138(3 對 8)解碼器的使用

實驗接線

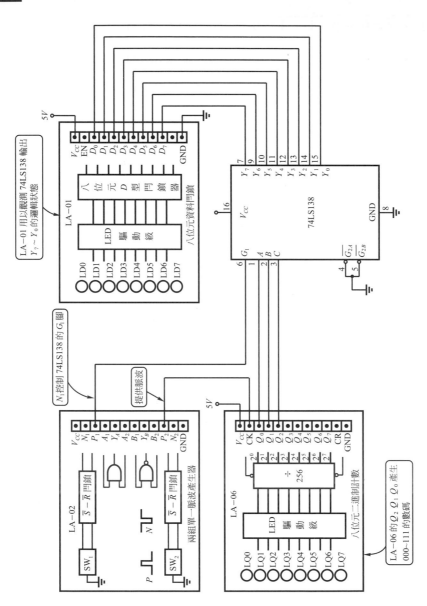

圖 6-4 74LS138(3 對 8)解碼器之實驗接線

接線說明

(1) 先不管 74LS138 到底是顆怎樣的 IC，我們將從這個實驗結果，分析出 74LS138 怎樣動作。

(2) LA-02 提供 G_1 的控制信號和提供時脈給 LA-06 當 CLOCK。

(3) LA-06 是二進制計數器，只要接收到一個脈波，它的計數值會自動加 1。若目前 $Q_2Q_1Q_0 = 011$ 時，每按一下 LA-02 的 SW_2，N_2 就產生一個脈波，且加到 LA-06 的 CK。則 $Q_2Q_1Q_0 = 100$，101，110，111，000，001，⋯⋯，即 $Q_2Q_1Q_0$ 提供二進制的數碼(000～111)給 74LS138 的 CBA。

(4) 用 LA-01 的 $LD_0 \sim LD_7$ 觀測 74LS138 的 $Y_0 \sim Y_7$。

實驗開始

(1) 接下來的工作，只剩下【按開關看結果，做記錄】，您說輕不輕鬆？

(2) 請先按 SW_2，一直到 LA-06 的 $Q_2Q_1Q_0 = 000$(想從 000 開始做實驗)。

(3) 請依序進行 "按 SW_2" 的動作，並把結果記錄下來。

動作 ＼ 數據	C	B	A	G_1	$\overline{G_{2A}} + \overline{G_{2B}}$	Y_0	Y_1	Y_2	Y_3	Y_4	Y_5	Y_6	Y_7
設定初值	0	0	0	1	0	0	1	1	1	1	1	1	1
按 SW_2				1	0								
按 SW_2				1	0								
按 SW_2				1	0								
按 SW_2				1	0								
按 SW_2				1	0								
按 SW_2				1	0								
按 SW_2				1	0								
按住 SW_1，然後	0	0	0	0	0	則 $Y_0 \sim Y_7$ 有何現象？							
按 SW_2 改變 C、	⟨	⟨	⟨	⟨	⟨	【Ans】：							
B、A 的狀態	1	1	1	0	0								

實驗討論

(1) 能正常解碼的情況下，必須

$G_1 = $ _____ ， $\overline{G_{2A}} + \overline{G_{2B}} = $ _____ ， $\overline{G_{2A}} = $ _____ ， $\overline{G_{2B}} = $ _____ 。

(2) 當 $CBA = 101$ ， $G_1 = 0$ ， $\overline{G_{2A}} + \overline{G_{2B}} = 0$ 時，

$Y_7 Y_6 Y_5 Y_4 Y_3 Y_2 Y_1 Y_0 = $ _____ 。

(3) 當 $CBA = 101$ ， $G_1 = 1$ ， $\overline{G_{2A}} + \overline{G_{2B}} = 0$ 時，

$Y_7 Y_6 Y_5 Y_4 Y_3 Y_2 Y_1 Y_0 = $ _____ 。

(4) 74LS138 正常使用為解碼功能，應如何處理？

【Ans】： 當 $G_1 = 1$ ， $(\overline{G_{2A}}, \overline{G_{2B}})$ 同時為 0，則 74LS138 可正常解碼，且由 CBA 的數碼(000～111)決定 Y_0 ～ Y_7 誰是邏輯 0，沒有對應到的輸出都為邏輯 1。

(5) 74LS138 使用練習，請於各(　)填入 0 或 1。

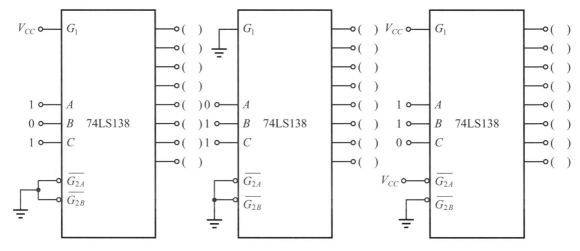

圖6-5　74LS138 解碼器使用練習

6-2　實驗設計⋯⋯跑馬燈

實驗要求

(1)　希望能完成一組跑馬燈的設計，共有 8 個 LED。

(2)　每隔 1 秒鐘換另一個 LED ON，依序一個一個循環亮。

實驗提示

(1)　雖然還有很多原理尚未學到，但只因有了 **LA-XX** 實驗模板，使您馬上可以設計。

(2)　系統說明：

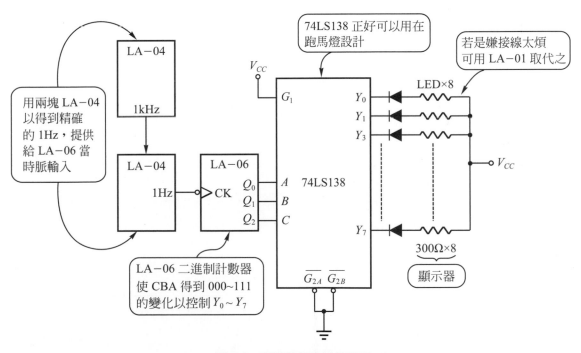

圖 6-6　跑馬燈組合系統說明

(3) 由LA-04所提供的 1Hz 加到 LA-06 的 CK，將使 LA-06 的 $Q_2Q_1Q_0$ 每 1 秒鐘改變一次，由 000～111，則輸出依序由 Y_0～Y_7 得到邏輯 0，LED 便由上往下，一個亮完換另一個亮。

實驗接線

(1) 現在雖然想借助 LA-04 和 LA-06 來完成這個實驗設計，往後各章課程內容會教到這些模板線路，到那時，您就可以選用適合的 IC，完成整個跑馬燈的設計。至少目前您已學會了方法。

(2) 目前為了減少接線，而直接用 LA-01 來觀測 Y_0～Y_7 的變化情形。因 74LS138 是低態動作，只有一支輸出為 0，其它七支輸出一定都為 1。所以 LA-01 將看到一個 LED 不亮，其它七個會亮的情形。即目前看到的是【LED 一個接一個輪流 "暗"】，有此現象就代表實驗正確了……不妨大聲歡呼一下……。

(3) 若在 74LS138 和 LA-01 之間加入 8 個反相器，就可以看到【LED 一個接一個輪流 "亮"】。而這些反相器可選用哪些 IC 呢？

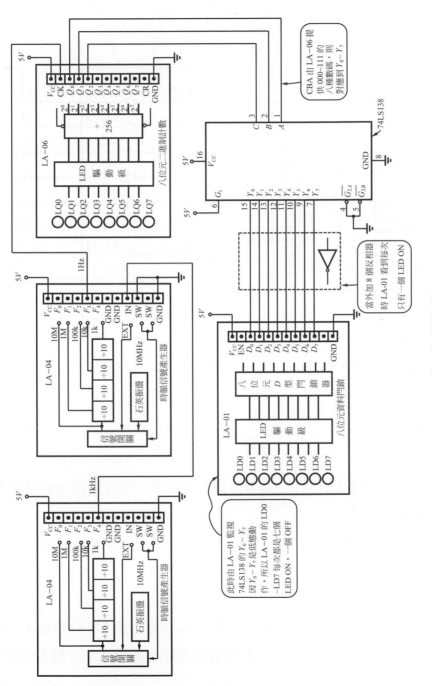

圖 6-7 跑馬燈實驗接線

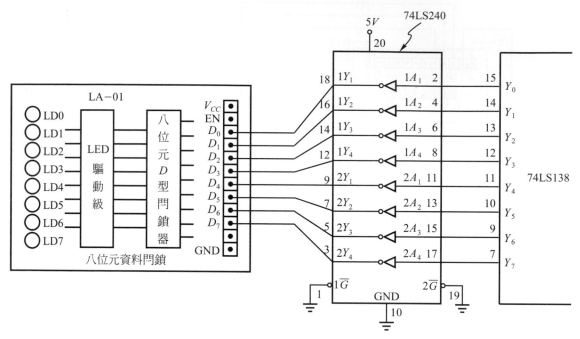

圖6-8 外加反相器74LS240(只有一個 LED ON)

實驗討論

(1) 若LA-06的Q_0和74LS138的A腳發生斷線的情形,則此時跑馬燈是個怎樣的亮法?說明為什麼?

(2) 若74LS138 $\overline{G_{24}}$的接線忘了接上去,則 LED 是怎樣亮法?為什麼?

(3) 所有模板都是好的,IC 也是好的,卻是只亮$LD_0\sim LD_3$,其它的 LED 都不亮,試問其故障何在?

(4) 若有一微電腦的位址線為$A_0\sim A_{15}$,其中$A_{13}\sim A_{15}$被接到74LS138的A、B、C,做為記憶空間的分配,則此時$Y_0\sim Y_7$分別代表位址區間是多少到多少呢?

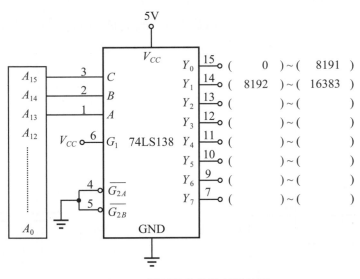

圖 6-9　解碼器當位址分配控制

提示

① $(A_{15}A_{14}A_{13}A_{12}\cdots\cdots A_0)$表示共有 0～65535 個位址(共 65536 個)。

② $(A_{12}A_{11}\cdots\cdots A_0)$表示 0～8191 個位址(共 8192 個位址，代表一個區間)。

③ $A_{15}A_{14}A_{13}A_{12}\cdots\cdots A_0$

$$\left.\begin{array}{l}0\ 0\ 0\ 0\ \cdots\cdots\ 0 \to\ \ \ 0 \\ 0\ 0\ 0\ 1\ \cdots\cdots\ 1 \to\ 8191\end{array}\right\}A_{15}A_{14}A_{13}=000，表示 0～8191$$

$$\left.\begin{array}{l}0\ 0\ 1\ 0\ \cdots\cdots\ 0 \to\ \ 8192 \\ 0\ 0\ 1\ 1\ \cdots\cdots\ 1 \to 16383\end{array}\right\}A_{15}A_{14}A_{13}=001，表示 8192～16383$$

⑸ 找到數位 IC 為二進制解碼，共 6 種(含 TTL 和 CMOS)(附錄中有資料)。

⑹ 找到數位 IC 為十進制解碼，共 3 種(含 TTL 和 CMOS)(附錄中有資料)。

⑺ 一個 74LS138 有三支輸入$(C，B，A)$和八支輸出$(Y_0～Y_7)$，一般我們稱它為三對八解碼器，請您

① 找到二對四解碼器一個，並用二對四解碼IC，改裝成具有三對八解碼的功能。

② 請您用兩個 74LS138(三對八解碼IC)，改裝成具有四對十六的解碼功能，並且要求不能使用外加元件。

6-3 參考資料……各種解碼 IC 的接腳圖

41 Nixie Driver

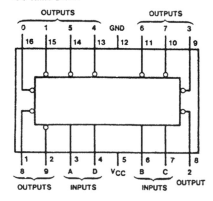

BCD-to-Decimal Decoder/Driver

45 Lamp, Relay, or MOS Driver
80-mA Current Sink
Outputs Off for Invalid Codes

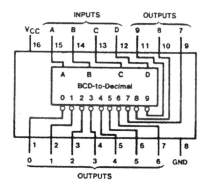

4 Line-to-10-Line Decoder

42 BCD-to-Decimal

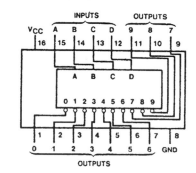

46 Active-Low, Open-Collector,
30-V Outputs

47 Active-Low, Open-Collector,
15-V Outputs

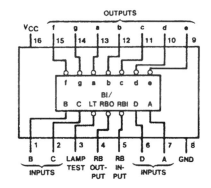

BCD-to-Seven-Segment Decoders Drivers

49 Open-Collector Outputs

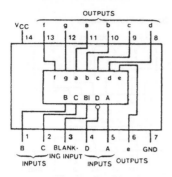

48 Internal Pull-Up Outputs

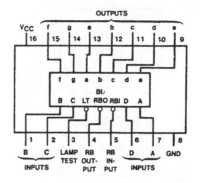

138 3-to-8 Line Decoders/Multiplexers

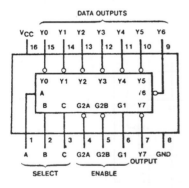

139 Dual 2-to-4 Line Decoders/Multiplexers

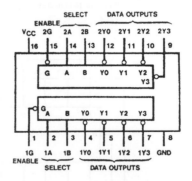

141 NIXIE Driver

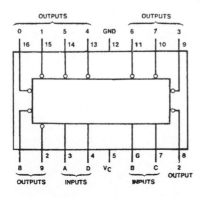

BCD-To-Decimal Decoders/Drivers For Lamps, Relays, MOS

145 BCD-to decimal

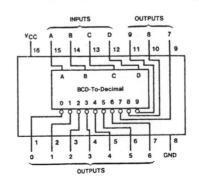

BCD-to-Seven-Segment Decoders/Drivers

247 Active-Low, Open-Collector, 15-V Outputs

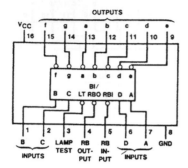

BCD-to-Seven-Segment Decoders/Drivers

248 Internal Pull-Up Outputs

249 Open-Collector Outputs

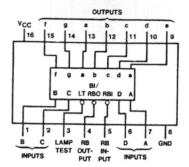

4-Line to 16-Line Decoders/Demultiplexers

154

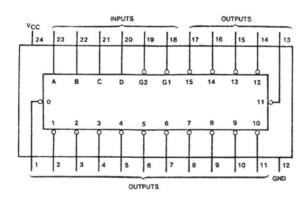

第 7 章

七線段解碼器與顯示器……
應用實驗

實驗目的

(1) 了解七線段顯示器的測量和使用方法。

(2) 介紹七線段解碼器的使用及其串接。

產品介紹

(1) 七線段顯示器

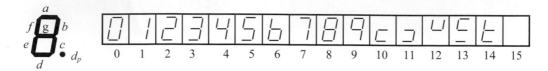

(a) 七線段顯示器及數字表示

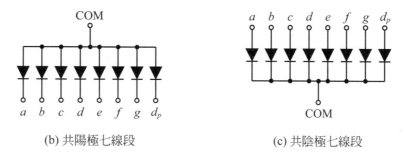

(b) 共陽極七線段　　　　　　(c) 共陰極七線段

圖 7-1　七線段顯示器相關資料

　　七線段顯示器實際上是使用 8 個 LED 包裝在一起，並且排列成 B 的形狀和包含一個小數點(dp)。由這七個 LED 排列出 0～9 的數字和 A～F 的符號，即想要顯示 2 的數字，則必須使 a、b、d、e、g 共 5 個 LED 亮起來，則顯示出 2 的形狀。

　　而加到 LED 的電壓，一定要比 LED 的順向壓降(V_F)還大，所以 LED 必須串聯限流降壓電阻，避免 LED 的電流太大而燒掉，故七線段正常的使用方法為：

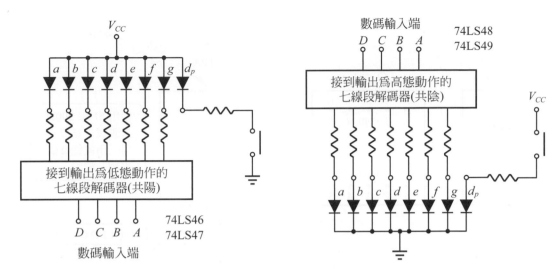

圖 7-2　七線段顯示器的標準接法

　　若嫌要接七、八個限流電阻實在太麻煩，則可用圖 7-3 七線段顯示器的變通接法。

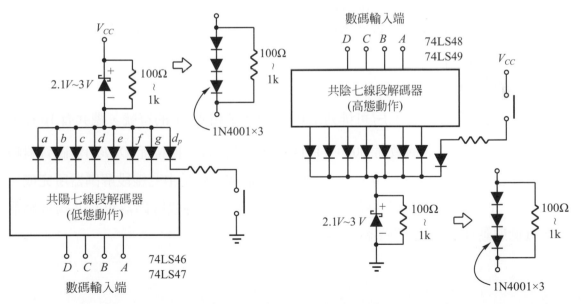

圖 7-3　七線段顯示器之變通接法

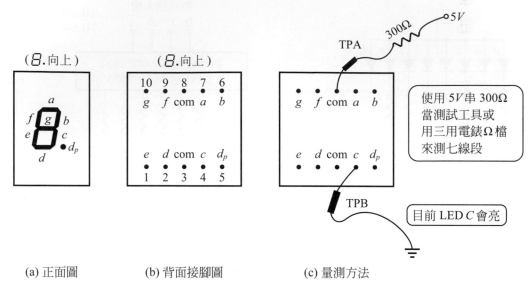

(a) 正面圖　　　　(b) 背面接腳圖　　　　(c) 量測方法

圖7-4　七線段顯示器接腳排列和量測方法

　　想知道七線段顯示器的接腳排列，可如圖(c)所示，看看哪一支腳所對應的 LED 會亮起來。若為共陰極七線段顯示器時，只要把 TPA 和 TPB 兩測試棒交換即可。

⑵　七線段解碼器

　　七線段顯示器， 🔲 可排列出 0～9 的數字和 A～F 的符號，總共有 16 種，故必須有四位元的數碼 0000～1111。而此時怎樣把四位元(*DCBA*)數碼資料轉成七個LED(*a*、*b*、*c*、*d*、*e*、*f*、*g*)的控制信號，就是由七線段解碼器所完成。

　　七線段顯示器有共陽和共陰兩種，相對的七線段解碼器也有共陽解碼器(低態動作)和共陰解碼器(高態動作)之分。

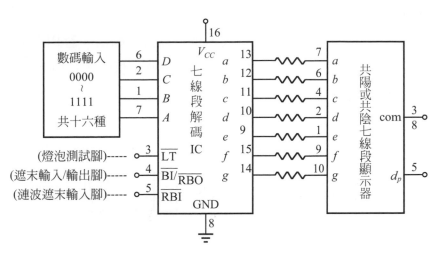

圖7-5　七線段解碼器接腳功能

接腳功能說明

(1) $DCBA$：數碼輸入端

　　$DCBA$可加入 0000～1111，則應產生 0～9 的數字和 A～F 的符號。

(2) $\overline{LT}$：燈泡測試輸入腳

　　$\overline{LT} = 0$ 的時候，會讓所有 LED (a、b、c、d、e、f、g)都亮起來，顯示出 $\Box$ 的

　　形狀。則$\overline{LT}$可用以測量LED是否會亮。平常$\overline{LT}$可以空接，當想測試全部LED

　　是否都為良品，則把$\overline{LT}$接地，就能測試所有 LED 是否全部能亮。

(3) $\overline{RBI}$：連波遮末輸入腳

　　當 $\overline{RBI} = 0$ 的時候，會針對在$DCBA = 0000$時，進行遮末動作。即在$\overline{RBI} = 0$

　　的情況下，且$DCBA = 0000$，並不會顯示 $\Box$，而是全部 LED 都不亮。

(4) $\overline{BI/RBO}$：遮末輸入／輸出腳

這支接腳比較特殊，它可以當輸入，也可以當做輸出。若$\overline{BI/RBO}$被加入邏輯0(當輸入腳使用)時，則不論$DCBA$是什麼數碼，將使所有LED都不亮。(即$\overline{BI/RBO}$加邏輯0時，強迫所有 LED 都 OFF)。$\overline{BI/RBO}$還有一項重要特性，即當$DCBA = 0000$，且 $\overline{RBI} = 0$時，會自動把 $\overline{BI/RBO}$ 設定為邏輯0。所以 $\overline{RBI}$ 和 $\overline{BI/RBO}$這兩支接腳常用於七線段顯示的串接電路中，達到若四位數其值為0，並不顯示 ⎕⎕⎕⎕ (四個0)，而只顯示 [　　　0] (一個0)。

實驗接線

(1) 按一下SW_1，由N_1產生一個負脈波加到LA-06的CR，則$Q_3Q_2Q_1Q_0 = 0000$，即$LQ_0 \sim LQ_7$全都不亮。

(2) 接著剩下按開關看結果了。(按SW_2，由 LA-02 的N_2提供 CLOCK 給 LA-06)

① $Q_3Q_2Q_1Q_0 = D_1C_1B_1A_1 = 0000$ 時，顯示什麼？

【Ans】：_____。

② $Q_3Q_2Q_1Q_0 = D_1C_1B_1A_1 = 0101$ 時，顯示什麼？

【Ans】：_____。

③ $Q_3Q_2Q_1Q_0 = D_1C_1B_1A_1 = 1010$ 時，顯示什麼？

【Ans】：_____。

④ $Q_3Q_2Q_1Q_0 = D_1C_1B_1A_1 = 1111$ 時，顯示什麼？

【Ans】：_____。

(3) 請重新按SW_2，使$Q_3Q_2Q_1Q_0 = 0000$，並且用一條單心線，一端接地另一端當測試棒(TP)。

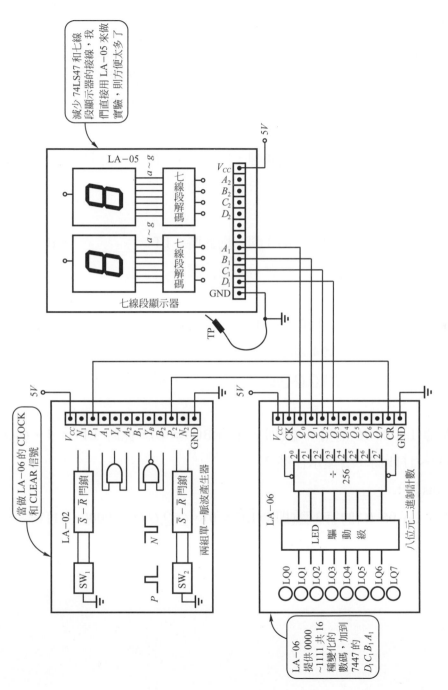

圖 7-6 七線段解碼器 7447 實驗接線

① TP 不碰任何點(空接)，則顯示什麼？

【Ans】：_____。

② TP 碰住 LA-05 IC_1 的第 5 腳(不要碰錯地方)，則此時，$\overline{LT} = $_____，$\overline{BI/RBO} = $_____，$\overline{RBI} = $_____，所顯示的是什麼？

【Ans】：_____。

③ 把 TP 改碰住 LA-05 IC_1 的第 4 腳，則此時，$\overline{LT} = $_____，$\overline{BI/RBO} = $_____，$\overline{RBI} = $_____，所顯示的是什麼？

【Ans】：_____。

④ 把 TP 改碰住 LA-05 IC_1 的第 3 腳，則此時，$\overline{LT} = $_____，$\overline{BI/RBO} = $_____，$\overline{RBI} = $_____，所顯示的是什麼？

【Ans】：_____。

(4) 再按 SW_2，使 $Q_3Q_2Q_1Q_0$ 從 0000～1111 任意數碼。

① TP 碰 LA-05 IC_1 的第 4 腳(即令 $\overline{RBI} = 0$)，此時 $\overline{LT} = 1$，在什麼情況下 $\overline{BI/RBO}$(Pin4)$= 0$，此時 $Q_3Q_2Q_1Q_0 = $_____，顯示什麼？

【Ans】：_____。

② TP 碰 LA-05 IC_1 的第 4 腳(即令 $\overline{BI/RBO} = 0$)，此時 $\overline{LT} = 1$，$Q_3Q_2Q_1Q_0 = $ 0000～1111 時，會顯示什麼？

【Ans】：_____。

③ TP 碰 LA-05 IC_1 的第 3 腳(即令 $\overline{LT} = 0$)，$Q_3Q_2Q_1Q_0 = $ 0000～1111 時，會顯示什麼？

【Ans】：_____。

實驗討論

(1) 可當共陽七線段的解碼 IC 有哪些？(附錄中有資料)

【Ans】： TTL IC：_____

CMOS IC：_____

(2) 可當共陰七線段的解碼 IC 有哪些？

【Ans】： TTL IC：_____

CMOS IC：_____

(3) 我們使用 LA-05 中的 7447 做為共陽七線段顯示器的解碼 IC。請依實驗記錄，加以分析及歸納，並把適當答案(0 或 1)填入下表的空格中。

表 7-1　請填入適當答案

怎樣動作 / 狀況設定	D	C	B	A	$\overline{BI/RBO}$	$\overline{RBI}$	$\overline{LT}$	顯示情形
正常顯示	0	0	0	0	1	1	1	*0*
	0	0	0	0		0	1	
燈泡測試	0	1	1	1	1	1	0	
	0	1	0	1	0	1	1	
	0	1	0	1	1	1	1	
	0	0	1	1		0	1	
	1	1	1	1	1	1	1	
	1	1	1	1	1	1	0	

(4) 有四個七線段顯示器，用來顯示 0～9999。當數目為 36 的時候，希望顯示

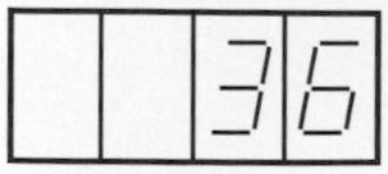

⌷⌷36，而不是0036。則應該如何完成 7447 的串接？

【Ans】：

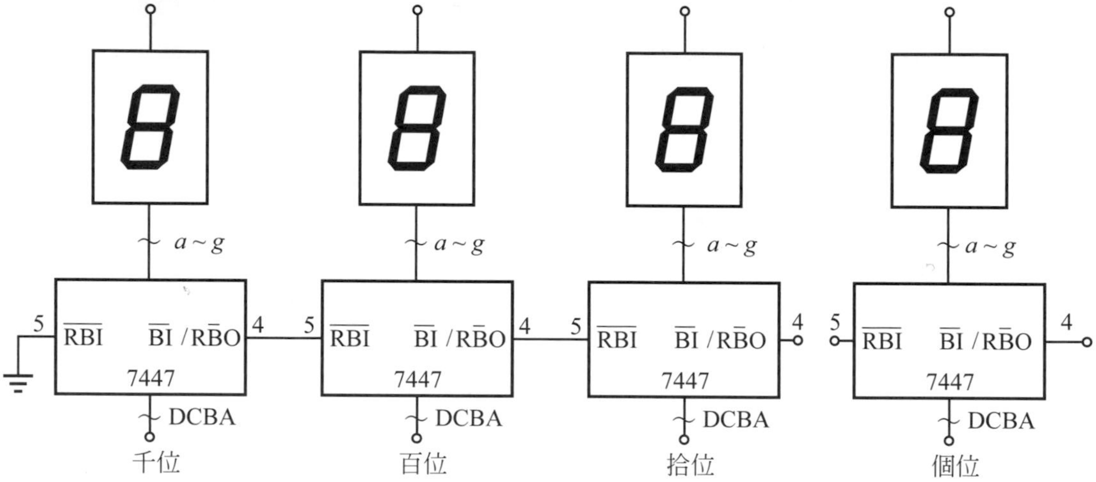

圖 7-7　七線段解碼器的串接

(5) 圖 7-7，若輸入為（0000 0011 0110 0101）＝(0365)₁₀，所顯示的數字為

365，為什麼千位的 "0" 不會顯示出來？

(6) 圖 7-7，若輸入為(0000 0000 0011 0110)＝(0036)₁₀，則千位的 $\overline{RBI}$＝_____，
$\overline{BI}/\overline{RBO}$＝_____，百位的 $\overline{RBI}$＝_____，$\overline{BI}/\overline{RBO}$＝_____，拾位的
$\overline{RBI}$＝_____，$\overline{BI}/\overline{RBO}$＝_____。個位因空接故 $\overline{RBI}$＝1，$\overline{BI}/\overline{RBO}$＝1。

(7) 圖 7-7 若輸入為（0000 0000 0000 0000）＝(0000)₁₀，則會做怎樣的顯示呢？

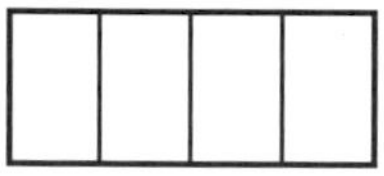

⌷⌷⌷⌷。則此時 $\overline{RBI}$(千位)＝_____，$\overline{RBI}$(百位)＝_____，$\overline{RBI}$(拾
位)＝_____，$\overline{BI}/\overline{RBO}$(千位)＝_____，$\overline{BI}/\overline{RBO}$(百位)＝_____，$\overline{BI}/\overline{RBO}$

(拾位)＝_____。

(8) 試說明在什麼情況下，$\overline{BI}/\overline{RBO}$ 會被設定為 0？

(9) 說明 $\overline{RBI}=0$ 對 7447 產生什麼結果？

(10) 說明 $\overline{BI}/\overline{RBO}$ 被強迫接地，會造成什麼結果？

(11) 請繪出圖 7-7 完整線路圖，必須包含(a、b、c、d、e、f、g)及($DCBA$)。(請參閱 LA-05 的線路圖，便能清楚知道應該怎麼畫)。

參考資料

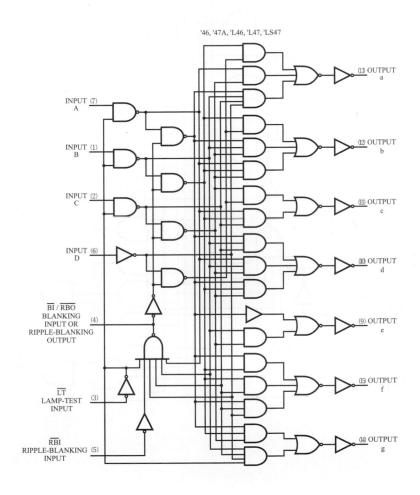

'48, 'LS48

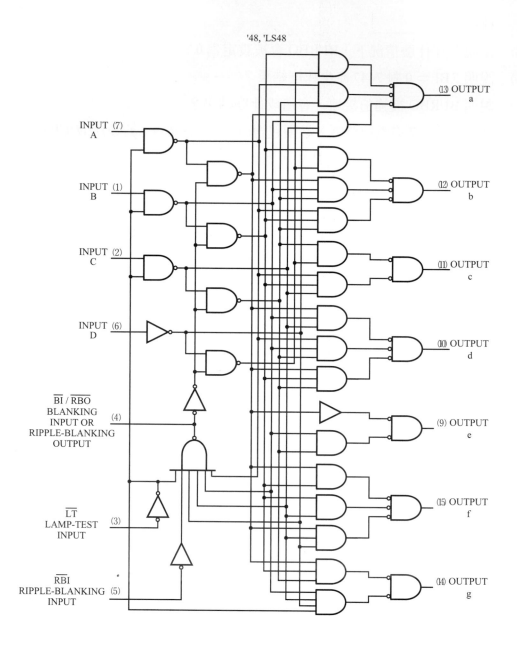

INPUT (7)
A

INPUT (1)
B

INPUT (2)
C

INPUT (6)
D

$\overline{BI}$ / $\overline{RBO}$
BLANKING
INPUT OR
RIPPLE-BLANKING
OUTPUT
(4)

$\overline{LT}$
LAMP-TEST
INPUT
(3)

$\overline{RBI}$
RIPPLE-BLANKING
INPUT
(5)

(13) OUTPUT a

(12) OUTPUT b

(11) OUTPUT c

(10) OUTPUT d

(9) OUTPUT e

(15) OUTPUT f

(14) OUTPUT g

SN54L46, SN54L47 . . . J PACKAGE
SN5446A, SN5447A, SN54LS47, SN5448,
SN54LS48 . . . J OR W PACKAGE
SN7446A, SN7447A,
SN7448 . . . J OR N PACKAGE
SN74LS47, SN74LS48 . . . D, J OR N PACKAGE

(TOP VIEW)

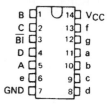

B	1	16	V_{CC}
C	2	15	f
$\overline{LT}$	3	14	g
$\overline{BI/RBO}$	4	13	a
$\overline{RBI}$	5	12	b
D	6	11	c
A	7	10	d
GND	8	9	e

SN5449 . . . W PACKAGE
SN54LS49 . . . J OR W PACKAGE
SN74LS49 . . . D, J OR N PACKAGE

(TOP VIEW)

B	1	14	V_{CC}
C	2	13	f
$\overline{BI}$	3	12	g
D	4	11	a
A	5	10	b
e	6	9	c
GND	7	8	d

'48, 'LS48
FUNCTION TABLE

DECIMAL OR FUNCTION	INPUTS						$\overline{BI/RBO}$†	OUTPUTS							NOTE
	$\overline{LT}$	$\overline{RBI}$	D	C	B	A		a	b	c	d	e	f	g	
0	H	H	L	L	L	L	H	H	H	H	H	H	H	L	
1	H	X	L	L	L	H	H	L	H	H	L	L	L	L	
2	H	X	L	L	H	L	H	H	H	L	H	H	L	H	
3	H	X	L	L	H	H	H	H	H	H	H	L	L	H	
4	H	X	L	H	L	L	H	L	H	H	L	L	H	H	
5	H	X	L	H	L	H	H	H	L	H	H	L	H	H	
6	H	X	L	H	H	L	H	L	L	H	H	H	H	H	
7	H	X	L	H	H	H	H	H	H	H	L	L	L	L	1
8	H	X	H	L	L	L	H	H	H	H	H	H	H	H	
9	H	X	H	L	L	H	H	H	H	H	L	L	H	H	
10	H	X	H	L	H	L	H	L	L	L	H	H	L	H	
11	H	X	H	L	H	H	H	L	L	H	H	L	L	H	
12	H	X	H	H	L	L	H	L	H	L	L	L	H	H	
13	H	X	H	H	L	H	H	H	L	L	H	L	H	H	
14	H	X	H	H	H	L	H	L	L	L	H	H	H	H	
15	H	X	H	H	H	H	H	L	L	L	L	L	L	L	
BI	X	X	X	X	X	X	L	L	L	L	L	L	L	L	2
RBI	H	L	L	L	L	L	L	L	L	L	L	L	L	L	3
LT	L	X	X	X	X	X	H	H	H	H	H	H	H	H	4

'49,'LS49 FUNCTION TABLE

DECIMAL OR FUNCTION	INPUTS					OUTPUTS							NOTE
	D	C	B	A	$\overline{BI}$	a	b	c	d	e	f	g	
0	L	L	L	L	H	H	H	H	H	H	H	L	
1	L	L	L	H	H	L	H	H	L	L	L	L	
2	L	L	H	L	H	H	H	L	H	H	L	H	
3	L	L	H	H	H	H	H	H	H	L	L	H	
4	L	H	L	L	H	L	H	H	L	L	H	H	
5	L	H	L	H	H	H	L	H	H	L	H	H	
6	L	H	H	L	H	L	L	H	H	H	H	H	
7	L	H	H	H	H	H	H	H	L	L	L	L	
8	H	L	L	L	H	H	H	H	H	H	H	H	1
9	H	L	L	H	H	H	H	H	L	L	H	H	
10	H	L	H	L	H	L	L	L	H	H	L	H	
11	H	L	H	H	H	L	L	H	H	L	L	H	
12	H	H	L	L	H	L	H	L	L	L	H	H	
13	H	H	L	H	H	H	L	L	H	L	H	H	
14	H	H	H	L	H	L	L	L	H	H	H	H	
15	H	H	H	H	H	L	L	L	L	L	L	L	
B1	X	X	X	X	L	L	L	L	L	L	L	L	2

SEGMENT IDENTIFICATION

NUMERICAL DESIGNATIONS AND RESULTANT DISPLAYS

'46A,'47A,'L46,'L47,'LS47 FUNCTION TABLE

DECIMAL OR FUNCTION	INPUT						$\overline{BI/RBO}$	OUTPUTS							NOTE
	LT	$\overline{RBI}$	D	C	B	A		a	b	c	d	e	f	g	
0	H	H	L	L	L	L	H	ON	ON	ON	ON	ON	ON	OFF	
1	H	X	L	L	L	H	H	OFF	ON	ON	OFF	OFF	OFF	OFF	
2	H	X	L	L	H	L	H	ON	ON	OFF	ON	ON	OFF	ON	
3	H	X	L	L	H	H	H	ON	ON	ON	ON	OFF	OFF	ON	
4	H	X	L	H	L	L	H	OFF	ON	ON	OFF	OFF	ON	ON	
5	H	X	L	H	L	H	H	ON	OFF	ON	ON	OFF	ON	ON	
6	H	X	L	H	H	L	H	OFF	OFF	ON	ON	ON	ON	ON	
7	H	X	L	H	H	H	H	ON	ON	ON	OFF	OFF	OFF	OFF	1
8	H	X	H	L	L	L	H	ON	ON	ON	ON	ON	ON	ON	
9	H	X	H	L	L	H	H	ON	ON	ON	OFF	OFF	ON	ON	
10	H	X	H	L	H	L	H	OFF	OFF	OFF	ON	ON	OFF	ON	
11	H	X	H	L	H	H	H	OFF	OFF	ON	ON	OFF	OFF	ON	
12	H	X	H	H	L	L	H	OFF	ON	OFF	OFF	OFF	ON	ON	
13	H	X	H	H	L	H	H	ON	OFF	OFF	ON	OFF	ON	ON	
14	H	X	H	H	H	L	H	OFF	OFF	OFF	ON	ON	ON	ON	
15	H	X	H	H	H	H	H	OFF	OFF	OFF	OFF	OFF	OFF	OFF	
BI	X	X	X	X	X	X	L	OFF	OFF	OFF	OFF	OFF	OFF	OFF	2
RBI	H	L	L	L	L	L	L	OFF	OFF	OFF	OFF	OFF	OFF	OFF	3
LT	L	X	X	X	X	X	H	ON	ON	ON	ON	ON	ON	ON	4

第 8 章

編碼器的應用……鍵盤編碼實驗

實驗目的

(1) 了解編碼器的原理及使用方法。
(2) 使用編碼 IC 做一個實用的小鍵盤。

原理說明

　　編碼器和解碼器，可以說是兩個功用相反的產品。已知解碼器是輸入一個數碼，而得到其相對應的一個(或一些)輸出。(若忘了，請回頭看一下實驗六，3 對 8 解碼和七線段解碼)。而編碼器就是每一個單獨的輸入，其輸出乃以一組特定的數碼表示之，其示意圖如下：

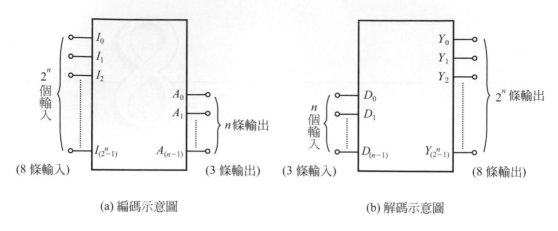

(a) 編碼示意圖　　　　　　　　　　(b) 解碼示意圖

圖 8-1　(n = 3)的編碼與解碼示意圖

若 n = 3，則編碼器的輸入為(I_0～I_7)共 8 條，相當於代表 8 個按鍵，每一個按鍵都有其相對應的數碼。但若同時有兩個鍵被按下去的時候，應該以哪一個鍵代表編碼的輸出呢？此時就有所謂的 "優先編碼" 的考量。

事實上編碼器也是由基本邏輯閘所組成，只是於使用到編碼器的時候，我們一定不會自討苦吃，還用邏輯閘慢慢 "兜" 出來，而是採用已經 IC 化的編碼器，茲介紹於後。

8-1　產品介紹(一)……8 對 3 編碼 IC 74148

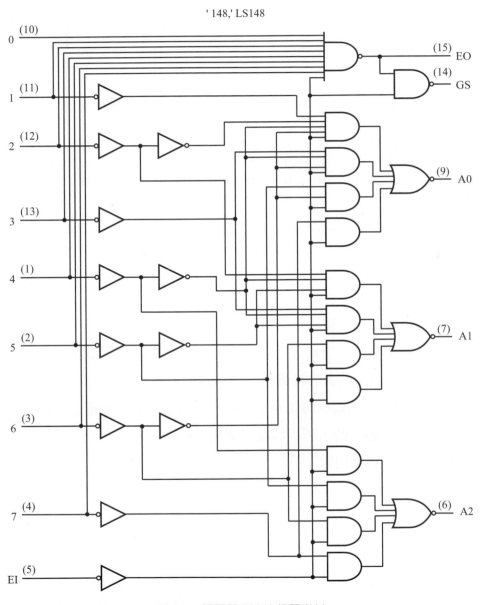

圖 8-2　編碼器 74148 相關資料

表 8-1　編碼器 74148 功能表

輸					入				輸		出		
E_1	0	1	2	3	4	5	6	7	A_2	A_1	A_0	GS	EO
H	X	X	X	X	X	X	X	X	H	H	H	H	H
L	H	H	H	H	H	H	H	H	H	H	H	H	L
L	X	X	X	X	X	X	X	L	L	L	L	L	H
L	X	X	X	X	X	X	L	H	L	L	H	L	H
L	X	X	X	X	X	L	H	H	L	H	L	L	H
L	X	X	X	X	L	H	H	H	L	H	H	L	H
L	X	X	X	L	H	H	H	H	H	L	L	L	H
L	X	L	L	H	H	H	H	H	H	L	H	L	H
L	X	H	H	H	H	H	H	H	H	H	L	L	H
L	L	H	H	H	H	H	H	H	H	H	H	L	H

接腳功能說明

(1)　$(I_7 \sim I_0)$：編碼器輸入腳

　　74148 當 $I_7 \sim I_0$ 有某一支輸入為邏輯 0 的時候，其輸出 $A_2A_1A_0$ 便產生一個數碼，用以代表該輸入所代表的編碼值。且 74148 已設計成具有優先編碼的功能。例如若 I_6 和 I_5 同時要求編碼時 $(I_6 = I_5 = 0)$，編碼器將選較高權位 (I_6) 進行編碼。即 I_6、I_5 同時要求編碼時，所得的編碼值代表 I_6。

(2)　$(A_2A_1A_0)$：編碼器輸出腳

　　因 74148 共有 8 支輸入 $(I_7 \sim I_0)$，故由三位元組成八種數碼 $(000 \sim 111)$。而 74148 乃以反相形式輸出。例如，I_5 要求編碼時，其輸出 $A_2A_1A_0 \neq (101 = 5_{10})$，而是 $A_2A_1A_0 = 010$，故為**反相型輸出**。

(3)　*EI*：輸入致能腳

若 *EI* ＝ 1 時，不管 ($I_7 \sim I_0$) 誰要求編碼，編碼器都不動作，且 $A_2 A_1 A_0$ 都全部為邏輯 1，$A_2 A_1 A_0$ ＝ 111。同時 *GS* ＝ 1，*EO* ＝ 1。故想做正常的編碼運算，則必須 *EI* ＝ 0。

(4)　*EO*：輸出致能腳

這支腳最主要的目的乃在於告知 "目前沒有任何輸入要求編碼"。*EI* ＝ 0 (編碼器可正常使用) 時，沒有任何鍵被按下去 ($I_7 \sim I_0$ 都是邏輯 1)，則 *EO* ＝ 0。即 *EO* ＝ 0 可視為沒有任何輸入要求做編碼。

(5)　*GS*：編碼啟動確認腳

這支腳最主要的目的乃在於告知 "現在有輸入要求編碼"。*EI* ＝ 0 之下，($I_7 \sim I_0$) 有一個為 0 時 (即有按鍵被按下去了)，此時 *GS* 馬上等於邏輯 0 輸出。即 *GS* ＝ 0 時，代表有人按鍵了。

實驗接線(一)

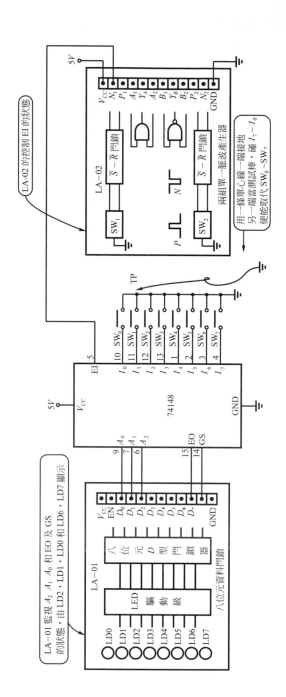

圖 8-3　編碼器 74148 實驗接線

(1) $I_7 \sim I_0$ 所接的開關($SW_7 \sim SW_0$)，由一條單心線取代之。

(2) $I_7 \sim I_0$ 沒有動作，(即 $I_1 = I_2 = \cdots\cdots = I_7 = 1$)時，$A_2A_1A_0 = $ _____ ，$GS = $ _____ ，$EO = $ _____ 。

(3) 按住 LA-02 的 SW_1，則 $P_1 = 1 = EI$。把 TP 碰到 I_6，($I_6 = 0$)，試問 $A_2A_1A_0 = $ _____ ，$GS = $ _____ ，$EO = $ _____ 。

(4) 放開 LA-02 的 SW_1，則 $P_1 = 0 = EI$。把 TP 碰到 I_4 和 I_5 ($I_4 = I_5 = 0$)，試問 $A_2A_1A_0 = $ _____ ，$GS = $ _____ ，$EO = $ _____ 。

實驗討論(一)

(1) $EI = 0$ 和 $EI = 1$ 各代表什麼動作？

(2) 在 $EI = 0$ 的情況下，又($I_0 = I_1 = \cdots\cdots = I_7 = 1$)(表示無按任何鍵)，可用怎樣的運算，表示 74148 可正常編碼，但目前沒人按鍵？

(3) 用什麼狀況代表目前正有人按鍵？

(4) 請用兩個 74148 配合其它 IC，把原本 8 對 3 的編碼器，變成 4 對 16 的編碼器。其輸出為反相形式。(即 $I_{15} \sim I_0$，若 I_7 要求編碼，其輸出 $A_3A_2A_1A_0 = 1000$ 而不是 0111)。

(5) 請用兩個 74148 配合其它 IC，把原本 8 對 3 的編碼器，變成 4 對 16 的編碼器，且其輸出為非反相式。(即 $I_{15} \sim I_0$，若 I_7 要求編碼，其輸出 $A_3A_2A_1A_0 = 0111$ 而不是反相的 1000)。

(6) 請找到 74348，若和 74148 比較。都是 8 對 3 的編碼 IC，請以兩個 74348 完成 16 鍵的鍵盤編碼。

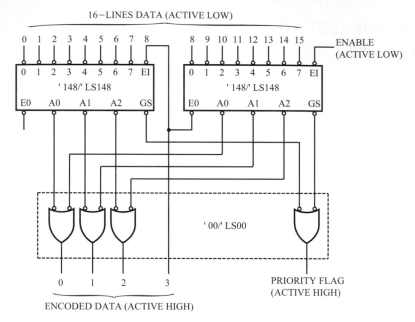

(a) 74148 之 16 鍵編碼

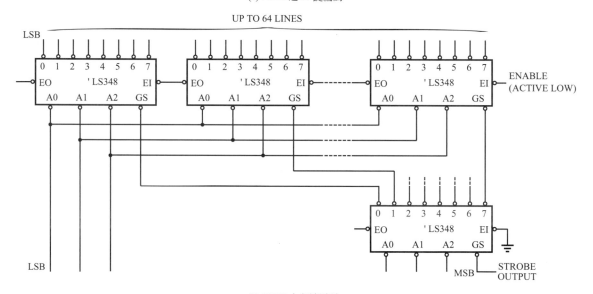

(b) 74348 之多鍵編碼

圖 8-4　74148 和 74348 之多鍵編碼

8-2　產品介紹(二)……16 鍵之鍵盤編碼 IC 74C922

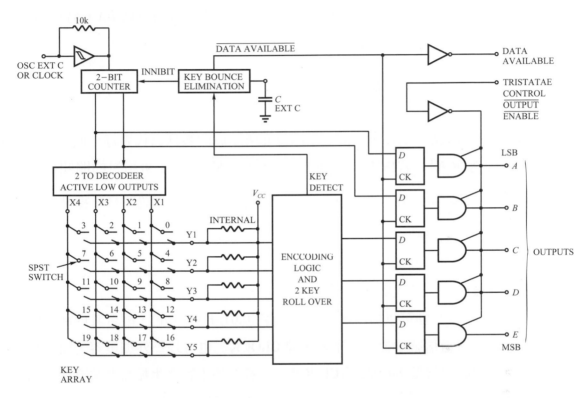

圖 8-5　鍵盤編碼 IC 74C922 和 74C923 內部方塊圖

表 8-2　74C922 功能表

0	1	2	3	4	5	6	7	8	9	10	11	12	13	14	15	16	17	18	19
Y_1,X_1	Y_1,X_2	Y_1,X_3	Y_1,X_4	Y_2,X_1	Y_2,X_2	Y_2,X_3	Y_2,X_4	Y_3,X_1	Y_3,X_2	Y_3,X_3	Y_3,X_4	Y_4,X_1	Y_4,X_2	Y_4,X_3	Y_4,X_4	Y_5',X_1	Y_5',X_2	Y_5',X_3	Y_5',X_4
0	1	0	1	0	1	0	1	0	1	0	1	0	1	0	1	0	1	0	1
0	0	1	1	0	0	1	1	0	0	1	1	0	0	1	1	0	0	1	1
0	0	0	0	1	1	1	1	0	0	0	0	1	1	1	1	0	0	0	0
0	0	0	0	0	0	0	0	1	1	1	1	1	1	1	1	0	0	0	0
0	0	0	0	0	0	0	0	0	0	0	0	0	0	0	0	1	1	1	1

*MM54C922/MM74C922

從 74C922 方塊圖中將其接腳加以分類，得知可分六類。

(1) 鍵盤輸入腳(開關接線端)(8 條)

74C922 為 16 鍵之鍵盤編碼 IC，故有$(X_1，X_2，X_3，X_4)$和$(Y_1，Y_2，Y_3，Y_4)$兩組輸入腳，共可組成 16 個開關接線點。每一個按鍵(開關)一端接X，另一端接Y [(X○—○ ○—○ Y)如圖 8-5 所示]。

※74C923 多了一條Y_5，總共為 20 個按鍵。

(2) 編碼輸出腳(4 條)

74C922 乃 16 鍵編碼 IC，故必須用四位元所組成的數碼以代表每一個按鍵。其輸出腳為$DCBA$。若$DCBA＝1001$，則代表所按的鍵為 9[相對的開關位置是 (X_2○—○ ○—○ Y_3)]。即以$DCBA$的值代表按鍵所在的位置。且所編碼的資料將被鎖住於輸出端。

※74C923 多了一條編碼輸出 E。

(3) 振盪信號輸入／產生腳(1 條) (Pin5)

74C922 的第 5 腳可以接一個電容對地(約 $0.01\mu F \sim 0.1\mu F$)，配合其內部電路，便能產生振盪信號，提供給整顆IC當 CLOCK。也可以不外加電容，而直接由外部提供脈波當做 74C922 的 CLOCK。一般外加電容產生振盪非常方便，而被廣泛使用。

(4) 確認輸出腳(1 條) (Pin12)

當有人按鍵的時候，DA(Pin12)便產生一個正脈波。即當$DA＝1$的時候，相當於由$DA＝1$告訴外界說：「有人按鍵了，現在我已編碼成功，且把編碼值放在$DCBA$輸出端，您可以拿去使用了」。所以DA相當於是對外界做"通報"的信號。也可當做微電腦系統中的"中斷"信號，通知微電腦系統來做鍵盤讀取的工作。

⑸　輸出致能腳(1 條) (Pin13)

輸出致能 $\overline{EO}$ 最主要功用乃控制編碼輸出$DCBA$能否和外界連接的控制信號。當$\overline{OE}=0$ 時，編碼值能被送到$DCBA$接腳，送給外界使用(已連接成功)，但若$\overline{OE}=1$ 時，代表輸出處於高阻抗狀態(即編碼值無法送達$DCBA$接腳)，亦即編碼輸出和外界是斷開的狀態(沒有連接)。

⑹　彈跳消除腳(KBM)(1 條) (Pin6)

這一腳大都接一個電容，其電容值約為振盪電容的 10 倍，約($0.1\mu F \sim 1\mu F$)，其目的乃消除按鍵開關的彈跳。

※各腳接線及所有使用的零件，請看圖 8-6

實驗接線(二)

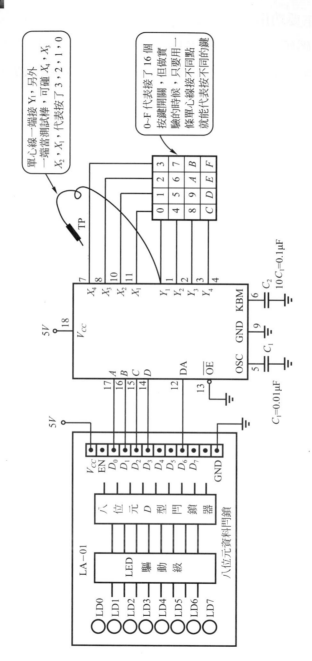

單心線一端接 Y_1，另外一端當測試棒，可碰 X_4，X_3，X_2，X_1 代表按了 3，2，1，0

0～F 代表接了 16 個按鍵開關，但做實驗的時候，只要用一條單心線接不同點，就能代表按不同的鍵

圖 8-6　74C922 編碼 IC 實驗接線

(1) 圖 8-6 中的 C_1 是振盪電容，一般接 $0.01\mu\text{F}$。C_1 的大小會改變振盪頻率。C_1 大則頻率低。您可測 C_1 的波形，應該為鋸齒波。您也可以把 C_1 拿掉，而外加CLOCK進入 74C922。

(2) 圖 8-6 中的 C_2 是提供時間延遲作用的電容器，$C_2 \approx 10C_1$，不要用得太大，C_2 太大會使按鍵之間必須要有較長的等待，反而不好。

(3) 按鍵 "3" ($X_4 \circ\!\!-\!\!\circ \ \overline{} \ \circ\!\!-\!\!\circ Y_1$)，即把 Y_1 碰 X_4，請記錄

$DCBA = $ _____ ，$DA = $ _____ (注意 TP 接 X_4 時，和 TP 離開 X_4 時的狀態)。

(4) 按了 "3"，不再按其它鍵，此時，$DA = 0$ 代表尚未有人按鍵，而

$DCBA = $ _____ ，這是為什麼？

(5) 若把 $\overline{OE}$ 空接(短路線被拔掉)時，$\overline{OE} = $ _____ ，$DA = $ _____ ，$DCBA = $ _____ 。

實驗討論(二)

(1)　若 C_1 拿掉，74C922 能否動作？爲什麼？

(2)　若 C_2 拿掉，對編碼動作而言，有何缺點？

(3)　請分析圖 8-7 和圖 8-8 的動作原理。

【Ans】：

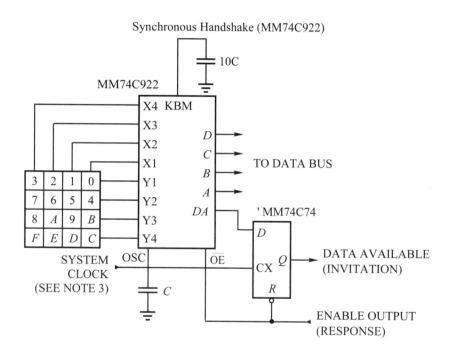

圖 8-7　握手式傳輸

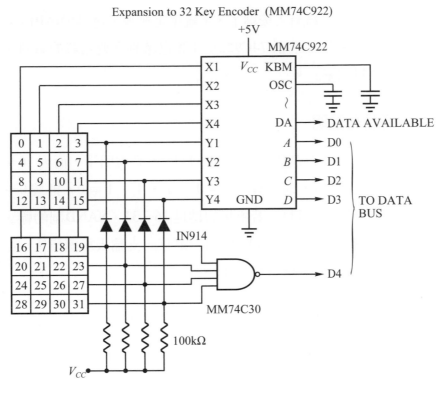

Expansion to 32 Key Encoder (MM74C922)

圖 8-8　32 鍵之擴充

圖 8-7 握手式傳輸說明

　　這個圖最主要的優點是，當有人按鍵的時候，必須和系統的 CLOCK 同步，否則按鍵失效。當按鍵與 CLOCK 同步時，74C922 的 $DA=1$ 就被鎖入 74C74 的 Q，則 $Q=1$。當系統偵測到 $Q=1$，便送出 ENABLE OUTPUT 為邏輯 0，加到 74C922 的 $\overline{OE}$ 和 74C74 的 R。一則因 $\overline{OE}=0$ 則把 $DCBA$ 和系統完成連接，讀取 $DCBA$ 的編碼值，再則 $R=0$ 便把 74C74 的 Q 清除為 0，$Q=0$ 代表沒有新的按鍵進來，接著系統又把 ENABLE OUTPUT 變為邏輯 1，$\overline{OE}=1$，則 $DCBA$ 和系統斷開。直到另一次 $Q=1$，又重新同一流程的動作。

簡言之：由$Q=1$通知系統有人按鍵了，系統確定無誤，送出ENABLE OUTPUT，讀取資料，並重置$Q=0$，表示告訴74C922：「我已讀到你要給我的資料，從現在起您可以再送另一筆資料進來」。

圖 8-8 32 鍵的擴控充說明

圖 8-8 按 0～15 的結果，$D_3D_2D_1D_0 = 0000～1111$ 不必說明了，而因 16～31 沒有按下去，則NAND閘輸入都是 1，則其輸出$D_4 = \overline{1 \cdot 1 \cdot 1 \cdot 1} = 0$。則按 0～15 時，所編的碼$D_4D_3D_2D_1D_0$為 00000～01111。若所按的鍵是 16～31，NAND閘的輸入一定有一支被接到(X_1，X_2，X_3 或X_4)，相當於 NAND 閘一定有一支輸入為邏輯 0，則 NAND 閘輸出$D_4 = 1$，則其編碼值為 10000～11111($16～31)_{10}$。

8-3 參考資料……各種編碼 IC

編碼器，BCD 編碼，二進制編碼

10-Line Deciaml to 4-Line BCD Priority Encoders
147

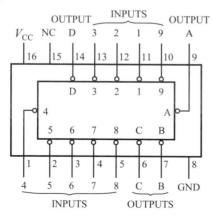

8-Line-To-3-Line Octal Priority Encoders
148

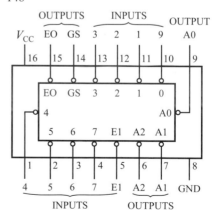

開關代號	0	1	2	3	4	5	6	7	8	9	10	11	12	13	14	15
所在位址	Y_1	Y_1	Y_1	Y_1	Y_2	Y_2	Y_2	Y_2	Y_3	Y_3	Y_3	Y_3	Y_4	Y_4	Y_4	Y_4
	X_1	X_2	X_3	X_4	X_1	X_2	X_3	X_4	X_1	X_2	X_3	X_4	X_1	X_2	X_3	X_4
編碼結果 A_0	0	1	0	1	0	1	0	1	0	1	0	1	0	1	0	1
A_1	0	0	1	1	0	0	1	1	0	0	1	1	0	0	1	1
A_2	0	0	0	0	1	1	1	1	0	0	0	0	1	1	1	1
A_3	0	0	0	0	0	0	0	0	1	1	1	1	1	1	1	1
A_4	0	0	0	0	0	0	0	0	0	0	0	0	0	0	0	0

*74C922 功能表

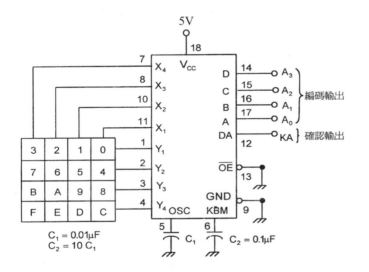

74C922 16 鍵編碼電路

74C922 接腳圖

第 **9** 章

數位比較器……四位元與八位元比較器應用實驗

實驗目的

(1) 了解數位比較器的原理。

(2) 數位比較器之使用及應用。

原理說明

　　數位比較器乃用於比較一組數碼的大小,每一組數碼乃由許多位元所組成。所以數位比較器的基本單元乃先比較最高位元是否相等,若最高位元已判斷出大小,則其後較低位元就可以不必比較。若最高位元相等,則再比較次高位元的大小，……。總之數位比較器的基本運算乃"位元"的比較。所以可以使用 EXOR(互斥或閘)做為比較器的基本運算子。

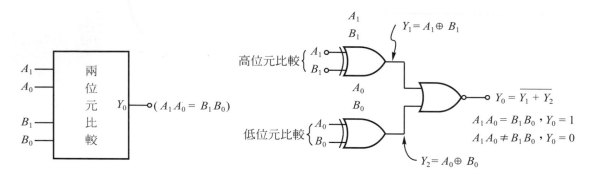

圖 9-1　兩位元是否相等的比較

(1)　我們以 $Y_0 = 1$ 代表相等，$Y_0 = 0$ 代表不等。

(2)　若 $A_1A_0 = 01$，$B_1B_0 = 01$，$Y_1 = A_1 \oplus B_1 = 0 \oplus 0 = 0$，$Y_2 = A_0 \oplus B_0 = 1 \oplus 1 = 0$，
$Y_0 = \overline{Y_1 + Y_2} = \overline{0 \oplus 0} = 1$……代表 $A_1A_0 = B_1B_0$

(3)　若 $A_1A_0 = 11$，$B_1B_0 = 01$，$Y_1 = A_1 \oplus B_1 = 1 \oplus 0 = 1$，$Y_2 = A_0 \oplus B_0 = 1 \oplus 1 = 0$
$Y_0 = \overline{Y_1 + Y_2} = \overline{1 + 0} = 0$……代表 $A_1A_0 \neq B_1B_0$

(4)　我們將看到許多數位比較器內部架構是由 EXOR 所組成。

9-1　產品介紹(一)……四位元比較器 7485

7485 是一個四位元比較器，它能指示兩組四位元數碼是大於，等於或小於。並且可以做串接處理，而變成八位元或更多位元的比較器。其接腳分類和內部電路結構如下所示：

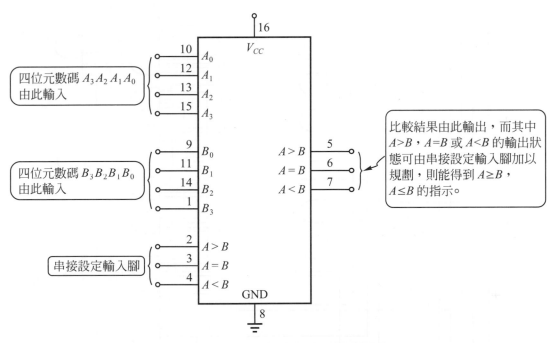

圖 9-2　四位元比較器 7485 的接腳分類

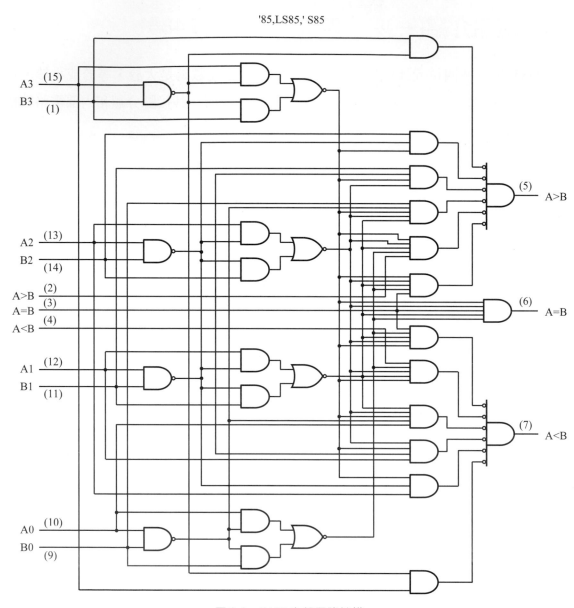

圖 9-3　7485 內部電路結構

表 9-1　7485 的功能表

COMPARING INPUTS				CASCADING INPUTS			OUTPUTS		
A3,B3	A2,B2	A1,B1	A0,B0	A>B	A<B	A=B	A>B	A<B	A=B
A3>B3	X	X	X	X	X	X	H	L	L
A3<B3	X	X	X	X	X	X	L	H	L
A3=B3	A2>B2	X	X	X	X	X	H	L	L
A3=B3	A2<B2	X	X	X	X	X	L	H	L
A3=B2	A2=B2	A1>B2	X	X	X	X	H	L	L
A3=B3	A2=B2	A1<B1	X	X	X	X	L	H	L
A3=B3	A2=B2	A1=B1	A0>B0	X	X	X	H	L	L
A3=B3	A2=B2	A1=B1	A0<B0	X	X	X	L	H	L
A3=B3	A2=B2	A1=B1	A0=B0	H	L	L	H	L	L	------⑨
A3=B3	A2=B2	A1=B1	A0=B0	L	H	L	L	H	L	------⑩
A3=B3	A2=B2	A1=B1	A0=B0	L	L	H	L	L	H	------⑪

'85,'LS85,'S85

A3=B3	A2=B2	A1=B1	A0=B0	X	X	H	L	L	H
A3=B3	A2=B2	A1=B1	A0=B0	H	H	L	L	L	L
A3=B3	A2=B2	A1=B1	A0=B0	L	L	L	H	H	L

'LS85

A3=B3	A2=B2	A1=B1	A0=B0	L	H	H	L	H	H
A3=B3	A2=B2	A1=B1	A0=B0	H	L	H	H	L	H
A3=B3	A2=B2	A1=B1	A0=B0	H	H	H	H	H	H
A3=B3	A2=B2	A1=B1	A0=B0	H	H	L	H	H	L
A3=B3	A2=B2	A1=B1	A0=B0	L	L	L	L	L	L

　　從表 9-1 功能表可看到 7485 乃先比較最高位元 A_3 和 B_3 的大小，接著才比較 A_2 和 B_2 ……。而表中的⑨、⑩、⑪乃設定輸出的狀態。可概分成 $(A>B，A=B，A<B)$，$(A \ge B，A<B)$，$(A>B，A \le B)$ 的輸出表示法。這些表示法乃由 "串接設定輸入腳" (CASCADING INPUTS)所規劃。

　　例如若串接設定輸入腳 $(A>B，A<B，A=B)$ 設定(H，L，L)時，只有在 $A_3A_2A_1A_0 > B_3B_2B_1B_0$ 時，輸出端 $A>B$(Pin5)＝ 1。

實驗接線(一)

※先把 LA-03 和 LA-06 的輸出都清除爲 0000 。

(1) 把串接設定輸入腳(Pin2，Pin3，Pin4)設定爲(1,0,0)(即把 Pin2 空接或接到V_{CC}，把 Pin3 和 Pin4 接地。則串接設定輸入腳($A>B$，$A=B$，$A<B$)=(1,0,0)。

① 按LA-02 的SW_1和SW_2，使$A_3A_2A_1A_0=1001$，$B_3B_2B_1B_0=0111$ 時，輸出端(Pin5，Pin6，Pin7)($A>B$，$A=B$，$A<B$)=(_____ ， _____ ， _____)

② 按LA-02 的SW_1和SW_2，使$A_3A_2A_1A_0=1001$，$B_3B_2B_1B_0=1001$ 時，輸出端(Pin5，Pin6，Pin7)($A>B$，$A=B$，$A<B$)=(_____ ， _____ ， _____)

③ 按LA-02 的SW_1和SW_2，使$A_3A_2A_1A_0=1001$，$B_3B_2B_1B_0=1101$ 時，輸出端(Pin5，Pin6，Pin7)($A>B$，$A=B$，$A<B$)=(_____ ， _____ ， _____)

(2) 把串接設定輸入腳(Pin2，Pin3，Pin4)設定爲(0,1,0)(即把 Pin2 和 Pin4 接地，把 Pin3 空接或接到V_{CC}，則串接設定輸入腳($A>B$，$A=B$，$A<B$)=(0,1,0)

① 按LA-02 的SW_1和SW_2，使$A_3A_2A_1A_0=1001$，$B_3B_2B_1B_0=0111$ 時，輸出端(Pin5，Pin6，Pin7)($A>B$，$A=B$，$A<B$)=(_____ ， _____ ， _____)

② 按LA-02 的SW_1和SW_2，使$A_3A_2A_1A_0=1001$，$B_3B_2B_1B_0=1001$ 時，輸出端(Pin5，Pin6，Pin7)($A>B$，$A=B$，$A<B$)=(_____ ， _____ ， _____)

③ 按LA-02 的SW_1和SW_2，使$A_3A_2A_1A_0=1001$，$B_3B_2B_1B_0=1101$ 時，輸出端(Pin5，Pin6，Pin7)($A>B$，$A=B$，$A<B$)=(_____ ， _____ ， _____)

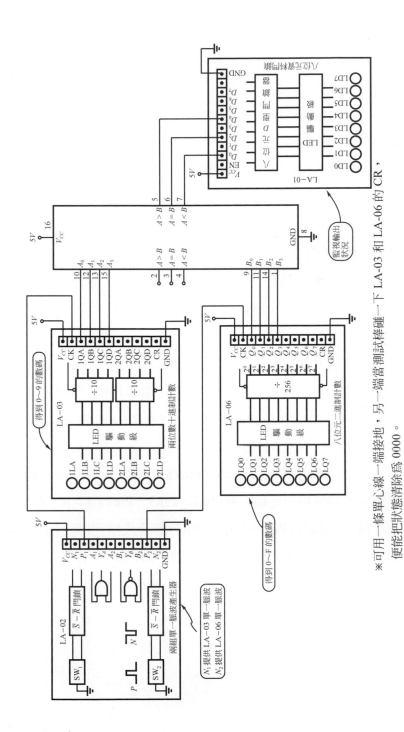

※可用一條單心線一端接地，另一端當測試棒碰一下 LA-03 和 LA-06 的 CR，
便能把狀態清除為 0000。

圖 9-4　四位元比較器 7485 實驗接線

實驗討論(一)

(1) 當串接設定輸入腳$(A>B, A=B, A<B)=(1,0,0)$時,若輸出端 Pin5 $(A>B)=1$,代表兩數之大小如何?

(2) 當串接設定輸入腳$(A>B, A=B, A<B)=(0,1,0)$時,若輸出端 Pin5 $(A>B)=1$,代表兩數之大小如何?

(3) 當串接設定輸入腳$(A>B, A=B, A<B)=(0,0,1)$時,若輸出端 Pin7 $(A<B)=1$,代表兩數之大小如何?

(4) 想把四位元比較器 7485 兩個,設計成八位元比較器,並能得到比較的結果能有大於,等於和小於的指示。應如何設計該線路呢?

※提示與分析

① 想要做八位元比較,就要用兩個四位元比較器(7485×2)。

② 要有大於、等於、小於的指示,則低四位元組所用的 7485,其串接設定輸入腳,必須設成(Pin2,Pin3,Pin4)$(A>B, A=B, A<B)=(0,1,0)$,其輸出才會具備$A>B$、$A=B$、$A<B$的指示。

③ 低四位元組 7485 的輸出(Pin5,Pin6,Pin7)$(A>B, A=B, A<B)$,必須接到高四位元組 7485 的串接設定輸入腳(Pin2,Pin3,Pin4)$(A>B, A=B, A<B)$。

④ 高四位元組 7485 的輸出(Pin5,Pin6,Pin7)指示八位元(高四位元組＋低四位元組)數值比較的結果是$A>B$(Pin5 = 1),$A=B$(Pin6 = 1),$A<B$(Pin7 = 1)。

(5) 數值$A=A_7A_6A_5A_4A_3A_2A_1A_0$,數值$B=B_7B_6B_5B_4B_3B_2B_1B_0$

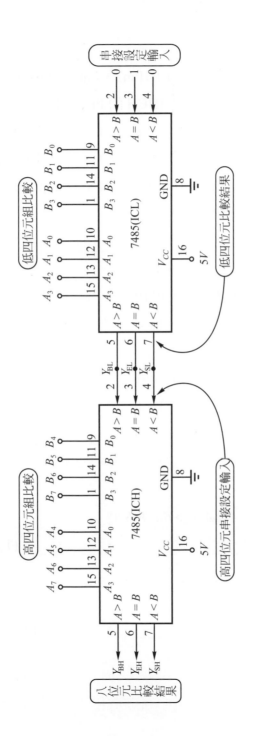

圖 9-5　兩個 7485 組成八位元比較

(6) 紙上實驗

① 在圖 9-5 中，串接設定輸入腳(ICL的 Pin2，Pin3，Pin4)被設定為$(A>B，A=B，A<B)=(0,1,0)$，而比較結果由(ICH 的 Pin5，Pin6，Pin7)顯示之。

❶ 數值$A>$數值B時：$Y_{BH}(A>B)=1$，$Y_{EH}(A=B)=0$，$Y_{SH}(A<B)=0$

❷ 數值$A=$數值B時：$Y_{BH}(A>B)=0$，$Y_{EH}(A=B)=1$，$Y_{SH}(A<B)=0$

❸ 數值$A<$數值B時：$Y_{BH}(A>B)=0$，$Y_{EH}(A=B)=0$，$Y_{SH}(A<B)=1$

② 數值$A=10010110$，數值$B=11010110$

$Y_{BL}=$＿＿＿＿＿＿，$Y_{EL}=$＿＿＿＿＿＿，$Y_{SL}=$＿＿＿＿＿＿

$Y_{BH}=$＿＿＿＿＿＿，$Y_{EH}=$＿＿＿＿＿＿，$Y_{SH}=$＿＿＿＿＿＿

③ 數值$A=11010110$，數值$B=11010110$

$Y_{BL}=$＿＿＿＿＿＿，$Y_{EL}=$＿＿＿＿＿＿，$Y_{SL}=$＿＿＿＿＿＿

$Y_{BH}=$＿＿＿＿＿＿，$Y_{EH}=$＿＿＿＿＿＿，$Y_{SH}=$＿＿＿＿＿＿

④ 數值$A=11010110$，數值$B=11010001$

$Y_{BL}=$＿＿＿＿＿＿，$Y_{EL}=$＿＿＿＿＿＿，$Y_{SL}=$＿＿＿＿＿＿

$Y_{BH}=$＿＿＿＿＿＿，$Y_{EH}=$＿＿＿＿＿＿，$Y_{SH}=$＿＿＿＿＿＿

⑤ 若把(ICL的 Pin2，Pin3，Pin4)設定為$(1,0,0)$，即$(A>B，A=B，A<B)=(1,0,0)$時，若

❶ $A_7A_6A_5A_4>B_7B_6B_5B_4$，$A_3A_2A_1A_0>B_3B_2B_1B_0$時

$(Y_{BL}，Y_{EL}，Y_{SL})=($＿＿＿＿＿，＿＿＿＿＿，＿＿＿＿＿$)$，$(Y_{BH}，Y_{EH}，Y_{SH})=($＿＿＿＿＿，＿＿＿＿＿，＿＿＿＿＿$)$

❷ 數值$A=$數值B時

$(Y_{BL}，Y_{EL}，Y_{SL})=($＿＿＿＿＿，＿＿＿＿＿，＿＿＿＿＿$)$，$(Y_{BH}，Y_{EH}，Y_{SH})=($＿＿＿＿＿，＿＿＿＿＿，＿＿＿＿＿$)$

❸　$A_7A_6A_5A_4 = B_7B_6B_5B_4$，$A_3A_2A_1A_0 > B_3B_2B_1B_0$時

　　$(Y_{BL}，Y_{EL}，Y_{SL}) = ($ _____ ， _____ ， _____ $)$，$(Y_{BH}，Y_{EH}，Y_{SH}) = ($ __

　　_____ ， _____ ， _____ $)$

9-2　產品介紹(二)……八位元比較 IC

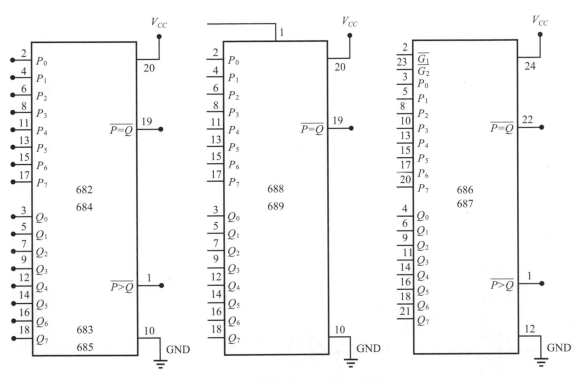

圖 9-6　各種八位元比較器接腳圖

表 9-2　各種八位元比較器之功能與結構

型　號	$\overline{P=Q}$	$\overline{P>Q}$	$\overline{G}$	輸出結構	輸入結構
LS682	有	有	無	圖騰式	20kΩ提升電阻
LS683	有	有	無	集極開路式	20kΩ提升電阻
LS684	有	有	無	圖騰式	標準輸入
LS685	有	有	無	集極開路式	標準輸入
LS686	有	有	$\overline{G_1},\overline{G_2}$	圖騰式	標準輸入
LS687	有	有	$\overline{G_1},\overline{G_2}$	集極開路式	標準輸入
LS688	有	無	$\overline{G}$	圖騰式	標準輸入
LS689	有	無	$\overline{G}$	集極開路式	標準輸入

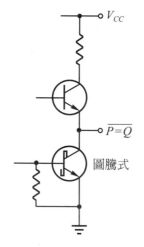

74LS682，684，686，688

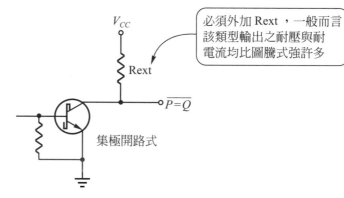

必須外加 Rext，一般而言該類型輸出之耐壓與耐電流均比圖騰式強許多

74LS683，685，687，689

圖 9-7　八位元比較器輸出的兩種結構

目前所介紹的比較器都是八位元比較 IC，這些比較 IC 的輸出並沒有同時提供大於、等於和小於的指示。74LS682、LS684、LS686、LS687 提供等於($\overline{P=Q}$)和大於($\overline{P>Q}$)兩支輸出，而 74LS688、LS689 僅提供等於($\overline{P=Q}$)的指示。且都是低態動作。當數值$P(P_7P_6P_5P_4P_3P_2P_1P_0)$和數值$Q(Q_7Q_6Q_5Q_4Q_3Q_2Q_1Q_0)$相等的時候，會在輸出端($\overline{P=Q}$)接腳上得到邏輯 0。[即$P=Q$時，輸出腳($\overline{P=Q}$)$=0$]，若以 74LS682 為例，當數值$P=Q$的時候，輸出腳(Pin19)($\overline{P=Q}$)為邏輯 0。

一般數位 IC 輸入是什麼結構比較不重要，只要$V_{OH}>V_{IH}$，$V_{OL}<V_{IL}$的條件成立，輸入是哪一種結構並無所謂。但輸出卻不能等閒視之。不同的輸出結構，必須使用不同的處理方式。茲提供八位元比較器之輸出結構於圖 9-7。

實驗接線(二)

(1) 雖然這個實驗只為了看到當數值$P=$數值Q的時候，($\overline{P=Q}$)$=0$，但它可以被用在馬達要轉幾圈的設定，或簡易維修卡片中，或密碼鎖電路，值得您好好學習。

(2) 首先用一條單心線，一端接地另一端當開關接點(TP)。請碰一下 LA-03 和 LA-06 的CR(表示要做清除)，則 LA-03 和 LA-06 的所有輸出都為 0。即數值$P=$數值Q。則此時輸出結果為：

$(\overline{P=Q})$(Pin19)$=$＿＿＿＿＿，$(\overline{P>Q})$(Pin1)$=$＿＿＿＿＿。

(3) 按SW_1使 LA-03 的輸出$(2Q_D2Q_C2Q_B2Q_A\ 1Q_D1Q_C1Q_B1Q_A)=(0010\ 0110)$(表示BCD碼的 27)，則此時$(\overline{P=Q})$(Pin19)$=$＿＿＿＿＿，$(\overline{P>Q})$(Pin1)$=$＿＿＿＿＿。

(4) 按SW_2使 LA-06 的輸出$(Q_7Q_6Q_5Q_4Q_3Q_2Q_1Q_0)=(00101100)$(表示十六進制的的 2C)(相當於十進制的 44)，則此時$(\overline{P=Q})$(Pin19)$=$＿＿＿＿＿，$(\overline{P>Q})$(Pin1)$=$＿＿＿＿＿。

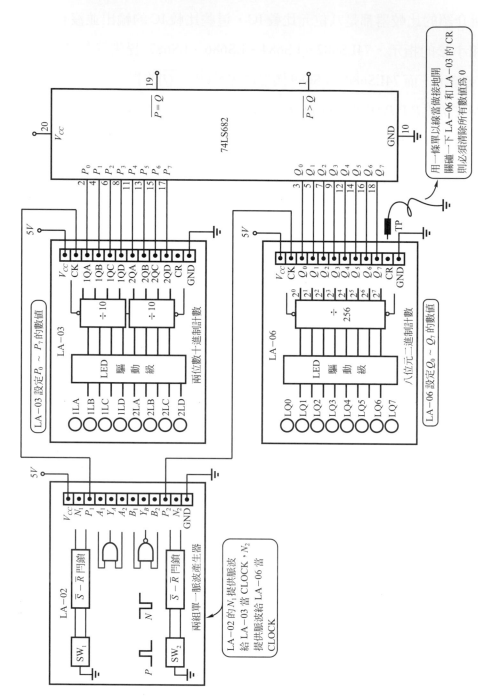

圖 9-8　74LS682 八位元比較器實驗接線

實驗討論(二)

(1) 從記錄分析得知，

數值P＞數值Q的時候：$(\overline{P=Q}$(Pin19)$=1$，$(\overline{P>Q})$(Pin1)$=0$

數值P＝數值Q的時候：$(\overline{P=Q}$(Pin19)$=0$，$(\overline{P>Q})$(Pin1)$=1$

數值P＜數值Q的時候：$(\overline{P=Q}$(Pin19)$=1$，$(\overline{P>Q})$(Pin1)$=1$

(2) 因74LS682只有表示相等的Pin19 $(\overline{P=Q})$和表示數值P＞數值Q的Pin1 $(\overline{P>Q})$，
而少了一支可以代表數值P＜數值Q的輸出腳，則應如何設計，達到當數值P＜
數值Q的時候，能有一支$(\overline{P<Q})=0$。

【Ans】：　當數值P＜數值Q的時候，Pin19 $(\overline{P=Q})=1$，Pin1 $(\overline{P>Q})=1$，所
以可以把兩者做 NAND 運算。

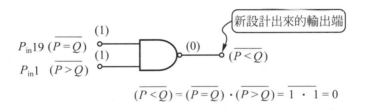

圖9-9　$(\overline{P<Q})$輸出腳的產生

(3) 把(Pin19)$(\overline{P=Q})$接到LA-03 的CR，按SW_2使LA-06 的輸出$Q_7Q_6Q_5Q_4Q_3Q_2Q_1Q_0=$
00100011(相當於數值$Q=$ 00100011)。接著按 LA-02 的SW_1，改變數值P的大
小，試問您所看到數值P的最大值是多少？

【Ans】：　數值P $(P_7P_6P_5P_4P_3P_2P_1P_0)$的最大值＝(＿＿＿＿，＿＿＿＿，＿＿＿
＿，＿＿＿＿，＿＿＿＿，＿＿＿＿，＿＿＿＿，＿＿＿＿)

(4) 請設計一個四位元簡易密碼鎖，

① 按鍵式

② 必須顯示所按的數值

③ 當按鍵數值和密碼相同的時候，讓一個 LED 亮一陣子。

【Ans】： 提示 1：試著把學過的東西加以組合，便能設計出來。

9-3 比較器相關產品接腳圖

83 4-Bit Binary Full Adders With Fast Carry

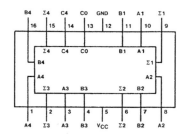

85 4-Bit Magnitude Comparators

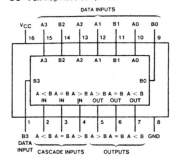

180

Truth Table

Inputs			Outputs	
Σ of H s at A thru H	Even	Odd	Σ Even	Σ Odd
Even	H	L	H	L
Odd	H	L	L	H
Even	L	H	L	H
Odd	L	H	H	L
X	H	H	L	L
X	L	L	H	H

H = high level, L = low level, X = irrelevant

See page 6-132

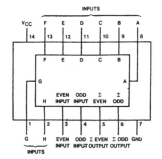

54180 (J,W); 74180 (N)

181 16 Arithmetic operations
16 Logic functions   Arithmetic Logic Units/Function Generators

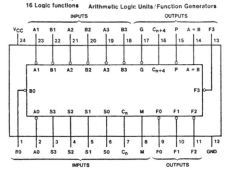

Cascadeable to N-Bits
184 BCD-to-Binary   Code Converters
185 Binary-to-BCD

182

Look-Ahead Carry Generators

Truth Table
For $\overline{G}$ Output

Inputs							Output
$\overline{G3}$	$\overline{G2}$	$\overline{G1}$	$\overline{G0}$	$\overline{P3}$	$\overline{P2}$	$\overline{P1}$	$\overline{G}$
L	X	X	X	X	X	X	L
X	L	X	X	L	X	X	L
X	X	L	X	L	L	X	L
X	X	X	L	L	L	L	L
All other combinations							H

H = high level, L = low level, X = irrelevant

Any inputs not shown in a given table are irrelevant with respect to that output.

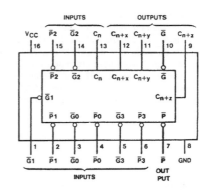

9-Bit Odd/Even Parity Generators/Checkers

280　N-Bit Cascadeable

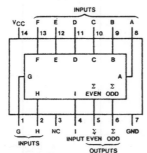

Truth Table

Number of Inputs A Thru I That Are High	Outputs	
	Σ Even	Σ Odd
0, 2, 4, 6, 8	H	L
1, 3, 5, 7, 9	L	H

H = high level, L = low level

381　Arithmetic Logic Units/Function Generators

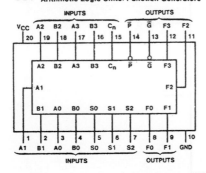

283　4-Bit Binary Full Adders

Truth Table

Inpu*				Output					
				When CO = L			When CO = H		
								When C2 = H	
A1 / A3	B1 / B3	A2 / A4	B2 / B4	Σ1 / Σ3	Σ2 / Σ4	C2 / C4	Σ1 / Σ3	Σ2 / Σ4	C2 / C4
L	L	L	L	L	L	L	H	L	L
H	L	L	L	H	L	L	L	H	L
L	H	L	L	H	L	L	L	H	L
H	H	L	L	L	H	L	H	H	L
L	L	H	L	H	L	L	H	L	H
H	L	H	L	H	H	L	L	L	H
L	H	H	L	L	H	L	L	L	H
H	H	H	L	H	H	L	H	L	H
L	L	L	H	L	H	L	H	H	L
H	L	L	H	H	H	L	L	L	L
L	H	L	H	H	H	L	L	L	L
H	H	L	H	L	L	H	H	L	L
L	L	H	H	H	H	L	H	H	H
H	L	H	H	L	L	H	L	H	H
L	H	H	H	L	L	H	L	H	H
H	H	H	H	H	L	H	H	H	H

H = high level, L = low level

Note: Input conditions at A1, B1, A2, B2, and C0 are used to determine outputs Σ1 and Σ2 and the value of the internal carry C2. The values at C2, A3, B3, A4, and B4 are then used to determine outputs Σ3, Σ4, and C4.

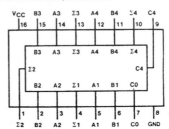

description

These magnitude comparators perform comparisons of two eight-bit binary or BCD words. All types provide $\overline{P = Q}$ outputs and the 'LS682 thru 'LS687 provide $\overline{P > Q}$ outputs as well. The 'LS682, 'LS684, 'LS686, and 'LS688 have totem-pole outputs, while the 'LS683, 'LS685, 'LS687, and 'LS689 have open-collector outputs. The 'LS682 and 'LS683 feature 20-kΩ pullup termination resistors on the Q inputs for analog or switch data.

FUNCTION TABLE

INPUTS			OUTPUTS	
DATA	ENABLES			
P, Q	$\overline{G}, \overline{G1}$	$\overline{G2}$	$\overline{P = Q}$	$\overline{P > Q}$
P = Q	L	X	L	H
P > Q	X	L	H	L
P < Q	X	X	H	H
P = Q	H	X	H	H
P > Q	X	H	H	H
X	H	H	H	H

NOTES: 1. The last three lines of the function table applies only to the devices having enable inputs, i.e., 'LS686 thru 'LS689.
2. The P < Q function can be generated by applying the P = Q and P > Q outputs to a 2-input NAND gate.
3. For 'LS686, 'LS687 G1 enables P = Q, and G2 enables P > Q.

logic symbols

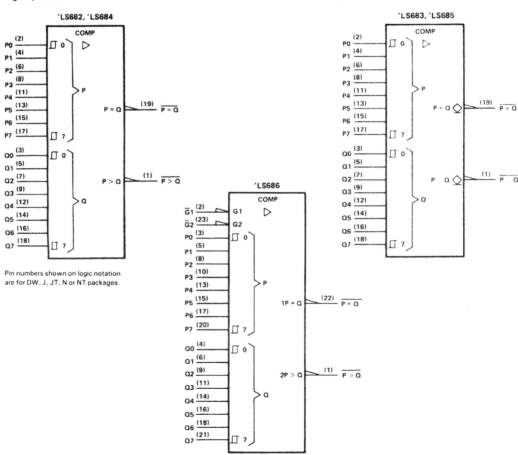

Pin numbers shown on logic notation are for DW, J, JT, N or NT packages.

logic symbols (continued)

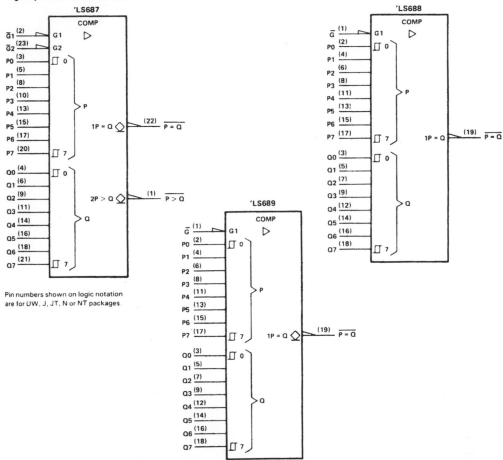

Pin numbers shown on logic notation
are for DW, J, JT, N or NT packages.

schematics of inputs and outputs

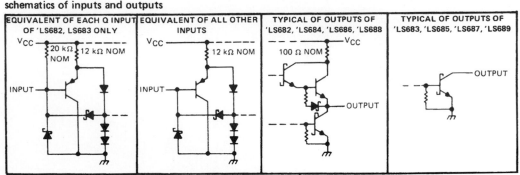

第 10 章

正反器⋯⋯使用與應用實驗

實驗目的

(1) 了解從閂鎖器到正反器的演進及其觸發方式。

(2) 了解各種正反器的差異和使用方法。

原理說明：正反器的演進

1. 基本閂鎖器

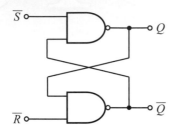
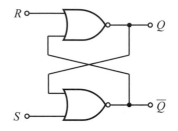

$\overline{S}$	$\overline{R}$	Q
0	0	避免使用
0	1	1
1	0	0
1	1	狀態不變

S	R	Q
0	0	狀態不變
0	1	0
1	0	1
1	1	避免使用

(a) NAND 閂鎖　　　　　　　　　(b) NOR 閂鎖

圖 10-1　兩種基本閂鎖器

　　這兩種電路我們都已經看過，也知道輸入只要一瞬間動作(例如$\overline{S}=0$ 只要一瞬間)，輸出將被鎖住($Q=1$)。除非$\overline{R}=0$，否則Q是不會改變。這就是閂鎖器的基本功能。

　　※對 NOR 閂鎖器，其輸出的改變，取決於 R 和 S 是否有一瞬間為邏輯 1，請分析圖 10-2 便知結果。

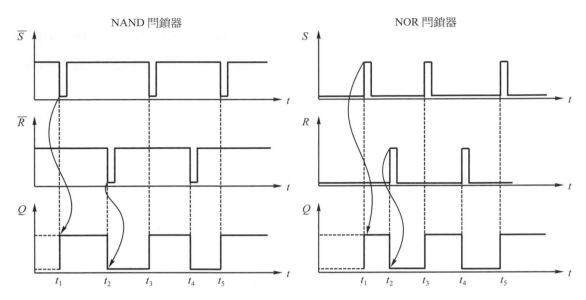

※ t_1 之前兩水平虛線代表開機時，Q 是 1 或 0 無法確定

圖 10-2 閂鎖器之波形分析與說明

2. 有致能控制的閂鎖器

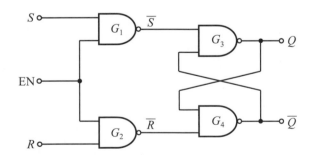

EN	S	R	$\overline{S}$	$\overline{R}$	Q
0	X	X	1	1	禁能狀態
1	0	0	1	1	狀態不變
1	0	1	1	0	0
1	1	0	0	1	1
1	1	1	0	0	避免使用

圖 10-3 有致能控制的閂鎖器

　　這種閂鎖器有一個很重要的特性，$EN = 0$的時候，G_1和G_2的輸出永遠為1。意思是說不管輸入S和R怎麼改變，其輸出Q和$\overline{Q}$都不會改變，亦即$EN = 0$時，輸入S和R失效，我們稱它為"禁能狀態"。相當於在禁能狀態時，輸出保持原先的狀態，並沒有改變。

　　您要做資料閂鎖的動作時，必須$EN = 1$(致能狀態)。且EN只要有一瞬間為邏輯1，就足以完成閂鎖的動作。茲以波形分析如下：

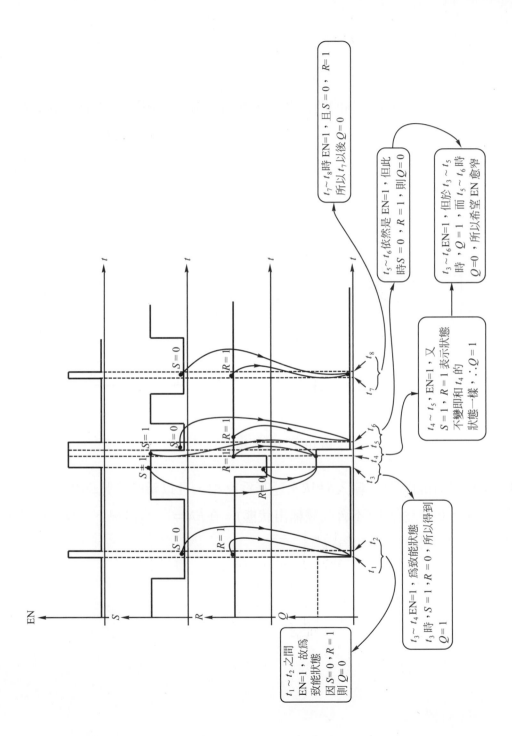

圖10-4　具致能控制閂鎖器的波形分析與說明

3. D型閂鎖器

在基本閂鎖器和具致能控制的閂鎖器中，都有"避免使用"的情形(即$\overline{S}$和$\overline{R}$不能同時為0，或S和R不能同時為1)，如此的限制使閂鎖器的使用顯得很不方便。

此時若把$\overline{S}$和$\overline{R}$(或S和R)用一個反相器串接，將使$\overline{S}$和$\overline{R}$永遠互為反相(或S和R永遠互為反相)，就不會同時為0(或同時為1)的情形發生。這麼一來就不必擔心系統錯亂的問題。

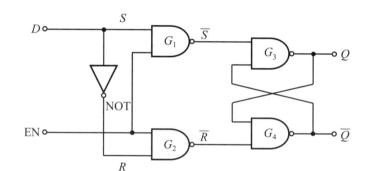

EN	D	S	R	$\overline{S}$	$\overline{R}$	Q
0	X	X	X	1	1	禁能
1	0	0	1	1	0	0
1	1	1	0	0	1	1

圖 10-5　D型閂鎖器

此時因 NOT 閘的關係，輸入S和R永遠互為反相，且以新的符號D代表其真正的輸入腳。在$EN=0$時為禁能(不會改變輸出狀態)。在$EN=1$的情況下，$D=0$則$Q=0$，$D=1$則$Q=1$。

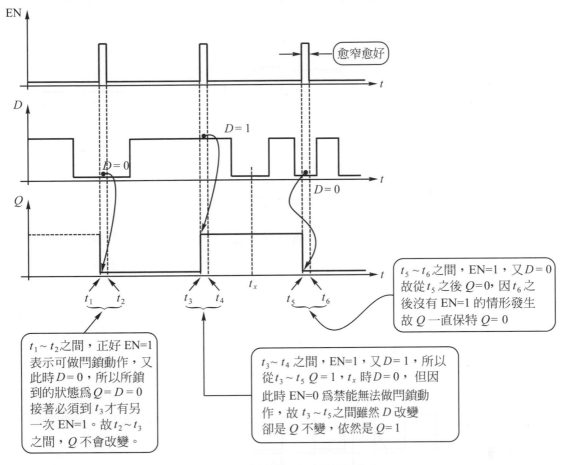

圖 10-6　D型閂鎖器波形分析與說明

4.　D型正反器……邊緣觸發的閂鎖器

若能把具致能控制閂鎖器的致能控制信號EN的寬度加以限制，達到只針對前緣(由 0 變到 1 的那一瞬間 ⌐)或針對後緣(⌐_)(由 1 變到 0 的那一瞬間)，做資料的鎖定。便能於特定的時間讀取所要的資料，並將之鎖住(儲存起來的意思)。所以邊緣觸發的閂鎖器可分成前緣觸發和後緣觸發兩種。

　　邊緣觸發的閂鎖器已達到定點、定時動作的特性。此時我們給它另一個名字，稱它為【正反器】。

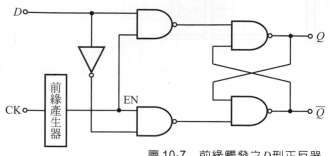

圖 10-7　前緣觸發之 D 型正反器

CK	D	Q
↑	0	0
↑	1	1

　　圖 10-7 和圖 10-5 之間的差異在 "前緣產生器"，且對正反器控制腳，我們定了一個新的符號 CK(代表 CLOCK，時脈)。若以波形分析來說明，將更容易了解。

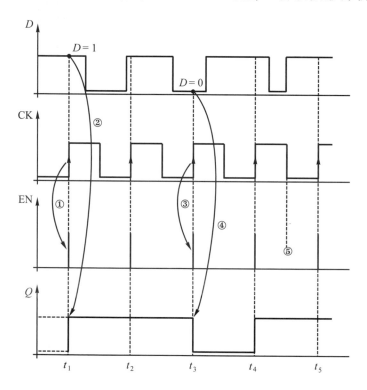

①：CK 由 0 變 1 時，前緣產生器產生一個極窄的正波加到 EN。

②：t_1 時有 ⌐ ，並且，於此時鎖住 D，使 $Q=D=1$。

③：t_3 時也是有 ⌐ ，而此時

④：$D=0$，則 $Q=D=0$。

⑤：CK 由 1 變到 0，不做閂鎖動作。

圖 10-8　前緣觸發 D 型正反器之波形分析與說明

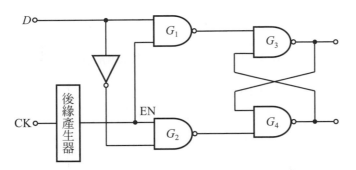

CK	D	Q
↓	0	0
↓	1	1

圖 10-9　後緣觸發之D型正反器

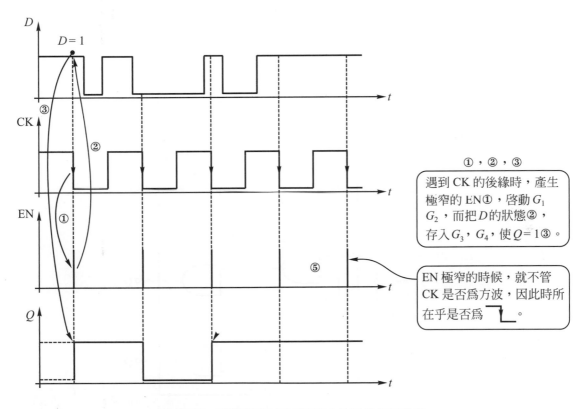

①，②，③

遇到 CK 的後緣時，產生極窄的 EN①，啟動 G_1 G_2，而把D的狀態②，存入 G_3，G_4，使 $Q=1$③。

EN 極窄的時候，就不管 CK 是否為方波，因此時所在乎是否為 ⌐⌐。

圖 10-10　後緣觸發D型正反器之波形分析與說明

5. J-K正反器

若希望把具致能控制的閂鎖器圖 10-3 加以改良，使原本S和R不能同時為 1 的限制解除，而設計了也是兩支輸入腳的J-K正反器。

(1) 注意前緣和後緣觸發於符號上最大的差別，只有"CK"。

(2) 我們已知在打開電源的時候，Q和$\overline{Q}$到底誰是 1、誰是 0，往往不敢確定，則想重置或清除就得依賴$\overline{\text{Pr}}$和$\overline{\text{CLR}}$。

(3) 目前$\overline{\text{Pr}} = 0$代表重置，強迫輸出$Q = 1$，$\overline{Q} = 0$(也有 IC 設計$\overline{\text{Pr}} = 1$才動作)。

(4) 目前$\overline{\text{CLR}} = 0$，代表清除。強迫$Q = 0$，$\overline{Q} = 1$。

(5) 不是所有正反器都有$\overline{\text{Pr}}$和$\overline{\text{CLR}}$接腳的設計。

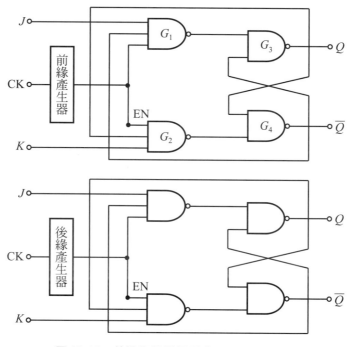

圖 10-11　前緣和後緣觸發之J-K正反器電路

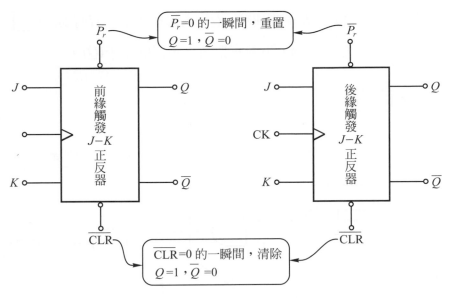

圖 10-12　*J-K*正反器符號的差別

表 10-1　*J-K*正反器功能表(前後緣共用一表)

前緣*CK*	後緣*CK*	*J*	*K*	*Q*	$\overline{Q}$	動作情形與說明(以前緣為例說明)
1或0	0或1	×	×	Q_0	$\overline{Q_0}$	1或0並非前緣變化，表示未接受觸發。
↑	↓	0	0	Q_0	$\overline{Q_0}$	(⌐_)發生時，看到*J*＝0、*K*＝0，則輸出都沒有改變。
↑	↓	0	1	0	1	(⌐_)時，看到*J*＝0、*K*＝1，輸出*Q*＝0。
↑	↓	1	0	1	0	(⌐_)時，看到*J*＝1、*K*＝0，輸出*Q*＝1。
↑	↓	1	1	$\overline{Q_0}$	Q_0	(⌐_)，看到*J*＝1、*K*＝1，則做反轉的動作。

可用一個比喻來說明*J-K*正反器，將使您更容易了解，*J-K*正反器到底是個什麼東西？

CK代表開車時刻，*J-K*代表車票種類，*Q*代表哪種座車。若有前緣(‾‾‾‾／‾)信號，則代表此時發車，請驗車票(*J-K*)，不同車票請坐不同的車子(*Q*)。

6. 主奴式*J-K*正反器

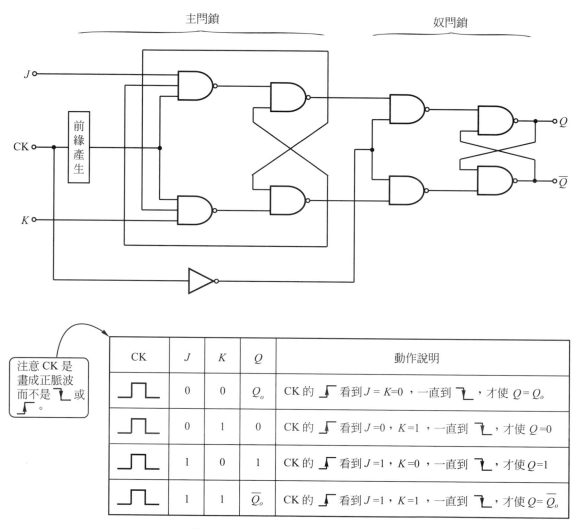

CK	*J*	*K*	*Q*	動作說明
⊓	0	0	Q_o	CK 的 ／‾ 看到 *J* = *K*=0，一直到 ‾＼，才使 $Q = Q_o$
⊓	0	1	0	CK 的 ／‾ 看到 *J* =0，*K* =1，一直到 ‾＼，才使 *Q* =0
⊓	1	0	1	CK 的 ／‾ 看到 *J* =1，*K* =0，一直到 ‾＼，才使 *Q* =1
⊓	1	1	$\overline{Q_o}$	CK 的 ／‾ 看到 *J* =1，*K* =1，一直到 ‾＼，才使 $Q = \overline{Q_o}$

注意 CK 是畫成正脈波而不是 ‾＼ 或 ／‾。

圖 10-13　主奴式正反器及其功能表

主奴式正反器的重要特點為CK的前緣把資料(J和K)存入主閂鎖器中，一直到CK的後緣才把主閂鎖器所存的資料搬到奴閂鎖器的Q和$\overline{Q}$當做一次動作完成的最後輸出。若以波形分析，您將更清楚什麼是邊緣觸發、什麼是主奴式的脈波觸發。

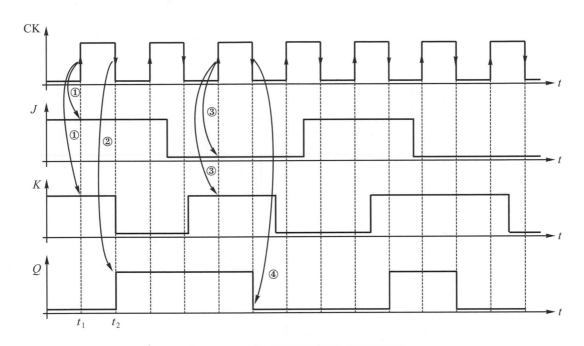

圖 10-14　主奴式正反器波形分析與說明

①　當CK的前緣時，看到J＝1、K＝1，是做反轉的動作($Q = \overline{Q_0}$)(和原先的狀態反相，稱之為反轉動作)。但在前緣的時候，並沒有把$Q = \overline{Q_0} = \overline{0} = 1$，送到最後輸出端(奴閂鎖的輸出端)，在CK的前緣只把資料($J = 1$，$K = 1$，$Q = \overline{Q_0}$)存在主閂鎖器中。

②　到了CK的後緣，才把剛才存在主閂鎖器的資料移入奴閂鎖器，當做最後結果。

③　CK的前緣把($J = 0$，$K = 1$，$Q = 0$)的資料存在主閂鎖器。

④　一直到CK的後緣才使最後結果$Q = 0$。

　　我們再以前緣觸發、後緣觸發和主奴式脈波觸發做一次波形比較，您將更了解三者之間的區別是什麼？

10-1　正反器波形分析練習……紙上實驗

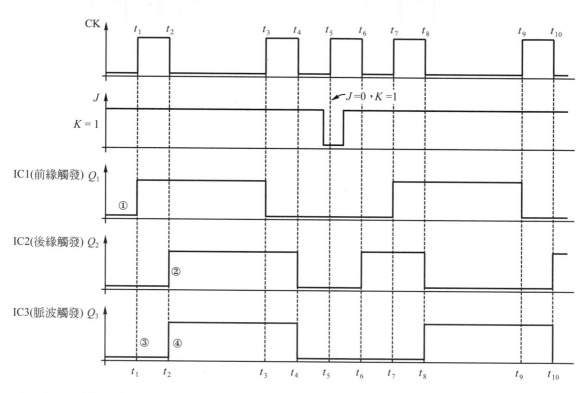

前緣觸發t_1抓資料同時又把結果輸出。……①
後緣觸發t_2抓資料同時又把結果輸出。……②
脈波觸發t_1抓資料，並沒有同時把結果輸出。……③
脈波觸發t_2時，才把t_1抓到的資料當結果輸出。……④

圖10-15　不同觸發的波形分析與說明

※實驗討論

⑴ t_1時，為什麼$Q_1 = 1$？而$Q_2 = 0$，$Q_3 = 0$

　【Ans】：　t_1時為前緣變化(　∫　)，理應對 IC1 和 IC3 觸發。此時 IC2 不被觸

發。在t_1時$J = 1$、$K = 1$，最後結果應該是把原先的狀態反轉($Q =$

$\overline{Q_0}$)，$Q_1 = 1$(由原先的 0 反轉為 1)。但對 IC3 而言，它是脈波觸發，

在前緣的時候，已確定最後結果為($Q = \overline{Q_0}$)，但它卻沒有馬上輸出

這個結果，而是暫存在它內部的主閂鎖器中，必須到(　⌐　)後緣

(t_2)時，才會把($Q = \overline{Q_0}$)的結果輸出，所以$Q_3 = 0$，IC2 沒有被觸發，

所以 IC2 不動作，$Q_2 = 0$。

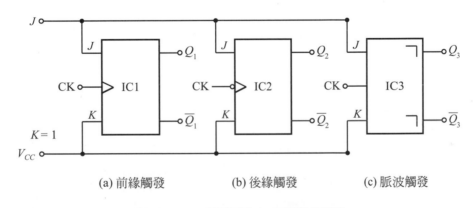

(a) 前緣觸發　　　　(b) 後緣觸發　　　　(c) 脈波觸發

圖 10-16　三種不同的J-K正反器(符號)

⑵ t_2時，為什麼$Q_1 = 1$，$Q_2 = 1$，$Q_3 = 1$？

⑶ t_3時，為什麼$Q_1 = 0$，$Q_2 = 1$，$Q_3 = 1$？

⑷ t_4時，為什麼$Q_1 = 0$，$Q_2 = 0$，$Q_3 = 0$？

⑸ t_5時，$Q_1 = 0$，$Q_2 = 0$，$Q_3 = 0$，各是何原因造成的結果？

(6)　t_6時，為什麼$Q_1 = 0$，$Q_2 = 1$，$Q_3 = 0$？

(7)　t_7時，$Q_1 = 1$的原因是什麼？

(8)　t_8時，$Q_3 = 1$的原因是什麼？

(9)　t_9時，$Q_1 = 0$的原因是什麼？

(10)　t_{10}時，$Q_2 = 1$，$Q_3 = 0$的原因是什麼？

上述紙上實驗煩請多練習幾次，一則練習繪製波形圖，再則正反器學會了則在序向應用中將顯得更方便。

10-2　J-K 正反器應用實驗……除頻與計數

實驗接線

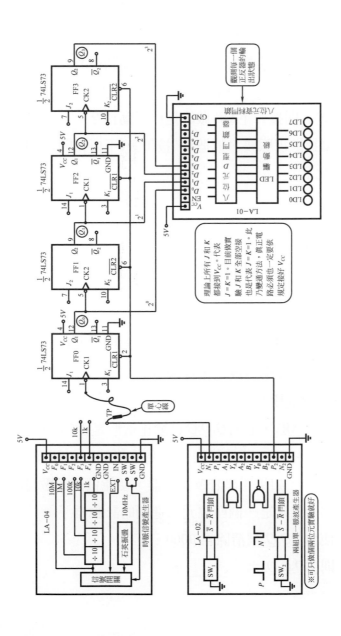

圖 10-17　J-K 正反器之漣波串接(除頻與計數)

實驗記錄

(1) 首先拿兩個 74LS73 依接線圖把線接好。

(2) 用一條單心線以線一邊接 FFO 的 CK1，另一邊當測試開關接點(TP)。

(3) 把TP接到 LA-02 的P_1(準備做單步執行的實驗)。

(4) 按一下 LA-02 的SW_2，則N_2產生一個負脈波，加到所有正反器的$\overline{CLR}$。則此後
$Q_0 = $＿＿＿＿＿，$Q_1 = $＿＿＿＿＿，$Q_2 = $＿＿＿＿＿，$Q_3 = $＿＿＿＿＿。

(5) 若$Q_3Q_2Q_1Q_0 = 0000$，則按一下SW_2做的是什麼動作？

(6) LA-02 的P_1是用來提供正脈波。請把SW_1按下去(不要鬆開)，注意此時Q_3、Q_2、Q_1、Q_0是否有變化？

【Ans】：＿＿＿＿＿。

(7) 若Q_3、Q_2、Q_1、Q_0沒有變化，請把手鬆開(SW_1彈回原狀態)，注意此時Q_3、Q_2、Q_1、Q_0是否有變化？

【Ans】：＿＿＿＿＿。

且$Q_3Q_2Q_1Q_0 = $＿＿＿＿＿。

(8) 從(6)SW_1按下去得到(　＿／￣　)(由 0 變到 1)，手鬆開得到(　￣＼＿　)(由 1 變到 0)，那麼請問 74LS73 是前緣觸發或是後緣觸發？

(9) Q_1怎樣變化，Q_2才會改變？

(10) 接著一直"按一下"SW_1，看看$Q_3Q_2Q_1Q_0$變化情形是否為 0000，0001，0010，……，1111。如果是這樣，那就代表這個電路每輸入一個脈波(只要是後緣信號)，其值就自動加 1。如果再串許多正反器，便能做更大數目的計值。此時我們可以把 FF0～FF3 看成是一個四位元二進制的計數器了。

(11) 再按一下SW_2，使$Q_3Q_2Q_1Q_0$被清除為 0000。

(12) 請按SW_1 8 次，則$Q_3Q_2Q_1Q_0 = $＿＿＿＿＿。

⒀ 把單心線一端(TP)改接到 LA-04 的 F_3(即所要加的 CLOCK 爲 10kHz)。

⒁ 請用示波器觀測各點波形。並每次由示波器 CH1 和 CH2 同時看兩個波形(才有辦法比較其頻率和相位關係)。即量 CK 和 Q_0 的波形後,再量 Q_0 和 Q_1,Q_1 和 Q_2,Q_2 和 Q_3,並逐一繪製波形。

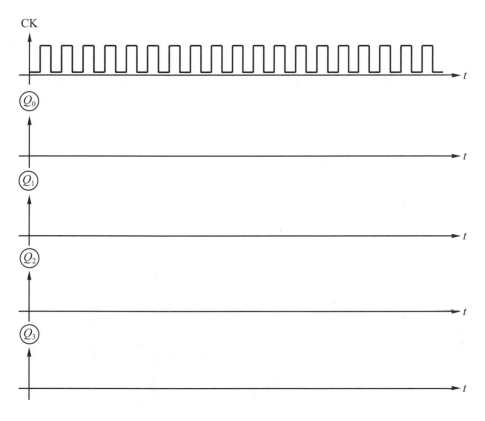

圖 10-18 實驗波形記錄

實驗討論

(1) 74LS73內有兩個*J-K*正反器，各屬於哪一種觸發呢？

(2) 從時脈(CLOCK)輸入腳，怎樣區分前緣觸發和後緣觸發？

(3) 目前實驗乃$J_1 = K_1 = 1$，$J_2 = K_2 = 1$，則每次觸發以後，正反器是做什麼動作？(不變，設定，重置或反轉)

(4) 一個*J-K*正反器若把*J*和*K*接在一起，則變成一個新的正反器，叫[*T*型]正反器。若*J*和*K*以一個反相器串接，則形成[*D*型]正反器，其接腳符號如下，請寫出其功能表(空格填適當答案)。

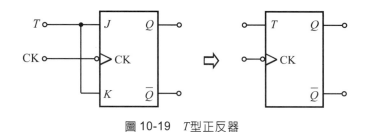

圖 10-19　*T*型正反器

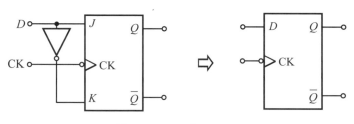

圖 10-20　*D*型正反器

$(J=K)=T$	Q	$\overline{Q}$
0		
1		

$(J=\overline{K})=D$	Q	$\overline{Q}$
0		
1		

(5)　從實驗接線中，我們看到FF0、FF1、FF2、FF3 都是把J和K都接到V_{CC}，相當於$(J=K)=T$。而分析其波形，各點頻率的關係是否相差 2 倍呢？[CK的頻率(10kHz)] $= 2 \times [Q_0$的頻率f_{Q_0}]，則$f_{Q_0} = $ 5kHz，……$f_{Q_1} = $ 2.5kHz……。您所做的實驗是否如此呢？

　　【Ans】：_____。

(6)　若是如此($f_{CK} = $ 10kHz，$f_{Q_0} = $ 5kHz……)，則告訴我們"T型正反器"是最基本的頻率除法器，每一個T型正反器，都是(除 2)的運算。目前實驗共有四個T型正反器，若$f_{CK} = $ 32kHz，則

$f_{Q_0} = $ _____，$f_{Q_1} = $ _____，$f_{Q_2} = $ _____，$f_{Q_3} = $ _____。

(7)① 　請繪Q的波形

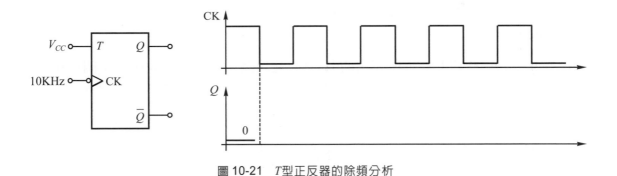

圖 10-21　T型正反器的除頻分析

② 　$f_{CK} = $ 10kHz，則$f_Q = $ _____。

(8)① 請繪Q的波形

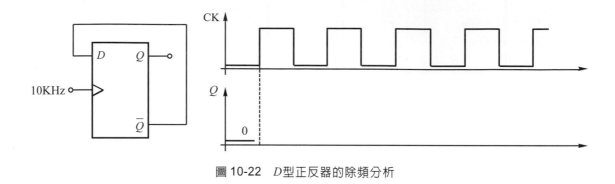

圖 10-22　D型正反器的除頻分析

② $f_{CK} = 10\text{kHz}$，則$f_Q = $ _____ 。

(9)　圖 10-17 J-K正反器之連波串接得到兩個很重要的特性：

① 除頻功能：每一個正反器都是基本的除2電路。輸出頻率是輸入頻率的$\frac{1}{2}$。

[(輸入頻率)÷2] ＝ [輸出頻率]，所以$f_{CK} = 2f_{Q_0} = 4f_{Q_1} = 8f_{Q_2} = 16f_{Q_3}$。

② 計數功能：把所有輸出集合成一個數碼，$Q_3Q_2Q_1Q_0$變成四位元的數碼。輸入一個脈波，則數碼的值加1，則能顯示 0000～1111。$(0{\sim}F)_{16} = (0{\sim}15)_{10}$。

試問有哪些 IC 已經具有這些功能？直接拿來使用，就不必用正反器來湊得那麼辛苦。

Ans: LA-03 和 LA-06 所使用的 IC 具有此功能，更詳細的說明在十四章和十五章。

10-3　參考資料⋯⋯門鎖器與正反器

D 型門鎖器和 *D* 型正反器

74 Dual D Positive-Edge-Triggered Flip-Flops with Preset and Clear

Truth Table

Inputs				Outputs	
PR	CLR	CLK	D	Q	$\overline{Q}$
L	H	X	X	H	L
H	L	X	X	L	H
L	L	X	X	H*	H*
H	H	↑	H	H	L
H	H	↑	L	L	H
H	H	L	X	Q0	$\overline{Q}0$

Notes: Q0 = the level of Q before the indicated
input conditions were established
*This configuration is nonstable, that is, it will not
persist when preset and clear inputs return to
their inactive (high) level.

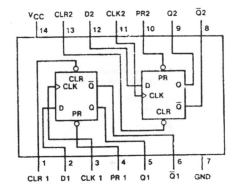

75 4-Bit Bistable Latches

Truth Table
(Each Latch)

Inputs		Outputs	
D	G	Q	$\overline{Q}$
L	H	L	H
H	H	H	L
X	L	Q_0	$\overline{Q}_0$

H = high level, L = low level, X = irrelevant
Q_0 = the level of Q before the high-to-low transition of G

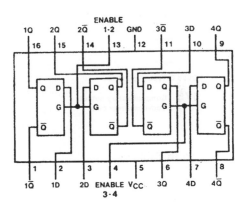

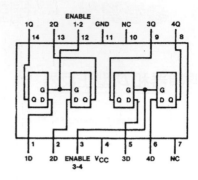

77 4-Bit Bistable Latches

Truth Table
(Each Latch)

Inputs		Outputs	
D	G	Q	Q̄
L	H	L	H
H	H	H	L
X	L	Q_0	$\overline{Q_0}$

H = high level, L = low level, X = irrelevant
Q_0 = the level of Q before the high-to-low transision of G

Hex D-Type Flip-Flops

174 Single rail outputs
Common direct clear

Truth Table
(Each Flip-Flop)

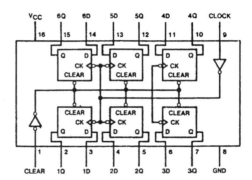

Inputs			Outputs
Clear	Clock	D	Q
L	X	X	L
H	↑	H	H
H	↑	L	L
H	L	X	Q_0

H = high level (steady state)
L = low level (steady state)
X = irrelevant
↑ = transition from low to high level
Q_0 = the level of Q before the indicated
steady-state input conditions were established.

Quad D-Type Flip-Flops

175 Complementary outputs
Common direct clear

Truth Table
(Each Flip-Flop)

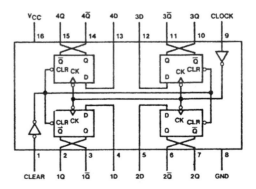

Inputs			Outputs	
Clear	Clock	D	Q	Q̄
L	X	X	L	H
H	↑	H	H	L
H	↑	L	L	H
H	L	X	Q_0	$\overline{Q_0}$

H = high level (steady state)
L = low level (steady state)
X = irrelevant
↑ = transition from low to high level
Q_0 = the level of Q before the indicated
steady-state input conditions were established.

Quad $\overline{S}$-$\overline{R}$ Latches

279

Truth Table

Inputs		Output
$\overline{S}$†	$\overline{R}$	Q
H	H	Q_0
L	H	H
H	L	L
L	L	H

H = high level
L = low level
Q_0 = the level of Q before the indicated input conditions were established.
This output level is pseudo atable; that is, it may not persist when the $\overline{S}$ and $\overline{R}$
inputs return to their inactive (high) level.
†For latches with double $\overline{S}$ inputs:
    H = both $\overline{S}$ inputs high
    L = one or both $\overline{S}$ inputs low

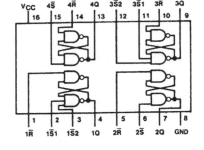

259   Eight-Bit Addressable Latches

Truth Table

Inputs		Output of Addressed Latch	Each Other Output	Function
Clear	$\overline{G}$			
H	L	D	Q_{i0}	Addressable Latch
H	H	Q_{i0}	Q_{i0}	Memory
L	L	D	L	8-Line Demultiplexer
L	H	L	L	Clear

Latch Selection Table

Select Inputs			Latch Addressed
C	B	A	
L	L	L	0
L	L	H	1
L	H	L	2
L	H	H	3
H	L	L	4
H	L	H	5
H	H	L	6
H	H	H	7

H = high level, L = low level
D = the level at the data input
Q_{i0} = the level of Q_i (i = 0, 1...7, as appropriate) before the indicated
    steady-state input conditions were established.

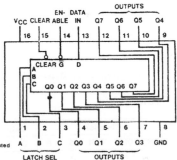

373   TRI-STATE⁴ Outputs

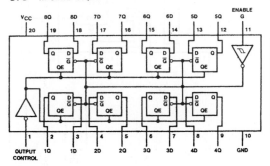

374   TRI-STATE Outputs

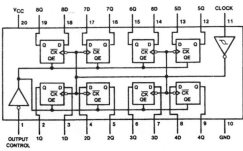

10-4 閂鎖器與正反器的接腳圖

正反器、J-K正反器、D型正反器

70 AND-Gated J-K Positive-Edge-Triggered Flip-Flops with Preset and Clear

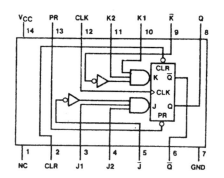

Truth Table

Inputs					Outputs	
PR	CLR	CLK	J	K	Q	Q̄
L	H	L	X	X	H	L
H	L	L	X	X	L	H
L	L	X	X	X	H*	H*
H	H	↑	L	L	Q0	Q̄0
H	H	↑	H	L	H	L
H	H	↑	L	H	L	H
H	H	↑	H	H	TOGGLE	
H	H	L	X	X	Q0	Q̄0

J = J1 · J2 · J̄
K = K1 · K2 · K̄

If inputs J and K̄ are not used, they must be grounded.

Preset or Clear Function can occur only when clock input is low.

*This configuration is nonstable; that is, it will not persist when preset and clear inputs return to their inactive (high) level.

71 AND-OR-Gated J-K Master-Slave Flip-Flops with Preset

Truth Table

Inputs					Outputs	
PR	CLR	CLK	S	R	Q	Q̄
L	H	X	X	X	H	L
H	L	X	X	X	L	H
L	L	X	X	X	H*	H*
H	H	⊓	L	L	Q0	Q̄0
H	H	⊓	H	L	H	L
H	H	⊓	L	H	L	H
H	H	⊓	H	H	INDETER-MINATE	

R = R1 · R2 · R3
S = S1 · S2 · S3

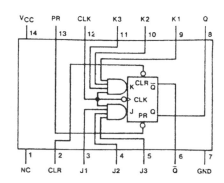

72 AND-Gated J-K Master-Slave Flip-Flops with Preset and Clear

Truth Table

Inputs					Outputs	
PR	CLR	CLK	J	K	Q	Q̄
L	H	X	X	X	H	L
H	L	X	X	X	L	H
L	L	X	X	X	H*	H*
H	H	⊓	L	L	Q0	Q̄0
H	H	⊓	H	L	H	L
H	H	⊓	L	H	L	H
H	H	⊓	H	H	TOGGLE	

J = J1 · J2 · J3
K = K1 · K2 · K3

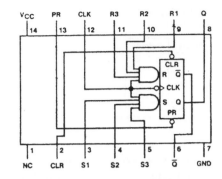

73 Dual J-K Flip-Flops with Clear

Truth Table
73, L73

Inputs				Outputs	
CLR	CLK	J	K	Q	Q̄
L	X	X	X	L	H
H	⊓	L	L	Q0	Q̄0
H	⊓	H	L	H	L
H	⊓	L	H	L	H
H	⊓	H	H	TOGGLE	

Truth Table
LS73A

Inputs				Outputs	
CLR	CLK	J	K	Q	Q̄
L	X	X	X	L	H
H	↓	L	L	Q0	Q̄0
H	↓	H	L	H	L
H	↓	L	H	L	H
H	↓	H	H	TOGGLE	
H	H	X	X	Q0	Q̄0

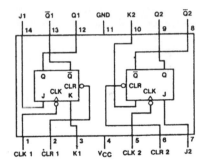

74 Dual D Positive-Edge-Triggered Flip-Flops with Preset and Clear

Truth Table

Inputs				Outputs	
PR	CLR	CLK	D	Q	Q̄
L	H	X	X	H	L
H	L	X	X	L	H
L	L	X	X	H*	H*
H	H	↑	H	H	L
H	H	↑	L	L	H
H	H	L	X	Q0	Q̄0

Notes: Q0 = the level of Q before the indicated
input conditions were established
*This configuration is nonstable, that is, it will not
persist when preset and clear inputs return to
their inactive (high) level.

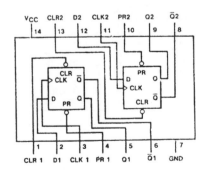

75 4-Bit Bistable Latches

Truth Table
(Each Latch)

Inputs		Outputs	
D	G	Q	$\overline{Q}$
L	H	L	H
H	H	H	L
X	L	Q_0	$\overline{Q}_0$

H = high level, L = low level, X = irrelevant
Q_0 = the level of Q before the high-to-low transition of G

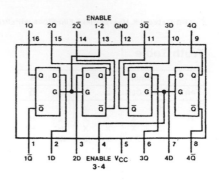

76 Dual J-K Flip-Flops with Preset and Clear

Truth Table
76, H76

Inputs					Outputs	
PR	CLR	CLK	J	K	Q	$\overline{Q}$
L	H	X	X	X	H	L
H	L	X	X	X	L	H
L	L	X	X	X	H*	H*
H	H	⊓	L	L	Q_0	$\overline{Q}_0$
H	H	⊓	H	L	H	L
H	H	⊓	L	H	L	H
H	H	⊓	H	H	TOGGLE	

Truth Table
LS76

Inputs					Outputs	
PR	CLR	CLK	J	K	Q	$\overline{Q}$
L	H	X	X	X	H	L
H	L	X	X	X	L	H
L	L	X	X	X	H*	H*
H	H	↓	L	L	Q_0	$\overline{Q}_0$
H	H	↓	H	L	H	L
H	H	↓	L	H	L	H
H	H	↓	H	H	TOGGLE	
H	H	H	X	X	Q_0	$\overline{Q}_0$

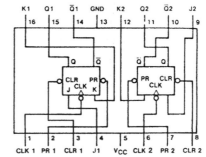

78 Dual J-K Flip-Flops with Preset, Common Clear, and Common Clock

Truth Table
LS78

Inputs					Outputs	
PR	CLR	CLK	J	K	Q	$\overline{Q}$
L	H	X	X	X	H	L
H	L	X	X	X	L	H
L	L	X	X	X	H*	H*
H	H	↓	L	L	Q_0	$\overline{Q}_0$
H	H	↓	H	L	H	L
H	H	↓	L	H	L	H
H	H	↓	H	H	TOGGLE	
H	H	H	X	X	Q_0	$\overline{Q}_0$

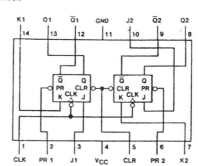

103 Dual J-K Negative-Edge-Triggered Flip-Flops with Clear

Truth Table

INPUTS				OUTPUTS	
CLR	CLK	J	K	Q	$\overline{Q}$
L	X	X	X	L	H
H	↓	L	L	Q0	$\overline{Q}$0
H	↓	H	L	H	L
H	↓	L	H	L	H
H	↓	H	H	TOGGLE	
H	H	X	X	Q0	$\overline{Q}$0

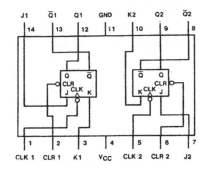

106 Dual J-K Negative-Edge-Triggered
Flip-Flops with Preset and Clear

Truth Table

INPUTS					OUTPUTS	
PR	CLR	CLK	J	K	Q	$\overline{Q}$
L	H	X	X	X	H	L
H	L	X	X	X	L	H
L	L	X	X	X	H*	H*
H	H	↓	L	L	Q0	$\overline{Q}$0
H	H	↓	H	L	H	L
H	H	↓	L	H	L	H
H	H	↓	H	H	TOGGLE	
H	H	H	X	X	Q0	$\overline{Q}$0

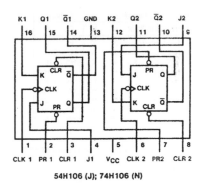

54H106 (J); 74H106 (N)

107 Dual J-K Master-Slave Flip-Flops with Clear

Truth Table
107

Inputs				Outputs	
CLR	CLK	J	K	Q	$\overline{Q}$
L	X	X	X	L	H
H	⊓	L	L	Q0	$\overline{Q}$0
H	⊓	H	L	H	L
H	⊓	L	H	L	H
H	⊓	H	H	TOGGLE	

Truth Table
LS107A

Inputs				Outputs	
CLR	CLK	J	K	Q	$\overline{Q}$
L	X	X	X	L	H
H	↓	L	L	Q0	$\overline{Q}$0
H	↓	H	L	H	L
H	↓	L	H	L	H
H	↓	H	H	TOGGLE	
H	H	X	X	Q0	$\overline{Q}$0

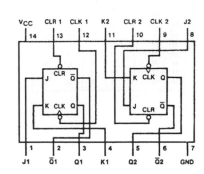

108 Dual J-K Negative-Edge-Triggered Flip-Flops with Preset, Common Clear, and Common Clock

Truth Table

Inputs					Outputs	
PR	CLR	CLK	J	K	Q	$\overline{Q}$
L	H	X	X	X	H	L
H	L	X	X	X	L	H
L	L	X	X	X	H*	H*
H	H	↓	L	L	Q0	$\overline{Q}$0
H	H	↓	H	L	H	L
H	H	↓	L	H	L	H
H	H	↓	H	H	TOGGLE	
H	H	H	X	X	Q0	$\overline{Q}$0

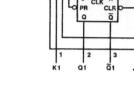

109 Dual J-$\overline{K}$ Positive-Edge-Triggered Flip-Flops with Preset and Clear

Truth Table

Inputs					Outputs	
PR	CLR	CLK	J	$\overline{K}$	Q	$\overline{Q}$
L	H	X	X	X	H	L
H	L	X	X	X	L	H
L	L	X	X	X	H*	H*
H	H	↑	L	L	L	H
H	H	↑	H	L	TOGGLE	
H	H	↑	L	H	Q0	$\overline{Q}$0
H	H	↑	H	H	H	L
H	H	L	X	X	Q0	$\overline{Q}$0

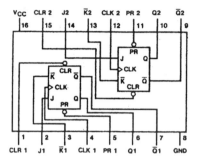

112 Dual J-K Negative-Edge-Triggered Flip-Flops with Preset and Clear

Truth Table

Inputs					Outputs	
PR	CLR	CLK	J	K	Q	$\overline{Q}$
L	H	X	X	X	H	L
H	L	X	X	X	L	H
L	L	X	X	X	H*	H*
H	H	↓	L	L	Q0	$\overline{Q}$0
H	H	↓	H	L	H	L
H	H	↓	L	H	L	H
H	H	↓	H	H	TOGGLE	
H	H	H	X	X	Q0	$\overline{Q}$0

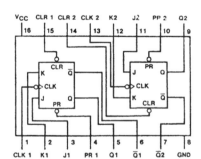

113 Dual J-K Negative-Edge-Triggered Flip-Flops with Preset

Truth Table

Inputs				Outputs	
PR	CLK	J	K	Q	$\overline{Q}$
L	X	X	X	H	L
H	↓	L	L	Q0	$\overline{Q0}$
H	↓	H	L	H	L
H	↓	L	H	L	H
H	↓	H	H	TOGGLE	
H	H	X	X	Q0	$\overline{Q0}$

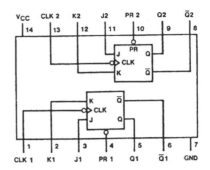

114 Dual J-K Negative-Edge-Triggered Flip-Flops with Preset, Common Clear, and Common Clock

Truth Table

Inputs					Outputs	
PR	CLR	CLK	J	K	Q	$\overline{Q}$
L	H	X	X	X	H	L
H	L	X	X	X	L	H
L	L	X	X	X	H*	H*
H	H	↓	L	L	Q0	$\overline{Q0}$
H	H	↓	H	L	H	L
H	H	↓	L	H	L	H
H	H	↓	H	H	TOGGLE	
H	H	H	X	X	Q0	$\overline{Q0}$

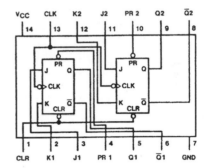

Octal D-Type Flip-Flops

374 TRI-STATE Outputs

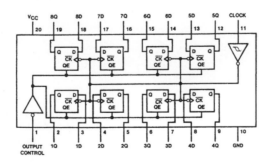

第 11 章

專題實驗……線路分析練習

實驗目的

(1) 把第一章～第十章所教過的東西做一次總複習。

(2) 練習怎樣把一個線路全盤拆解，並排除故障，重新組合。

11-1　實驗線路(一)：四搶一之搶答電路

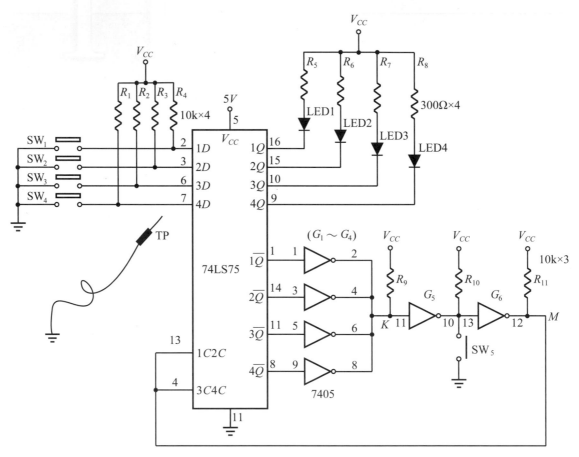

圖 11-1　這個線路到底是幹什麼用的

零件介紹

當看到這個線路的時候，若想分析線路的動作原理，則必須知道怎樣把一個電路加以拆解，而拆解的第一道手續便是清楚每一顆 IC 的功能，也就是先把每一個 IC 的相關資料找到。

(1) 74LS75

它是一顆四位元 D 型閂鎖器，其中 $1C2C$(Pin13) 和 $3C4C$(Pin4) 分別是 $(1D，2D)$ 和 $(3D，4D)$ 的致能控制腳。其內部方塊和功能表如下。

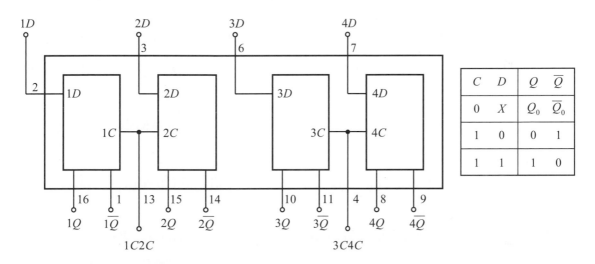

在 $C = 1$[即 $(1C2C)$(Pin13)$= 1$，$(3C4C)$(Pin4)$= 1$]的情況下，它能把輸入 D 鎖住，使 $Q = D$

在 $C = 0$ 時，則無法做閂鎖的動作。(即 $C = 0$ 時，D 怎麼變都無所謂，Q 始終不變)

圖 11-2　74LS75 相關資料

(2) 7405

它是一個反相器 IC。這個 IC 內共有六個反相器，並且屬於集極開路。所以可以把 $G_1 \sim G_4$ 的輸出接在一起(Wired-AND)，$K = \overline{(1Q)} \cdot \overline{(2Q)} \cdot \overline{(3Q)} \cdot \overline{(4Q)} \cdot = \overline{(1Q)+(2Q)+(3Q)+(4Q)}$……相當於是 NOR 運算。

動作分析

⑴　首先按一下SW_5(事實上可用一條單心線一邊接地，另一端當測試棒TP，把TP碰一下 7405 的 Pin10(或 Pin13)，將使G_6的輸出$M = 1$。

⑵　當$M = 1$時，即代表$1C2C$和$3C4C$(即 74LS75 的 Pin13 和 Pin4)都是邏輯 1，則 74LS75 可以執行閂鎖的動作。

⑶　74LS75 執行閂鎖的動作乃把$(1D，2D，3D，4D)$存入$(1Q，2Q，3Q，4Q)$，(即$1Q，2Q，3Q，4Q) = (1D，2D，3D，4D)$，而$(\overline{1Q}，\overline{2Q}，\overline{3Q}，\overline{4Q}) = (\overline{1D}，\overline{2D}，\overline{3D}，\overline{4D})$。

⑷　因目前$SW_1 \sim SW_4$並未進行比賽(搶按開關)，所有$SW_1 \sim SW_4$都是 OFF 的狀態，則$(1D，2D，3D，4D) = (1,1,1,1)$。使得$(1Q，2Q，3Q，4Q) = (1,1,1,1)$，$(\overline{1Q}，\overline{2Q}，\overline{3Q}，\overline{4Q}) = (0,0,0,0)$。

⑸　在$(1Q，2Q，3Q，4Q) = (1,1,1,1)$時，所有 LED 都為逆向偏壓，則$LED_1 \sim LED_4$都不會亮。

⑹　從⑴說明到⑸，告訴我們，按一下SW_5乃是初始狀態(預備搶答)的設定，先把所有 LED 都關掉。

⑺　在此同時，因 $(\overline{1Q}，\overline{2Q}，\overline{3Q}，\overline{4Q}) = (0,0,0,0)$，則 $G_1 \sim G_4$ 集極開路反相器所組成的線及閘 (Wired- AND)，將得到 $K = \overline{(\overline{1Q})} \cdot \overline{(\overline{2Q})} \cdot \overline{(\overline{3Q})} \cdot \overline{(\overline{4Q})}$，$K = \overline{(\overline{1Q}) + (\overline{2Q}) + (\overline{3Q}) + (\overline{4Q})} = \overline{0 + 0 + 0 + 0} = 1$……$K$經$G_5$反相，$G_6$反相得到$M$，$M = K = 1$。相當於$(1C2C) = (3C4C) = 1$，代表按了$SW_5$以後，74LS75 是處於預備狀態，隨時準備把$1D \sim 4D$的狀態鎖入$1Q \sim 4Q$。

⑻　預備開始！

當比賽開始的時候，進行搶答，看誰先把開關按下去。假設SW_2最快被按下去(比其它人快百萬分之一秒就夠了)。

(9) 這一瞬間，SW_2 ON，則$2D=0$，使得$(1D，2D，3D，4D)=(1,0,1,1)$，則鎖入的資料$(1Q，2Q，3Q，4Q)=(1,0,1,1)$，則LED_2會馬上亮起來。

(10) 在此同時 $(\overline{1Q}，\overline{2Q}，\overline{3Q}，\overline{4Q})=(0,1,0,0)$，則$K=\overline{(\overline{1Q})+(\overline{2Q})+(\overline{3Q})+(\overline{4Q})}=\overline{0+1+0+0}=0$，$K=0$，則$M=0$，使得$1C2C$和$3C4C$亦為邏輯0。

(11) 當$1C2C=3C4C=0$的瞬間以後，74LS75立刻喪失閂鎖的功能，即比SW_2慢了百萬分之一秒才按下去的$(SW_1，SW_3，SW_4)$將無法執行閂鎖的動作(簡單地說，$SW_1，SW_3，SW_4$是白按了)。

(12) 比賽結束！

SW_2最快，請搶答。(再按一下SW_5，則進入預備狀態，所有 LED OFF)。

搶答題目五題

(1) 已知 7405 的$G_1 \sim G_4$輸出接在一起，於其輸出得到 NOR 的運算，使$K=\overline{(\overline{1Q})+(\overline{2Q})+(\overline{3Q})+(\overline{4Q})}$，若想直接用一個至少4支輸入的NOR閘，可使用哪些 IC？

【Ans】：　標準答案是 74LS23，74LS25，74LS260(5 支輸入，把其中 1 支接地，便成 4 支輸入的 NOR)，CD4002，CD4078(8 支輸入)。

(2) 為什麼 7405 反相器的輸出端都接了一個 $10k\Omega$ 的電阻$(R_9、R_{10}、R_{11})$？請回答：

【Ans】：　＿＿＿＿＿＿。

(3) 按SW_5是把G_5的輸出直接接地，為什麼G_5不會被燒掉？請回答：

【Ans】：　＿＿＿＿＿＿。

(4) 若把 $10k\Omega$ 的電阻$(R_1、R_2、R_3、R_4、R_9、R_{10}、R_{11})$全部拿掉，這個電路還是可以動作，那麼請問，加這些電阻的主要目的是什麼？請回答：

【Ans】：　＿＿＿＿＿＿。

(5) 74LS75 是屬於具有致能控制的 D 型閂鎖器，請您尋找四位元和八位元的 D 型正反器。(正反器乃邊緣觸發或脈波觸發的閂鎖器，我們已經談過，您是否忘了)。

【Ans】：　標準答案

74LS175(四位元)，74LS174(六位元)，74LS273(八位元)，74LS363(八位元)，74LS364(八位元)，74LS374(八位元)，……。

(6) 加問一題，若不用 74LS75，可以使用哪一個功能和 74LS75 相同的 IC 取代呢？

【Ans】：　標準答案

74LS375……請您把 74LS375 的相關資料拿出來和 74LS75 比較一下。(功能相同，只是接腳排列不一樣)。

恭喜您搶答成功，獎金陸仟元

↓

這個線路給我們一個很重要的認識，即一般數位 IC 的速度非常快(百萬分之一秒以內)。分析這個電路的快速動作就如武俠小說中的"說時遲、那時快，不見人影晃動，刀已出鞘、人頭落地"。

11-2 實驗線路(二)……簡易(智慧型)密碼鎖的設計

實驗目的

(1) 雖然只學十章數位 IC，但您已具備設計能力(給您信心)。

(2) 綜合所學過的東西，應用於線路設計的練習。

設計要求與提示

(1) 請您設計一組四位元按鍵式密碼鎖。……(74C922 鍵盤編碼)

(2) 必須同時顯示所按的數目。……(7447 七線段解碼和七線段顯示)

(3) 當所按數值和預先設定密碼相同的時候，產生一個正脈波以開啟電動門裡的電磁閥。(實驗時，就以一個 LED 亮一陣子代表之)。……(74LS85 四位元比較器和時間延遲電路)

(4) 當連續按錯三次號碼(若是您家的密碼，您不應該連錯三次)，就讓警報器叫一陣子(也是用 LED 亮一陣子代表，好做實驗為原則)……(*J-K*正反器當做計數器，計算是否按錯三次)

系統方塊說明

對這個系統而言，每一部份都是我們學過的東西，於此只是以"積木"的觀念，把許多小電路組成實用的大線路，以後做更多數目的密碼鎖，基本架構大同小異。請您細心練習，也算是上這門課的自我驗收和期許。

這個線路比較不好設計的地方在錯誤次數的計算。但若把線路畫出來，您將發現"這麼簡單，我怎麼沒有想到"。

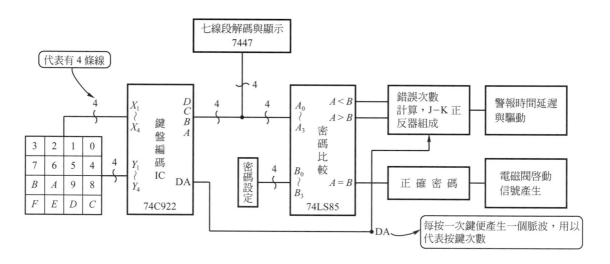

圖 11-3　密碼鎖系統方塊圖

實驗線路

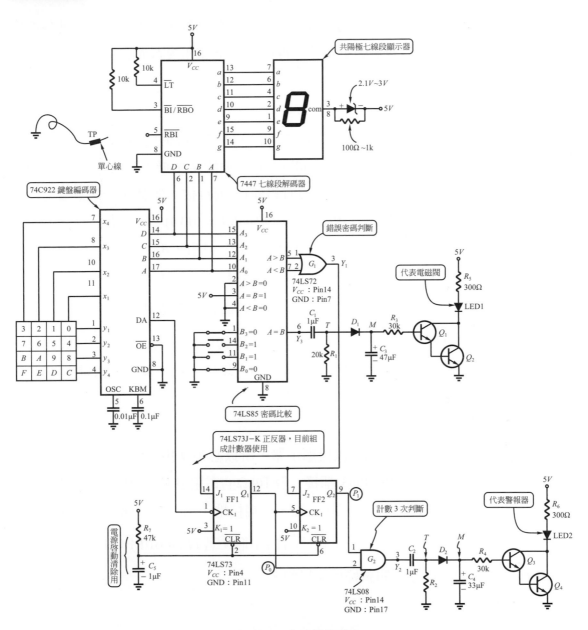

圖 11-4 密碼鎖線路圖

線路分析

這個線路看起來好像不小，但每一部份卻都是我們剛教過的東西，於今就各部份 IC 加以說明(其實只是把已教過的東西替您再做一次整理和複習而已)。

1. 鍵盤編碼部份

這一部份是由小型鍵盤編碼 IC，74C922 和 16 鍵之小鍵盤所組成。對 74C922 而言，只要再 OSC(Pin5)接一個小電容($0.01\mu F \sim 0.1\mu F$)就能產生振盪脈波提供給 74C922 自己使用。有了振盪脈波以後(只要接線沒有錯誤)，則每按一個鍵便能立刻編出一個相對應的數碼，並由$DCBA$輸出。(例如按 6，則$DCBA = 0110$)。

目前 $\overline{OE} = 0$，代表$DCBA$並非三態(高阻抗)情形。則$DCBA$立刻提供所按鍵的編碼值，加到四位元比較器的$A_3A_2A_1A_0$，同時也加到 7447 的$DCBA$，因所按的值為 6，則七線段顯示器顯示 ⌐ 的字形。則每次所按的鍵，其編碼值都會被顯示出來。

更重要的是當有按鍵被按一次的時候，DA會自動送出一個正脈波，以代表有一次按鍵的動作。我們就可以使用DA信號有多少個，以代表總共按了幾次鍵。

2. 七線段解碼與顯示

這個線路我們用的是共陽極七線段顯示器，所以必須使用 7447 七線段解碼器。目前我們把 $\overline{LT}$(Pin2)和 $\overline{BI/RBO}$(Pin3)都接一個 $10k\Omega$ 的電阻到V_{cc}。其目的是讓您能很方便地測試這一部份的電路。拿一條單心線，一端接地，另一端當測試棒(TP)，當TP碰 $\overline{LT}$(Pin3)時，所有 LED 都會亮，而顯示 ⌐ 的字形。若TP碰 $\overline{BI/RBO}$(Pin3)時，則所有 LED 都不亮。如此便達到測試好壞的目的。

3. 密碼比較部份

目前我們用 74LS85 當做密碼比較，$A_3A_2A_1A_0$是由鍵盤編碼器所送出的數值，而 $B_3B_2B_1B_0$是由指撥開關(DIP SW)所設定的密碼。而串接輸入端(Pin2，Pin3，Pin4)＝ (0,1,0)，則代表

⑴　當(數值A)＞(數值B)時
輸出端(Pin5，Pin6，Pin7)＝($A＞B$，$A＝B$，$A＜B$)＝(1,0,0)

⑵　當(數值A)＝(數值B)時
輸出端(Pin5，Pin6，Pin7)＝($A＞B$，$A＝B$，$A＜B$)＝(0,1,0)

⑶　當(數值A)＜(數值B)時
輸出端(Pin5，Pin6，Pin7)＝($A＞B$，$A＝B$，$A＜B$)＝(0,0,1)

即當所按的數值和內部密碼相等時，($A_3A_2A_1A_0＝B_3B_2B_1B_0$)，則 Pin6 ($A＝B$)＝ 1。 而當所按的數值不等時，可能(數值$A$)＞(數值$B$)或(數值$A$)＜(數值$B$)，則 Pin5 ＝ 1， 或 Pin7 ＝ 1。如今以G_1 OR 閘處理 Pin5 和 Pin7，使得$Y_1＝$[Pin $(A＞B)$]＋[Pin $(A＜B)$]， 意思是說：只要所按的數值和內部密碼不相等的時候，則$Y_1＝$1。

4. 錯誤次數計算部份

因我們尚未教到 IC 型數位計數器，此時要完成計數功能則必須以我們所學過的 *J-K*正反器去組成計數電路。當按鍵時，74C922 的DA會產生一個正脈波，而於該脈 波的後緣將觸發 74LS73 (*J-K*正反器)。[即DA當做計數器的時脈 CLOCK]。接著我們 把計數部份再畫出來，您將更容易了解其動作情形。

⑴　只要有人按鍵，不論密碼正確與否，74C922 的DA都會產生一個正脈波。

⑵　DA的後緣將觸發 FF1。

①：密碼正確的時候

Y_3[74LS85 的 Pin6 $(A=B)$]＝1，$Y_1＝0$，則對 FF1 和 FF2 而言，$Y_1＝J_1＝J_2＝0$，又 $K_1＝K_2＝1$，則 $Q_1(P_0)＝0$，$Q_2(P_1)＝0$，$Y_2＝P_0 \cdot P_1＝0 \cdot 0＝0$。

②：密碼錯誤(第一次)，$P_1P_0＝01＝(1)_{10}$

Y_3[74LS85 的 Pin6 $(A=B)$]＝0，$Y_1＝1$，則對 FF1 而言，$J_1＝Y_1＝1$，$K_1＝1$，則 $Q_1(P_0)$ 要反轉，所以 $P_0＝1$。對 FF2 而言，因 P_0 並非後緣而不動作。(在 $Y_1＝1$ 的時候，FF1 和 FF2 都是 $J＝K＝1$，會做反轉的動作，是否會反轉就看 CK_1 和 CK_2 是否接收到後緣觸發)。(請回頭看一下 $J-K$ 正反器的動作說明)

③：密碼錯誤(第二次)，$P_1P_0＝10＝(2)_{10}$

$Y_3＝0$，$Y_1＝1$，即 $J_1＝K_1＝1$，$Q_1(P_0)$ 做反轉動作，$J_2＝K_2＝1$，$Q_2(P_1)$ 也是做反轉動作，而 P_0 由 1 變 0，正好是後緣狀態故會對 FF2 觸發，使 $Q_2(P_1)$ 由 0 變成 1。

④：密碼錯誤(第三次)，$P_1P_0＝11＝(3)_{10}$

$Y_3＝0$，$Y_1＝1$，依然是 $J_1＝K_1＝1$，$J_2＝K_2＝1$，則 $Q_1(P_0)$ 由 0 變成 1。但 $Q_2(P_1)$ 因此時 P_0 並非後緣而不動作。

⑤：此時看到 $Q_1(P_0)＝1$，$Q_2(P_1)＝1$，即 $P_0＝1$，$P_1＝1$，則 $Y_2＝1$。

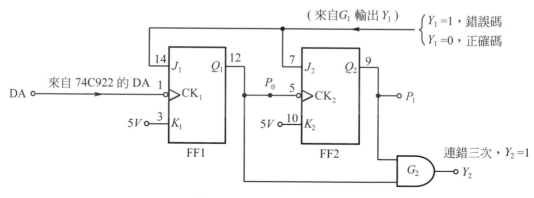

圖 11-5　錯誤次數計算電路

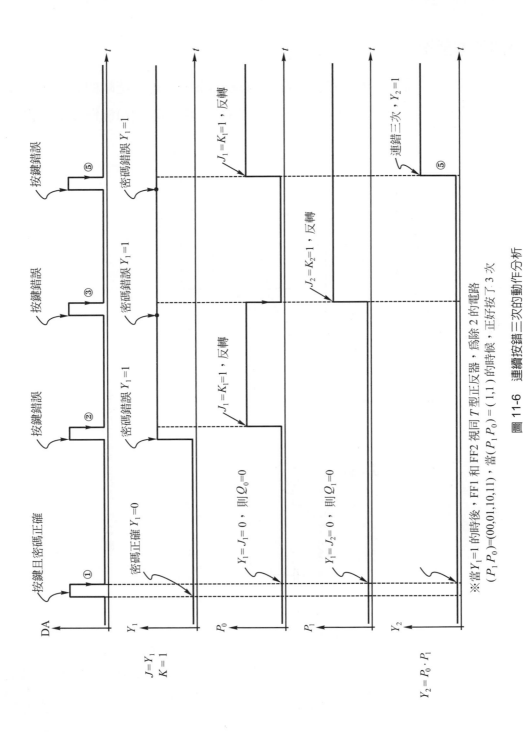

圖 11-6　連續按錯三次的動作分析

※當 $Y_1=1$ 的時後，FF1 和 FF2 視同 T 型正反器，為除 2 的電路 $(P_1P_0)=00,01,10,11$，當 $(P_1P_0)=(1,1)$ 的時候，正好按了 3 次

5. 時間延遲部份

　　時間延遲部份目前所使用的方法，先把Y_2(或Y_3)微分以得到陡峭的突波，然後做單向整流(D_1，D_2)，並迅速充電(C_3，C_4)，然後由(Q_1，Q_2或Q_3，Q_4)慢慢放電以得到時間延遲的效果。

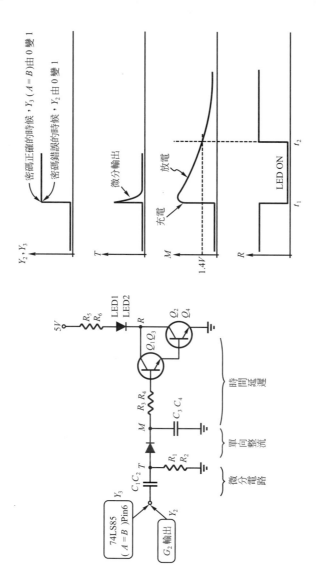

圖 11-7　時間延遲部份之分析

(1) 因電磁閥控制之時間延遲和警報器時間延遲採用相同的線路，所以我們只以圖 11-7 一次說明之。

(2) 圖中的$(C_1，R_1)$和$(C_2，R_2)$是構成微分器，茲以圖 11-8 說明微分器和積分器的波形分析。

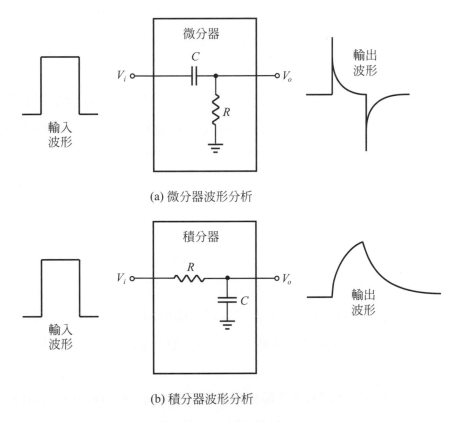

(a) 微分器波形分析

(b) 積分器波形分析

圖 11-8　微分器與積分器之波形分析

(3) 當密碼正確的時候，即$A_3A_2A_1A_0＝B_3B_2B_1B_0$，則 74LS85 輸出端$(A＝B)$ Pin6 由 0 變到 1。(　▁┌▔　)[即Y_3得到(　▁┌▔　前緣信號)]，將於微分器$(C_1，R_1)$的輸出得到正脈波(如T的波形)。

(4) T為突波高電壓時，D_1做單向整流導通，則充電電流迅速向C_3充電，使得M點的電壓馬上升到最高值(因二極體D_1 ON 的時候，其內阻非常小，則充電的時間常數非常小(即快速充電)。

(5) 快速充電後，必須經I_{B_1}放電，因達靈對(Q_1，Q_2或Q_3，Q_4)的關係，使得放電非常慢，將導致T點電壓因微分而快速下降，但C_3卻來不及馬上放電(I_{B_1}非常小)，使得M點的電壓比T點大，則D_1 OFF，放電電流只能向右流入Q_1的基極。

(6) I_{B_1}愈小則放電速度愈慢，則所延遲的時間愈長。一旦放電到C_3兩端的電壓(V_M)比 1.4V ($V_{BE_1} + V_{BE_2} \approx 1.4$V)還小時，$Q_1$、$Q_2$才會 OFF。所以得到只有$t_1$這一瞬間(得到$Y_3$由 0 變成 1)(即密碼正確)，到$t_2$這段延遲時間，$Q_1$、$Q_2$ ON則LED_1 ON。

(7) 若連續按錯三次密碼，則Y_2由 0 變成 1，分析過程和Y_3一樣。

動作分析

目前密碼比較 74LS85 $B_3B_2B_1B_0$所設的值為 0110。若所按的鍵和密碼相同，則 74LS85 的 Pin6 ($A=B$)為邏輯 1，相當於Y_3由 0 變 1，經C_1、R_1微分得到陡峭的突波經單向整流D_1向C_3充電，使Q_1、Q_2 ON，則代表電磁閥的LED_1 ON。而C_3所儲存的電荷，經R_3和Q_1的基極放電，一直到M點電壓小於 1.4V，Q_1、Q_2才 OFF，即LED_1延遲一段時間才 OFF。

按鍵按下去的時候，經 74C922 編碼得到相對應的數碼由(Pin14，Pin15，Pin16，Pin17)＝(D，C，B，A)輸出，並由 7447 做七線段解碼，而顯示所按的數碼。

若按下去的數目是 7，則 74C922 的($DCBA$)＝(0111)＝ 74LS85 的($A_3A_2A_1A_0$)，則 $[A_3A_2A_1A_0 = 0111] \neq [B_3B_2B_1B_0 = 0110]$，且是$A_3A_2A_1A_0 > B_3B_2B_1B_0$，則 74LS85 的輸出 Pin5 ($A>B$)＝1，則$Y_1$由 0 變成 1，$Y_1 = 1$，使得 FF1 和 FF2 的$J_1 = K_1 = 1$，$J_2 = K_2 = 1$，則 FF1 和 FF2 構成除四的電路(即能計數 00，01，10，11)。且在按鍵的過程 74C922 的

DA輸出一個正脈波，在DA的後緣對CK_1觸發，使得$(P_1P_0 = 01)$(計數值代表第一次錯誤)。

　　若再按下去的數值為 3，則$[A_3A_2A_1A_0 = 0011] \neq [B_3B_2B_1B_0 = 0110]$，且是$A_3A_2A_1A_0 <$ $B_3B_2B_1B_0$，則 74LS85 的輸出 Pin7 $(A < B) = 1$，則Y_1(並沒有改變)，使得 FF1、FF2 還是除四的電路。按下 3 的時候，74C922 的DA依然提供一個正脈波輸出。於DA的後緣將再次觸發 FF1 的CK_1，將使計數值$(P_1P_0 = 10)$。

　　若再按下去的數值為A(其動作和按 7 的結果一樣)，DA的後緣又再一次對 FF1 的CK_1做有效觸發，使得計數值$(P_1P_0 = 11)$。當$P_1P_0 = 11$ 的時候，G_2的輸出$Y_2 = P_2 \cdot P_0 =$ $1 \cdot 1 = 1$。即Y_2由 0 變成 1(其動作情形和Y_3由 0 變 1 一樣)。則LED_2將亮一陣子，代表連續按錯三次，因而啓動警報器(用LED_2代表警報器)。

故障排除練習

(1)　若按了"7"，卻是顯示 ⨡，請問故障情形可能是哪些？

【Ans】 ： ⑴可能 74C922 的Y_1(Pin1)和Y_2(Pin2)，相線錯接，編碼值當然不對。(即按鍵(0,1,2,3)和(4,5,6,7)互相對調了)。

⑵可能 74C922[Pin14 (D)，Pin15 (C)]，74LS85 [Pin15 (A_3)，Pin13 (A_2)]，或 74LS47[Pin6 (D)，Pin2 (C)]，相互短路，則原本$DCBA =$ 0111，變成$DDBA = 0011$ (D和C短路)。

⑶解碼 IC 和七線段顯示器發生問題的情況比較少。

⑷或 74C922 Pin15 (C)，74LS85 Pin13 (A_2)，7447 Pin2 (C)對地短路了，則原本$DCBA$的C永遠為 0，所以理應$DCBA = 0111$，變成 0011。

(2) 圖 11-4 中的 R_7 和 C_5 主要目的是什麼？

【Ans】： 電源 ON 的那一瞬間，電源由 0V 上升到 5V。但此時 C_5 必須經過時間常數為 $R_7 \times C_5 \simeq 47ms$ 的充電，才能使 FF1 和 FF2 的 $\overline{CLR} = 1$。所以從電源 ON 一直到 $\overline{CLR} = 1$ 的這段時間，相當於 $\overline{CLR} = 0$。即代表電源啟動之初，FF1 和 FF2 的 $\overline{CLR} = 0$(表示一開始 FF1 和 FF2 都處於 "清除狀態"。使得開電以後先把 FF1 和 FF2 的輸出清除為 0。待一小段時間後，$\overline{CLR} = 1$，便使 FF1 和 FF2 正常動作。所以 R_7 和 C_5 可視為 "電源啟動重置電路"(Power up Reset)。

(3) 如果 74LS85 的 Pin2 ($A > B$) 和 Pin3 ($A = B$) 兩腳接反了，則會有什麼樣的後果？

(4) 若 74C922 的 Pin13($\overline{OE}$) 並沒有接地，其結果如何？

(5) 當把 7447 的 Pin3($\overline{LT}$) 接地時，會顯示什麼符號或數字？

(6) 若 G_1 為集極開路型，則應如何處理？

(7) 寫出 74LS73 J-K 正反器的真值表。

(8) 若 R_1 變小，則微分器(C_1 和 R_1)所得到的突波變寬或變窄？

(9) 若欲增加延遲時間，可從哪裡下手？

(10) 為什麼說 D_1 ON 的時候，C_3 被快速充電？

(11) 為什麼說 D_1 OFF 的時候，C_3 會慢慢地放電？

(12) 若 74LS73 的 Pin3 (K_1) 接錯，K_1 被接地，則 FF1 和 FF2 輸出 P_0 和 P_1 會如何變化？

(13) 74C922 OSC 腳(Pin5)接 $0.01\mu F$ 電容器，目的何在？

(14) 74C922 KMB 腳(Pin6)接 $0.1\mu F$ 電容器，目的何在？

所提的各題，都是已教過或剛說明，
請詳細作答……溫故知新……

第 12 章

振盪器……信號產生實驗

實驗目的

(1) 了解單一脈波產生的方法。

(2) 了解時脈(CLOCK)產生的方法。

信號說明

　　在類比信號系統中，以產生正弦波為主。而數位系統中以產生方波(脈波)為主。產生正弦波或方波的電路，我們稱它為振盪器。所用的零件可以是電晶體(*NPN*，*PNP*)，FET，OP Amp……等。然在數位電路中，振盪器大都使用特別的 IC，或是為求頻率的穩定而使用石英晶體配合相關零件組成專供時脈 (CLOCK)使用的振盪器。所以本章會提供許多振盪電路，以供參考。

數位電路中所使用的信號，都是 0 與 1 的矩形波。而邏輯 0 與邏輯 1 的寬度並不一定要完全相同。因一般數位電路的觸發情形，大都是邊緣(前緣 ⌐ 和後緣 ⌐) 觸發。茲就脈波的任務週期說明如下：

$$(D\%)任務週期(duty\ cycle) = \frac{邏輯\ 1\ 的寬度}{時脈的週期} = \frac{T_H}{T_H + T_L} \times 100\%$$

$$= \frac{T_H}{T} \times 100\%$$

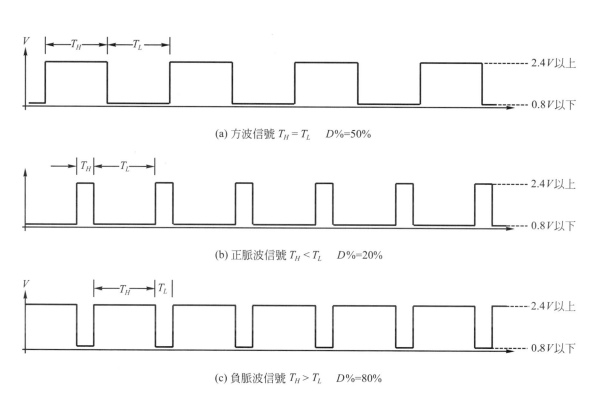

(a) 方波信號 $T_H = T_L$　　$D\% = 50\%$

(b) 正脈波信號 $T_H < T_L$　　$D\% = 20\%$

(c) 負脈波信號 $T_H > T_L$　　$D\% = 80\%$

圖 12-1　不同任務週期的數位信號

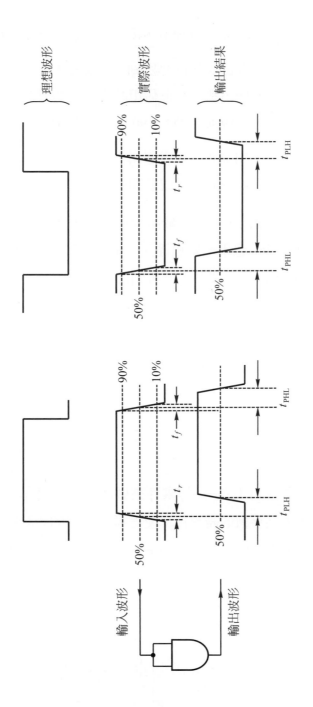

圖 12-2　理想脈波與實際脈波的比較

從圖 12-1 中所看到的脈波信號，從 0 變到 1(⎍)(前緣)，或從 1 變到 0(⎍)(後緣)，看起來都是垂直狀。好像數位信號從 0 變到 1，或從 1 變到 0 都不需花費時間。但事實上，0 變到 1，或 1 變到 0，都一定會佔用時間，所以實際的波形會有上升時間(t_r)和下降時間(t_f)。從 10 ％上升到 90 ％為t_r，90 ％下降到 10 ％為t_f。

上升前進延遲時間(t_{PLH})：由邏輯 0 變成邏輯 1 的延遲時間。

下降前進延遲時間(t_{PHL})：由邏輯 1 變成邏輯 0 的延遲時間。

脈波信號加到數位 IC 輸入端後，一直到輸出端產生相對應的輸出會有一段前進延遲時間，且同一個 IC 的t_{PHL}和t_{PLH}也不一定相等。一般t_{PHL}和t_{PLH}均非常短，大都以 ns 為單位。而一般頻寬為數拾 MHz 的示波器，所看到的脈波信號幾乎是垂直上下，並看不到傾斜的狀態，若以 1MHz 的脈波為例，它的週期是 1000ns，而$t_{PHL} \approx 3 \sim 5ns$，只佔一週的兩百分之一以下，所以示波器看不到上升和下降時傾斜的部份。(若頻率太高會因示波器頻寬不夠，而使脈波信號失真，造成傾斜的現象)。請記住脈波加到數位 IC 後，會經一段前進延遲時間，才得到輸出。

產品介紹

我們已說過可以用電晶體、FET、……等零件來做成脈波振盪器。但因電晶體等零件用於脈波振盪電路時，因其參數的差異性，使得振盪電路的設計較為複雜，且其一致性亦不均。例如電晶體振盪電路將因各種的參數誤差，而造成振盪電路的輸出頻率不盡相同。致使振盪電路的專屬IC相繼問世。所以我們必須介紹一些常用的方法，以供實用參考。

產品介紹與參考線路

定時 IC LM555

　　看到 555 三個字，不要誤以爲是【三五牌】香煙。它是一個可以做爲單一脈波產生器、自由振盪器和壓控振盪器的 IC。首先我們就單一脈波、自由振盪和壓控振盪三個專有名詞做個說明。而數位脈波產生器大都以電阻、電容決定脈波寬度或週期。幾乎不使用 LC 所組成的諧振電路。

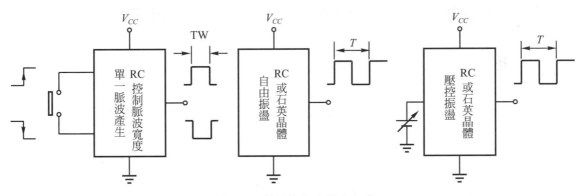

圖 12-3　脈波產生之基本方式

單一脈波產生

　　當接收到前緣觸發或後緣觸發的時候，其輸出會得到一個寬度爲 T_w 的脈波，而 T_w 大都由 RC 決定之。

自由振盪器

不必外加任何觸發信號，當接好電源以後，輸出便能產生週期性的脈波。其頻率大都由RC決定之。若用石英晶體時，其頻率乃由石英晶體決定之，但其頻率爲固定值，無法改變。

壓控振盪器

該種電路本身就是一個自由振盪器，但它不必靠改變RC的大小來改變振盪頻率，而是由改變外加電壓的大小來決定頻率的高低，所以稱它爲壓控振盪器。

12-1　LM555之認識與應用實驗

從圖12-4和表12-1很清楚地看到LM555只是一個8支腳的小IC，卻是LM555可以當做

(1)　單一脈波產生器……(由 Pin2 加一瞬間的邏輯 0，輸出可得正脈波)。

(2)　自由振盪器：只要接好電路加上電源，便能自由振盪產生脈波。

(3)　壓控振盪器：(由 Pin5 加電壓)可以控制振盪頻率的高低。

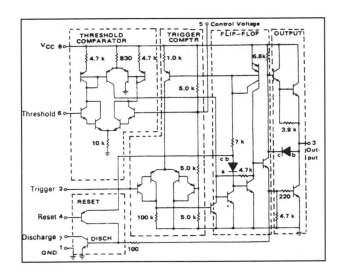

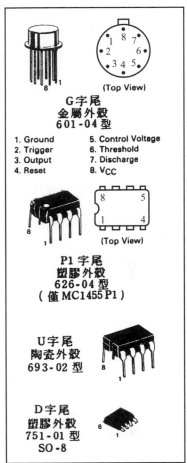

1. Ground　　　5. Control Voltage
2. Trigger　　　6. Threshold
3. Output　　　7. Discharge
4. Reset　　　　8. V_{CC}

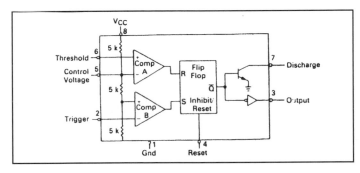

圖 12-4　LM555 相關資料

表 12-1　LM555 接腳功能說明

功能 接腳	各接腳功能說明
Pin 1	接地腳，接到電源供應器負端（ ）
Pin 2	觸發腳，接受負脈波觸發，為單一脈波產生器的輸入腳
Pin 3	輸出腳，LM555 的輸出信號由此腳提供
Pin 4	重置腳，LM555 能否動作的控制腳(1 動作，0 禁止)
Pin 5	壓控腳，這支腳可以接收不同的外加電壓，改變輸出頻率
Pin 6	臨界腳，該腳乃以 Pin 5 做電壓比較，以重新設定輸出。
Pin 7	放電腳，內部為電晶體的 C 腳，常接一個電容，提供放電路徑
Pin 8	電源腳，可以加 4.5V～18V（ ）

12-2　LM555 應用線路分析(一)……單一脈波產生器

　　往下所說明的電路，雖然只是一顆 8 支腳的 LM555 和幾個電阻和電容所組成的小電路，卻是這個電路包含了類比電壓的比較、正反器的動作和電晶體開關與電容充放電的情形。可以當做「線路分析練習的範例」。我們將以新的解析方法來說明其動作分析，請大家細心學習。

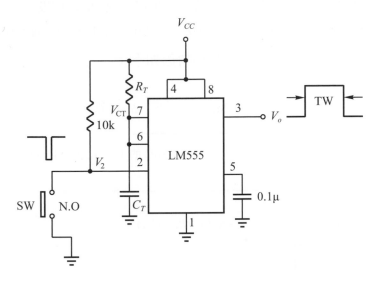

(a) 接線圖

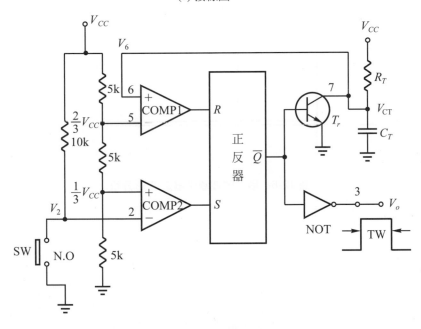

(b) 系統電路圖

圖 12-5　LM555 的單一脈波產生器

　　這個電路只由R_r和C_r兩個零件，就能決定所產生脈波的寬度，其中 10kΩ只為了讓 Pin2 平常保持邏輯 1(可以不接)，只要按一下SW，使$V_2 = 0$，便能於輸出端得到一個正脈波，您說簡不簡單。茲分析其動作情形如下：

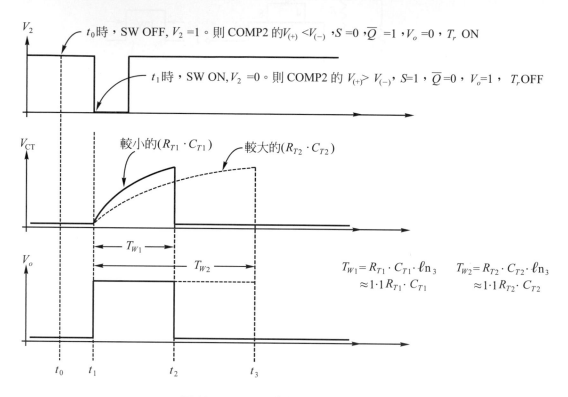

t_0時，SW OFF, $V_2 = 1$。則 COMP2 的$V_{(+)} < V_{(-)}$，$S = 0$，$\overline{Q} = 1$，$V_o = 0$，T_r ON

t_1時，SW ON, $V_2 = 0$。則 COMP2 的$V_{(+)} > V_{(-)}$，$S = 1$，$\overline{Q} = 0$，$V_o = 1$，T_r OFF

較小的$(R_{T1} \cdot C_{T1})$　　較大的$(R_{T2} \cdot C_{T2})$

$$T_{W1} = R_{T1} \cdot C_{T1} \cdot \ell n_3 \qquad T_{W2} = R_{T2} \cdot C_{T2} \cdot \ell n_3$$
$$\approx 1 \cdot 1 R_{T1} \cdot C_{T1} \qquad\qquad \approx 1 \cdot 1 R_{T2} \cdot C_{T2}$$

圖 12-6　單一脈波產生器之波形分析

(1) t_0時(t_1之前)的分析

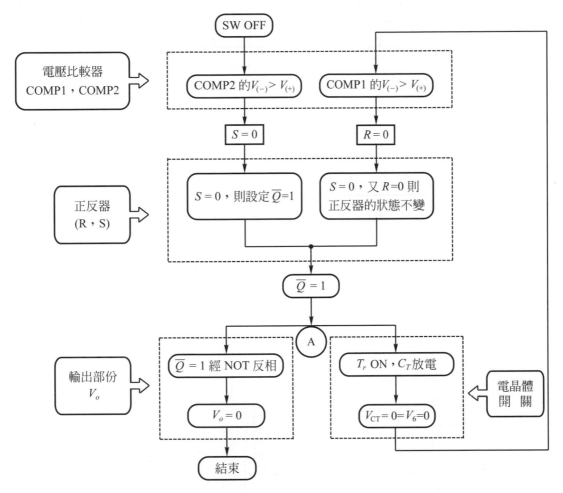

圖 12-7 t_0時的動作流程

(2) $t = t_1$ 時(SW ON 的那一瞬間)

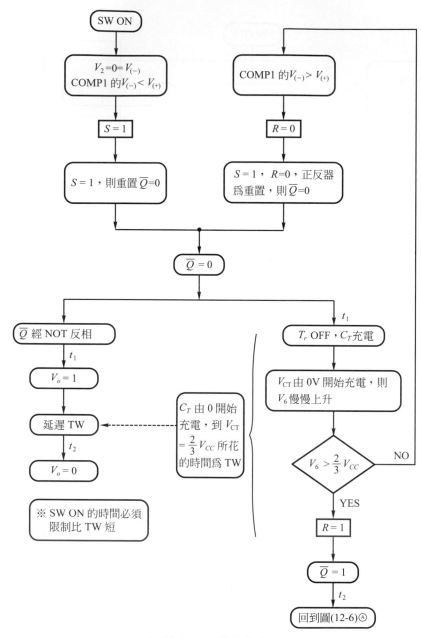

圖 12-8 t_1 時的動作流程

　　若把圖 12-7、圖 12-8 和圖 12-5 搭配起來分析，您將發現整個線路的分析，就這麼簡單。總結單一脈波產生的重要環節乃：SW ON 那一瞬間開始，C_T 往上充電，一直到 $V_6 = \dfrac{2}{3}V_{CC}$，接著 C_T 又馬上放電，又恢復原狀。即 C_T 從約 0V 充電到 $\dfrac{2}{3}V_{CC}$ 所需的時間，就是脈波的寬度 T_w。接著我們分析怎樣計算 T_w 的大小。

(3)　脈波寬度 T_w 的計算

　　首先我們整理電容器充放電的通式如下：

$$v_c(t)[\text{電容器的電壓}]=\text{終值電壓}-(\text{終值電壓}-\text{初值電壓})e^{-\frac{t}{RC}}$$

終值電壓：充電來源之最高電壓。目前 C_T 是由 V_{CC} 經 R_T 而充電，所以其終值電壓為 V_{CC}。

初值電壓：充電開始那一瞬間，保留在電容器上的電壓。故其初值電壓約為 T_r 電晶體 ON 的飽和電壓 $\approx 0.2V$，可視初值電壓為 0V。

電容器的電壓：代表整個充電期間所累積的電壓，最後得到的電壓為

$$V_{C_T}=V_6=\frac{2}{3}V_{CC}。$$

※※充放電的通式只要知道初值和終值均可代入使用。

　　綜合上述說明，則可寫出充電公式為

$$V_{C_T}=V_{CC}-[V_{CC}-0]e^{-\frac{t}{RC}}=V_{CC}\left(1-e^{-\frac{t}{RC}}\right)$$

此時 $R=R_T$，$C=C_T$，從 $t_1 \sim t_2$ 的時間為 T_w，所充電壓為 $0 \sim \dfrac{2}{3}V_{CC}$。故

$$\frac{2}{3}V_{CC}=V_{CC}\left(1-e^{-\frac{T_w}{R_T C_T}}\right)，則\ e^{-\frac{T_w}{R_T C_T}}=\frac{1}{3}\cdots\cdots\cdots\cdots\text{取反指數(對數)}$$

$$\ln\left(e^{-\frac{T_w}{R_T C_T}}\right)=\ln\left(\frac{1}{3}\right)，\frac{T_W}{R_T C_T}=\ln 3$$

$$T_W = R_T \cdot C_T \cdot \ln 3 \text{，} \ln 3 \approx 1.1$$

$$T_W \approx 1.1 R_T \cdot C_T$$

12-3　LM555 應用線路分析(二)……自由振盪器

　　LM555 當做脈波產生器的時候，只要兩個電阻、一個電容就搞定。可說是非常簡單，也非常方便。並且 LM555 的價格非常便宜，縱使零買(只買一顆)也不應該超過十塊錢。

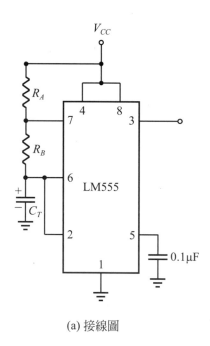

(a) 接線圖

圖 12-9　LM555 的自由振盪器

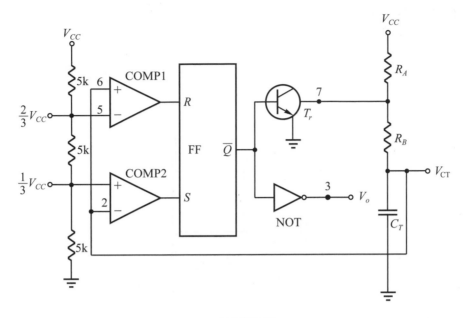

(b) 系統電路圖

圖 12-9　LM555 的自由振盪器 (續)

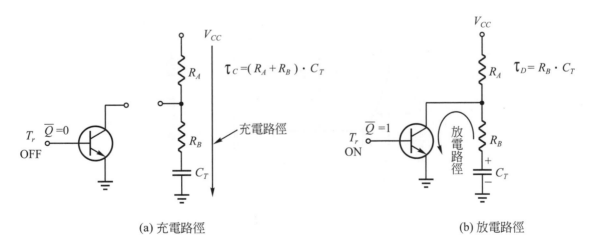

(a) 充電路徑　　　　　　　　　　　　　　(b) 放電路徑

圖 12-10　C_T 的充放電路徑

$\overline{Q}=0$ 時 ：T_r OFF，C_T 充電，由 V_{cc} 經 R_A、R_B 向 C_T 充電。充電的時間常數 $\tau_C=(R_A+R_B)\cdot C_T$。

$\overline{Q}=1$ 時 ：T_r ON，則 C_T 放電，由 C_T 經 R_B 流向 T_r 到地。故放電的時間常數 $\tau_D=R_B\cdot C_T$。

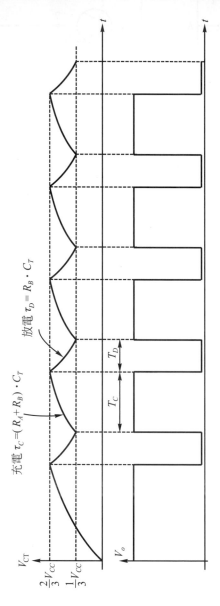

圖 12-11　LM555 自由振盪波形分析

⑴ 自由振盪動作分析

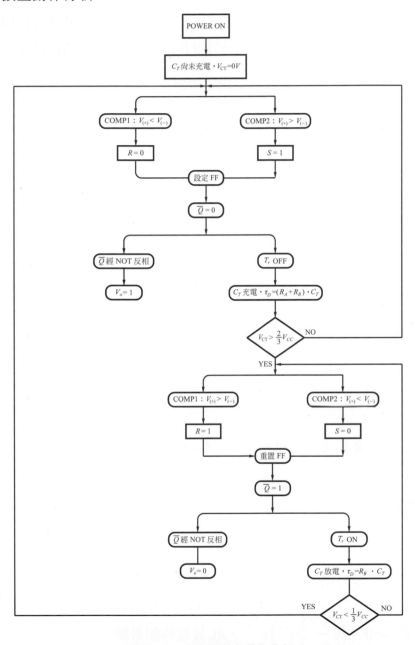

圖 12-12 自由振盪之動作分析

(2) 週期的計算

自由振盪也是靠 R 和 C 的充放電，所以電容器的電壓也可以用充放電的通式來計算。分別算出充電所需的時間 (T_C) 和放電所需的時間 (T_D)。

$$V_{C_T} = 終值電壓 - (終值電壓 - 初值電壓)e^{-\frac{1}{RC}}$$

充電時間的計算

終值電壓：充電來源的最大電壓為 V_{CC}

初值電壓：電容乃由 $\frac{1}{3}V_{CC}$ 開始充電。

$$\frac{2}{3}V_{CC} = V_{CC} - \left(V_{CC} - \frac{1}{3}V_{CC}\right) \cdot e^{-\frac{T_C}{RC}}，RC 充電時間常數$$

充電的時間常數為 $(R_A + R_B) \cdot C_T$，所以

$$\frac{2}{3}V_{CC} = V_{CC} - \left(V_{CC} - \frac{1}{3}V_{CC}\right) \cdot e^{-\frac{T_C}{(R_A + R_B) \cdot C_T}}$$

$$\frac{1}{3}V_{CC} = \frac{2}{3}V_{CC}\, e^{-\frac{T_C}{(R_A + R_A) \cdot C_T}}， \qquad \frac{1}{2} = e^{-\frac{T_C}{(R_A + R_B) \cdot C_T}}$$

$$T_C = (R_A + R_B) \cdot C_T \cdot \ln 2， \qquad T_C \approx 0.693 (R_A + R_B) \cdot C_T$$

放電時間的計算

終值電壓：放電來源的最小電壓為 0V

初值電壓：電容乃由 $\frac{2}{3}V_{CC}$ 開始放電。

$$\frac{1}{3}V_{CC} = 0 - \left(0 - \frac{2}{3}V_{CC}\right)e^{-\frac{T_D}{RC}}，RC 放電時間常數$$

放電的時間常數為$R_B \cdot C_T$

$$\frac{1}{3}V_{CC} = \frac{2}{3}V_{CC}\, e^{-\frac{T_D}{R_B \cdot C_T}}, \qquad\qquad \frac{1}{2} = e^{-\frac{T_D}{R_B \cdot C_T}}$$

$$T_D = R_B \cdot C_T \cdot \ln2, \qquad\qquad T_D \approx 0.693 R_B \cdot C_T$$

自由振盪週期T

$$T = T_C + T_D = (R_A + R_B) \cdot C_T \cdot \ln2 + R_B \cdot C_T \cdot \ln2$$
$$= (R_A + 2R_B) \cdot C_T \cdot \ln2 \approx 0.693\,(R_A + 2R_B) \cdot C_T$$

自由振盪頻率

$$f = \frac{1}{T} = \frac{1}{(R_A + 2R_B) \cdot C_T \cdot \ln2} = \frac{1}{0.693(R_A + 2R_B) \cdot C_T} \approx \frac{1.44}{(R_A + 2R_B) \cdot C_T}(\text{Hz})$$

　　從上述的動作分析(流程圖說明)及週期的計算，希望您已能從中學會怎樣把一個線路轉換成流程圖的方法。那麼以後當您在做線路分析時，您將比別人更厲害、功力更高。

12-4　其它常用振盪電路介紹

1. 石英晶體振盪器

　　在數位電路中，所用的脈波經常是數 MHz～數拾 MHz 更則數百 MHz，且希望其振盪頻率穩定，電路簡單。此時石英晶體配合各種主動元件的振盪器已成數位電路中產生 CLOCK 的最愛。除了石英晶體能當振盪器的振盪子(諧振電路)外，目前頻率較低(約 1MHz 以下)的振盪器經常使用陶瓷振盪子(例如 455kHz 陶瓷振盪子)。這兩者的等效電路都有如一般 LC 諧振電路，茲繪製其符號、電效電路和特性曲線如下：

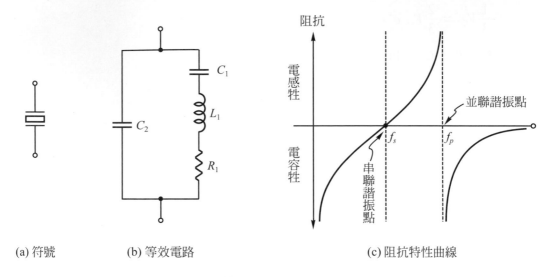

(a) 符號   (b) 等效電路   (c) 阻抗特性曲線

圖 12-13　石英晶體(或陶瓷振盪子)相關資料

　　對石英晶體或陶瓷振盪子而言，等效電路中 C_1、L_1、R_1 形成串聯諧振，而 C_2 和 L_1 則組成並聯諧振。所以有串聯諧振頻率 f_s 和並聯諧振頻率 f_p。

$$f_s = \frac{1}{2\pi\sqrt{L_1 C_1}} \cdots\cdots 串聯諧振時，阻抗最小$$

$$f_p \approx f_s\left(1 + \frac{C_1}{C_2}\right) \cdots\cdots 並聯諧振時，阻抗最大$$

　　C_2 乃封裝時引線間的雜散電容，是一項比較不易掌握的參數，所以並聯諧振點的頻率變得較不確定。所以一般石英晶體振盪器大都以 f_s 為主。

　　從等效電路中清楚地看到石英晶體是一個包含 R、L、C 的被動元件，想做成振盪器的時候，必須配合如電晶體，OP Amp、數位 IC……等主動元件。所組成的振盪器其頻率乃由振盪子本身的 f_s 所決定。所以石英晶體振盪器不必靠外加零件調整，就能得到非常穩定的振盪頻率。

數位閘之石英晶體振盪器

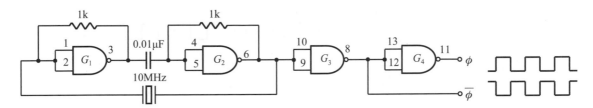

(a) 74LS00 石英晶體振盪器

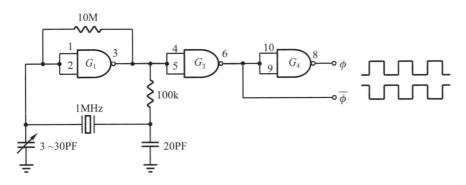

(b) CMOS 所組成之 石英晶體振盪器

圖 12-14　各種石英晶體振盪器參考線路

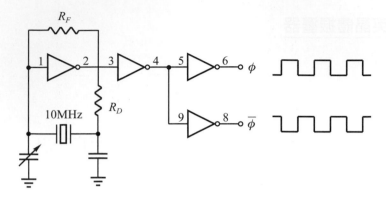

(c) CMOS IC 所組成之石英晶體振盪器

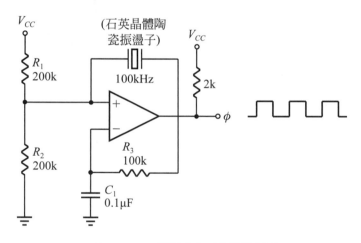

(d) OP AMP 所組成之石英晶體振盪子

圖 12-14 各種石英晶體振盪器參考線路 (續)

2. RC振盪器

在許多需要 CLOCK 的地方，若 CLOCK 的頻率並非很高，且不在乎是否很穩定時，RC振盪器是一個不錯的選擇。茲以下列幾個線路供您參考，不再做線路分析與週期計算的演練。

(1)　電晶體RC振盪

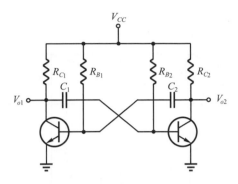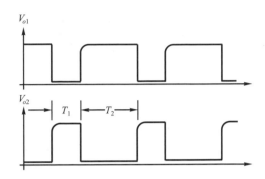

$T_1 \approx R_{B_2} \cdot C_1 \cdot \ln 2 \approx 0.693 R_{B_2} \cdot C_1$

$T_2 \approx R_{B_1} \cdot C_2 \cdot \ln 2 \approx 0.693 R_{B_1} \cdot C_2$

$T = T_1 + T_2 \approx (R_{B_2} \cdot C_1 + R_{B_1} \cdot C_2) \cdot \ln 2$

$f = \dfrac{1}{T} \approx \dfrac{1.44}{R_{B_1} \cdot C_2 + R_{B_2} \cdot C_1}$

圖 12-15　電晶體RC振盪參考資料

(2)　OP Amp RC振盪

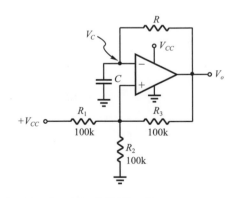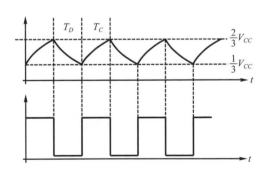

$T_D = I_C = R \cdot C \cdot \ln 2 \approx 0.693 R \cdot C$

$T = T_D + T_C = 2R \cdot C \cdot \ln 2 \approx 1.4R \cdot C$

$f = \dfrac{1}{T} \approx \dfrac{0.7}{R \cdot C}$

圖 12-16　OP Amp RC振盪器參考資料

(3) 邏輯閘RC振盪

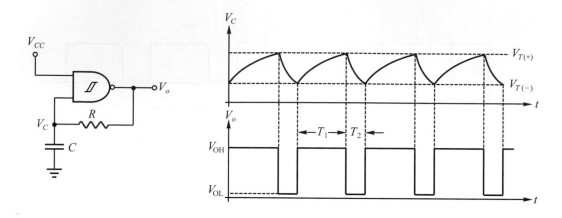

$$T_1 = R \cdot C \ln \frac{V_{OH} - V_{T(-)}}{V_{OH} - V_{T(+)}} \text{ , } T_2 = R \cdot C \ln \frac{V_{OL} - V_{T(+)}}{V_{OL} - V_{T(-)}}$$

若用 CMOS 邏輯閘時，$V_{OH} \approx V_{CC}$，$V_{OL} \approx 0$，則

$$T = T_1 + T_2 = R \cdot C \cdot \ln \frac{V_{CC} - V_{T(-)}}{V_{CC} - V_{T(+)}} + R \cdot C \cdot \ln \frac{V_{T(+)}}{V_{T(-)}}$$

$$= R \cdot C \cdot \ln \left[\left(\frac{V_{CC} - V_{T(-)}}{V_{CC} - V_{T(+)}} \right) \cdot \left(\frac{V_{T(+)}}{V_{T(-)}} \right) \right]$$

$V_{T(+)}$和$V_{T(-)}$分別為史密特邏輯閘的高臨界和低臨界電壓

圖 12-17　邏輯閘RC振盪器參考資料

12-5　振盪電路的實驗(同時認識計時器和計頻器)

實驗(一)：LM555 單一脈波產生器與計時器原理

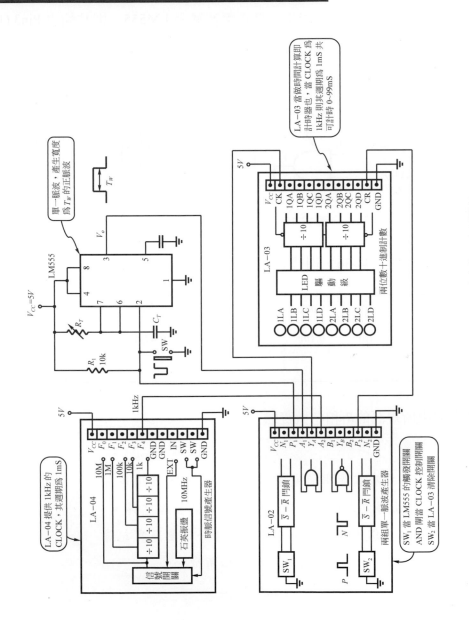

圖 12-18　LM555 單一脈波產生之實驗接線

(1) 按一下LA-02的SW_2，則N_2產生一個負脈波加到LA-03的CR。則把十進制清除為 $(2LD，2LC，2LB，2LA)$，$(1LD，1LC，1LB，1LA) = (0,0,0,0)$，$(0,0,0,0)$。記住$(2LD，2LC，2LB，2LA)$代表拾位數，$(1LD，1LC，1LB，1LA)$代表個位數。

(2) 按一下LA-02的SW_1，則N_1產生一個負脈波觸發LM555。則其輸出 Pin3 (V_o)將得到一個寬度為T_W的正脈波。而$T_W \approx 1.1 \times R_T \times C_T$。

(3)

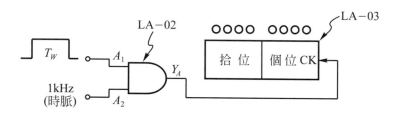

圖 12-19　計時控制示意圖

假設所得到的數目為 36，則代表$T_W = (36) \times (1\text{ms}) = 36\text{ms}$。

(4)

R_T	30k	100k	200k	68k	68k	68k
C_T	1μF	0.1μF	0.2μF	1μF	0.47μF	0.2μF
T_W						

請依表列中所規訂的R_T和C_T做實驗。

若沒有相等阻值或電容值的零件時，可用串、並聯方式為之。甚至用立可白將數據塗掉，寫入您的零件值也可以。但請一定要照實記錄……實驗是可以隨心所欲……

實驗討論(一)

⑴　圖 12-18 中的 R_1 其目的何在？

⑵　您所做的實驗，理論值和實測值之誤差是否很大(10％以內)？試說明可能的原因？

【Ans】：　理論上 $T_W = 1.1 \times R_T \times C_T$，若零件值很準，其誤差都很小。但我們所用的零件，例如色碼電阻有 ±5％的誤差(R_T 可用可變電阻調好一定的阻值再做實驗)。卻是一般所用的電容，經常誤差高達 20％以上者還是很多。所以最好用電錶量測一下電容值是多少。

⑶　已經清楚看到不同的 R_T、C_T 將有不同的 T_W。若 $R_T = 10k$，$C_T = 0.01\mu F$，則 $T_W \approx 1.1 \times 10k \times 0.01\mu F \approx 0.11ms$。則每次按 LA-02 的 SW_1(觸發一次)，卻是所看到的數目始終是 $(00)_{10}$ 或 $(01)_{10}$？應該怎樣修改量測電路？

【Ans】：　電路中 LA-03 的 CK 加的是 1kHz 的 CLOCK。其一週為 1ms，而控制信號卻是 0.11ms。所以無法計數。(但若 CLOCK 的邏輯 1，正好和 V_o 的正脈波相遇，AND 結果會有一個脈波加到 LA-03 則得到 $(01)_{10}$ 的計數)。

可以把 CLOCK 1kHz 改成 100kHz，換接到 LA-04 的 F_2，則每一週為 0.01ms。當 $T_W = 0.11ms$，則所看到的數目為 $(11)_{10}$。因 $11 \times 0.01ms = 0.11ms$。

⑷　若 $T_W = 5$ 秒 $= 5000ms$ 時，您要怎麼處理計時電路？

提示：

①　把 CLOCK 改用 10Hz，則其週期為 0.1 秒，當數目為 $(50)_{10}$ 的時候，即代表 5 秒(50×0.1 秒 = 5 秒)。請用兩片 LA-04 組成有 1kHz，100Hz，10Hz，1Hz，0.1Hz 的信號產生系統。

② CLOCK 還是用 1kHz，但把計時電路改成四位數，則能顯示$(0)_{10}$～$(9999)_{10}$。
當數目為 5000 時，即代表 5 秒。$(5000×1ms = 5000ms = 5$ 秒$)$。

【Ans】：

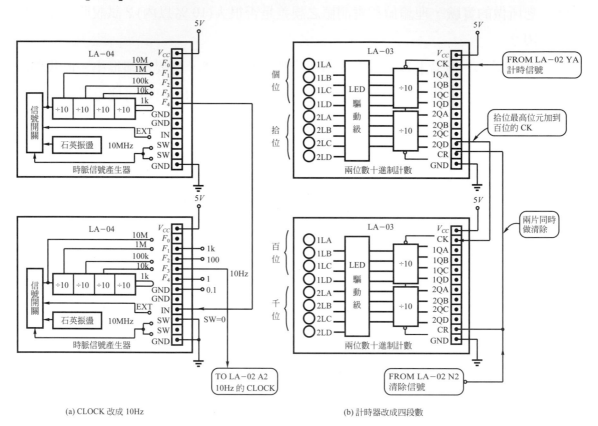

(a) CLOCK 改成 10Hz　　　　　　　　(b) 計時器改成四段數

圖 12-20　完成 5 秒計時的兩種方法

實驗(二)：LM555 振盪器與計頻器原理

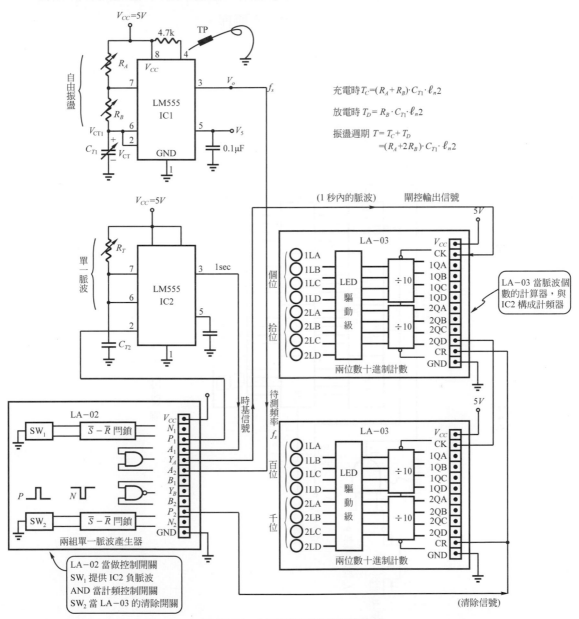

充電時 $T_C = (R_A + R_B) \cdot C_{T1} \cdot \ell_n 2$

放電時 $T_D = R_B \cdot C_{T1} \cdot \ell_n 2$

振盪週期 $T = T_C + T_D$
$\qquad = (R_A + 2R_B) \cdot C_{T1} \cdot \ell_n 2$

圖 12-21 LM555 振盪器實驗接線

這個實驗最主要的目的是看到 LM555 振盪器所產生的脈波，其振盪頻率到底是多少？所以我們特地規劃一個簡易計頻器給您使用，讓您在家中也能擁有計頻器，便能快樂地做實驗。首先我們談一下計頻器的基本原理。

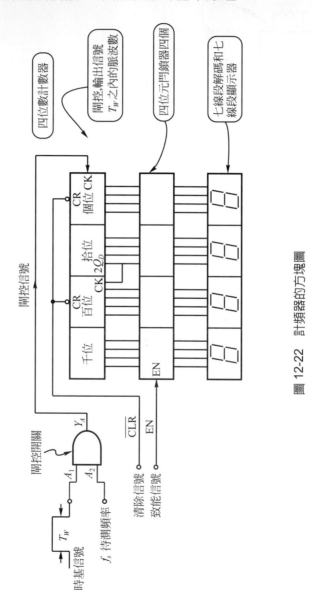

圖 12-22　計頻器的方塊圖

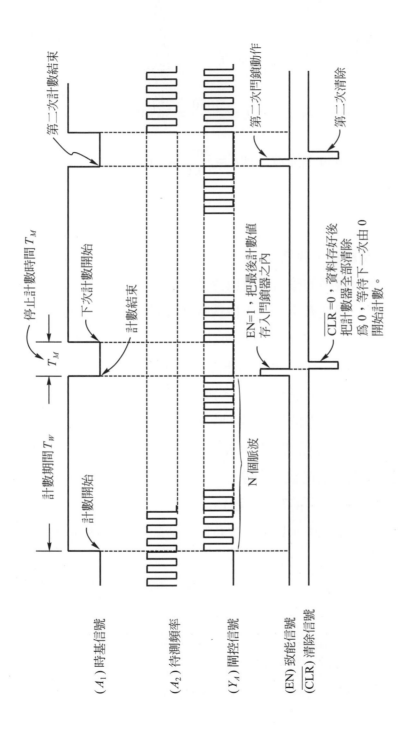

圖 12-23　計頻器時序說明

$$f_s = \frac{N(\text{個脈波})}{T_W(\text{秒})} \cdots\cdots \text{計頻器基本原理}$$

若 $T_W = 1$ 秒，$N = 3650$ 個脈波，即 $f_s = \frac{3650}{1} = 3650\text{Hz}$

若 $T_W = 0.1$ 秒，$N = 3650$ 個脈波，即 $f_s = \frac{3650}{0.1} = 36500\text{Hz}$

計頻動作說明

目前為了簡化實驗線路，我們以

(1) IC1：LM555 自由振盪的輸出信號為待測頻率。

(2) IC2：LM555 單一脈波產生 $T_W = 1$ 秒為時基信號。因沒有用到閂鎖器，所以每次只產生一個 1 秒鐘的時基信號。即每按一次 LA-02 的 SW_1，對 IC2 做一次負脈波的觸發，則產生一個 1 秒鐘的正脈波，在這 1 秒之內計數器才能動作。這種做法相當於是 "手動式計頻器"。每次只計數乙遍。

(3) 用 LA-02 的 AND 當閘控開關。即在時基信號為邏輯 1 的時候(計數期間 $T_W = 1$ 秒)，待測信號才會加到計數器的 CK。

(4) 當時基信號為邏輯 0 的時候，則停止計數。此時計數器上所看到的數目就是振盪器(IC1)V_o的頻率(因目前 $T_W = 1$ 秒)。

(5) 接著按一下 LA-02 的 SW_2，則 N_2 產生負脈波清除信號，使所有計數器均被清除為 0(預備下一次的計數乃由 0 算起)。

(6) 再按一次 SW_1，則又做了總共 1 秒鐘的計數，所看到的數目就是振盪器的頻率 f_s 了。

(7) 再按一次 SW_2，則做清除……。

實驗記錄

(1) 請依第一個實驗調整R_T和C_{T_2}，使 IC2 的輸出(Pin3)為寬度 1 秒鐘的正脈波。T_W $\approx 1.1 \times R_T \times C_{T_2}$，調$R_T \approx 900$k，$C_{T_2} = 1\mu$F(鉭質電容)

(2)

R_A	10k	10k	20k	100k	100k	200k
R_B	10k	20k	10k	100k	200k	100k
C_{T_1}	0.1μF	0.01μF	0.01μF	0.1μF	1μF	1μF
f_s						
波形	並同時用示波器繪出 IC1 的$V_{C_{T_1}}$和V_o的波形。					

※繪製波形的時候請把$V_{C_{T_1}}$和V_o繪在同一個Y軸上。

(3) 用一條單心線一端接地，一端(*TP*)接到 IC1 的(Pin4)，將有何結果發生？這是為什麼？

【Ans】：

(4) VCO 現象的觀察

請把R_A、R_B、C_{T_1}設定為$R_A = 10$k，$R_B = 10$k，$C_{T_1} = 0.01\mu$F，然後在 Pin5 的接腳加入另一組電源(5V)，並調其電壓，請用示波器量測V_o的波形。在下列①～④的條件下記錄V_o的波形和該波形的頻率。

①$V_5 = 4.5$V　②$V_5 = 3$V　③$V_5 = 1$V　④V_5拿掉不接電源

實驗討論(二)

(1) 當 $R_A = R_B = 10k$ 時，$C_{T1} = 0.1\mu F$，理論上振盪頻率為多少？和您實測值相差多少呢？

(2) 當 $R_A = R_B = 10k$ 時，其任務週期是多少？

(3) 當 $R_A = 10k$，$R_B = 20k$ 時，任務週期是多少？

(4) 示波器觀測到的 $V_{C_{T1}}$ 最大和最小電壓各是多少？

(5) 為什麼所有測到的 $V_{C_{T1}}$ 電壓都相同？

(6) 在 V_o 的地方接一個電阻(300Ω)串一個 LED，就成了一閃一閃的警示燈了，從哪裡調整閃動的速度會比較好？

(7) V_S 的大小會改變振盪頻率，相當於是以 Pin5 的電壓控制 f_S 的大小，所以此時可稱之為壓控振盪器(VCO)。V_S 愈大時，振盪頻率如何變化呢？

(8) 若時基信號的 $T_W = 0.2$ 秒，而所得到的計數值是 782，則代表待測信號的頻率是多少？

(9) 有關石英晶體振盪電路，請直接參考 LA-04。請問振盪頻率愈低的石英晶體，其體積應該是愈大，還是愈小？

第 13 章

開關彈跳之消除與單擊IC 應用實驗

實驗目的

(1) 了解開關彈跳現象之存在與消除彈跳的方法。

(2) 單擊 IC 認識及序向控制之設計。

13-1 彈跳現象說明及因應對策

1. 彈跳現象說明

在數位電路中使用到許多按鍵式開關,例如單一脈波產生器的按鍵開關或微動開關或各類鍵盤的按鍵開關。我們希望每按一次開關只產生一個信號(或一個脈波)，但事實並非如此。一般未經處理的按鍵開關，按一下所產生的脈波可能有1～5個脈波被產生，這種現象即為開關的彈跳現象。將造成數位動作錯亂。例如按一下開關希望產生一個CLOCK(脈波)，使計數器的數值加1，卻因彈跳現象產生3個脈波，而使數值加3，則系統一定錯亂。

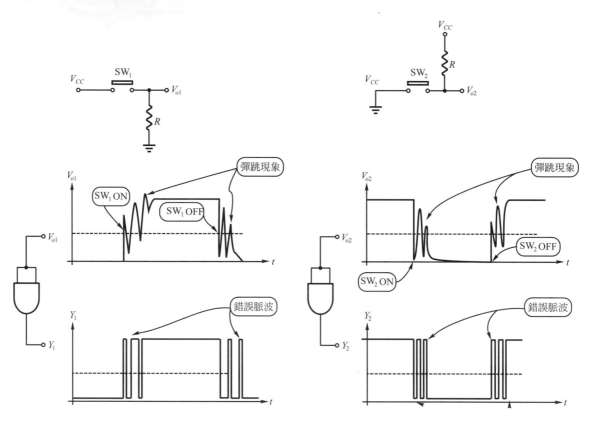

圖 13-1　開關產生彈跳之波形分析說明

2.　彈跳的消除方法：提供三種方法

(1)　*RC* 充放電時間延遲

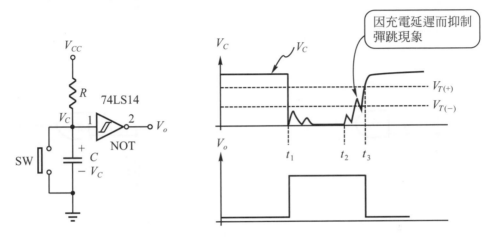

圖 13-2　*RC* 充放電時間延遲抑制彈跳

① t_1 時 *SW* ON，因 *SW* 金屬接點內阻 $\approx 0\Omega$，使得 *C* 被快速放電而無法產生彈跳之突波。因而抑制了 *SW* ON 時的彈跳。

② t_2 時 *SW* OFF，若有彈跳發生，也會因充電時間延遲而抑制彈跳的突波。

③ t_3 時，充電使 V_c 電壓上升，一直到 $V_c > V_{T(+)}$(74LS14 的高臨界高壓)才會使 V_o 變成邏輯 0。

④ 按 *SW* 事實上還是有彈跳現象，只是被時間延遲而抑制了。

※ 在按鍵開關之後，最好加具有"史密斯觸發"的數位 IC(如 74LS14)。

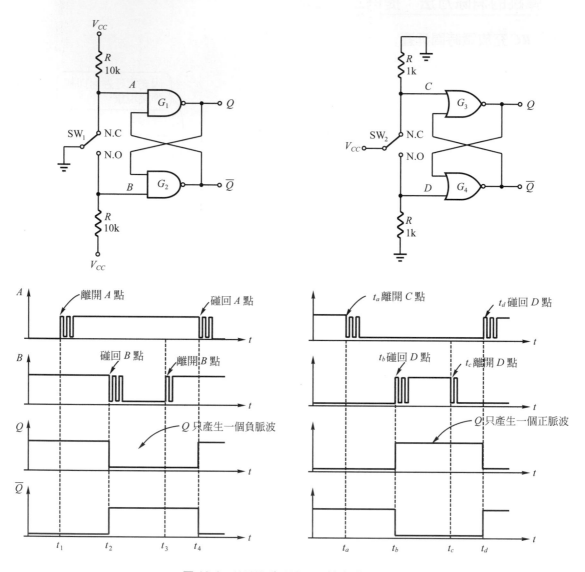

(2) 高速鎖定之彈跳消除(閘的應用)

圖 13-3　NAND 和 NOR 閂鎖之彈跳消除

　　圖 13-3 我們已經學過也分析過，於此以問答方式，提供您再次複習的機會，這也是另一種電路分析的方法。

① SW_1離開A點，會產生彈跳，但為什麼B、Q、$\overline{Q}$都不變？

② $t_1 \sim t_2$之間，沒有碰到A點，也沒有碰到B點，為什麼狀況不變？

③ t_2時，正好碰到B點，接著還是有彈跳發生，為什麼只在t_2時Q、$\overline{Q}$反轉，使$Q = 0$，$\overline{Q} = 1$？

　　【Ans】：　碰到B的那一瞬間，$B = 0$，馬上(10ns 以內)使$\overline{Q} = 1$，又$\overline{Q}$拉回G_1，使得$Q = \overline{A \cdot \overline{Q}} = \overline{1 \cdot 1} = 0$。因數位 IC 高速鎖定的特性，使得往後的彈跳都將因$Q = 0$而無法改變$\overline{Q}$的狀態，因$\overline{Q} = \overline{B \cdot Q} = \overline{B \cdot 0} = 1$，即$B$有彈跳(不規則的 0 與 1 變化)，也不會產生變化。所以我們說，這是因為高速鎖定之彈跳消除方法。

④ t_3時SW_1離開B點，為什麼還是$Q = 0$、$\overline{Q} = 1$？

⑤ t_4那一瞬間為什麼使$Q = 1$、$\overline{Q} = 0$？(依③的方式分析之)。

　　有關 NOR 閂鎖器怎樣達到消除彈跳現象的分析，就留給您自己來練習了。所以圖 13-3 雖然按開關時都會產生許多彈跳的突波，卻是輸出每按一次開關，只產生一個脈波。所以圖 13-3 也是單一脈波產生器。

(3) **高速鎖定之彈跳消除(正反器的應用)**

　　圖 13-4 使用正反器當彈跳之消除，乃利用正反器的$\overline{PR}$(預置)和$\overline{CLR}$(清除)兩種動作所完成。$\overline{PR}$只要有一瞬間為$\overline{PR} = 0$，輸出Q馬上被預置為$Q = 1$，而$\overline{CLR}$也只要有一瞬間為$\overline{CLR} = 0$，輸出Q馬上被清除為$Q = 0$。始終不會發生$\overline{PR}$和$\overline{CLR}$同時為 0 的狀況。

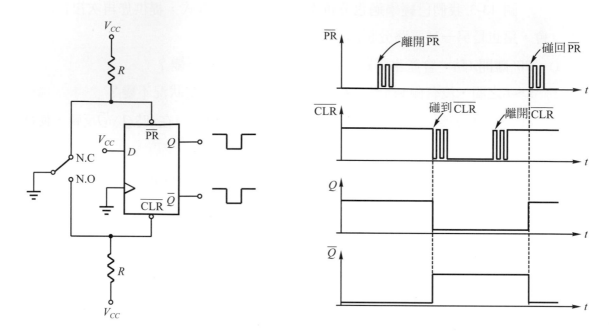

圖 13-4　正反器之彈跳消除

13-2　產生寬度 T_w 可調的單一脈波

　　前面所談的電路都可以當做單一脈波產生器，只是每次所產生的脈波，其脈波寬度到底是多少並無法確知。而LM555的單一脈波產生器(圖12-5)，雖可確知脈波的寬度 T_w，然而它必須限制在按下開關的時間一定要比 T_w 短，如此一來想要得到如 $10\mu s$、$100\mu s$ 或 1ms 這麼窄的脈波LM555就無法正確得到。此時必須有針對前緣觸發或是能針對後緣觸發的單擊IC，才能正確地得到固定寬度的脈波。

產品介紹

單擊 IC 74LS123 的認識。

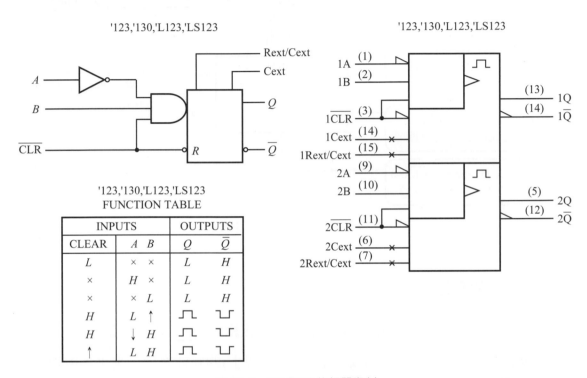

'123,'130,'L123,'LS123

'123,'130,'L123,'LS123
FUNCTION TABLE

INPUTS		OUTPUTS	
CLEAR	A　B	Q	$\overline{Q}$
L	×　×	L	H
×	H　×	L	H
×	×　L	L	H
H	L　↑	⊓	⊔
H	↓　H	⊓	⊔
↑	L　H	⊓	⊔

圖 13-5　74LS123 的相關資料

74LS123 的接腳主要有：前後緣觸發輸入腳(B，A)，輸出腳(Q，$\overline{Q}$)和延遲時間設定腳(R_{ext}/C_{ext}，C_{ext})，外加清除腳($\overline{CLR}$)。

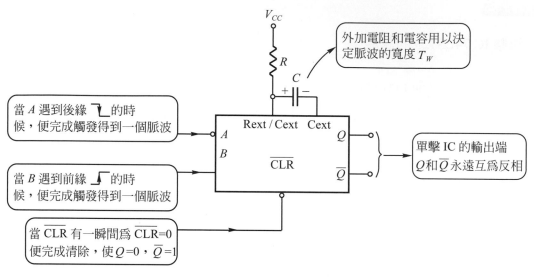

圖 13-6　單擊 IC 各接腳功能說明

脈波寬度 T_W 的決定

　　目前單擊 IC 的好處是只用前緣(⎍)或是後緣(⎍)當做觸發信號，於接受觸發之後想得到多窄(0.1μs以下)或多寬(1000ms 以上)的脈波寬度，幾乎都由 R 和 C 來決定，尤其是 $C \gg 1000$pF(0.001μF)以上時。

⑴　$C > 1000\text{pF}$ 時

⑵　$T_W \simeq \text{K} \times \text{R} \times \text{C}$

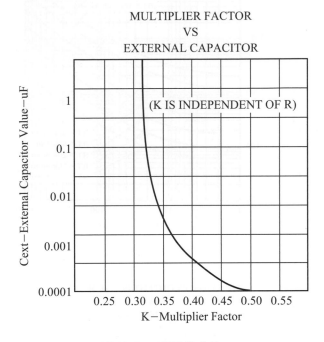

圖 13-7　K 的特性曲線

⑵　$C < 1000\text{pF}$ 時

當 $C < 1000\text{pF}$ 時，從圖 13-7 所看到的 K 值並非常數(1000pF 以上時，$K \approx 0.32$)，所以代入的 K 值較不易掌握，所以您可以使用原廠所提供的特性曲線(如圖 13-8)，訂出所要使用的 R 和 C。

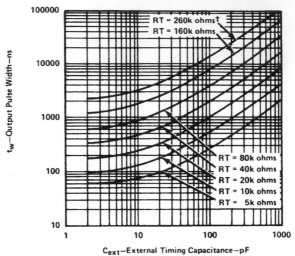

圖 13-8 T_w和C對應曲線

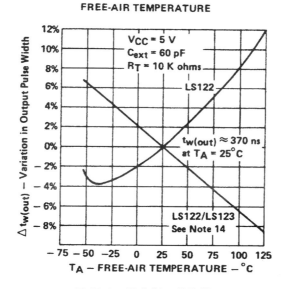

圖 13-9 溫度對T_w的影響

13-3　單擊 IC 應用實驗

線路分析

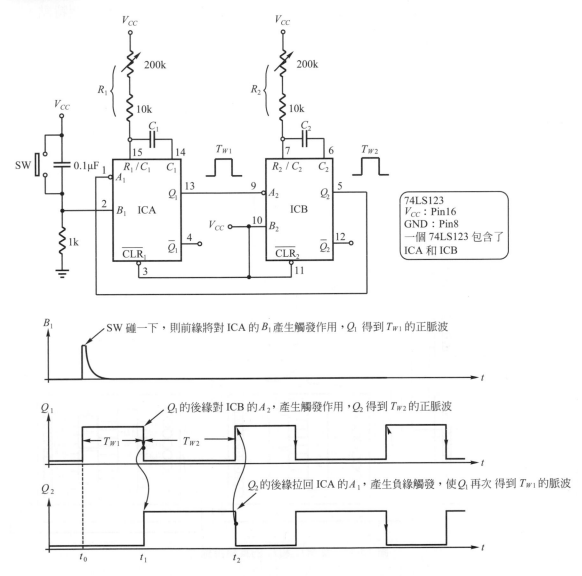

圖 13-10　單擊 IC 組成自由振盪器與波形說明

SW碰一下，於B_1產生前緣觸發(所以SW是一個啓動開關)，Q_1得到T_{W1}的正脈波由t_0到t_1,t_1時Q_1的後緣對 ICB A_2觸發，Q_2產生寬度爲T_{W2}的正脈波由t_1到t_2，t_2時Q_2的後緣又對 ICA A_1觸發，則Q_1……。如此我觸發你、你觸發我，就好像蹺蹺板你上我下、我上你下。便能於Q_1和Q_2得到兩個互爲反相的波形，而如此產生的波形它有一個特點，正半波和負半波的寬度可以個別調整。

$$T_{W_1} = K \times R_1 \times C_1 , \qquad\qquad T_{W_2} = K \times R_2 \times C_2$$

實驗接線

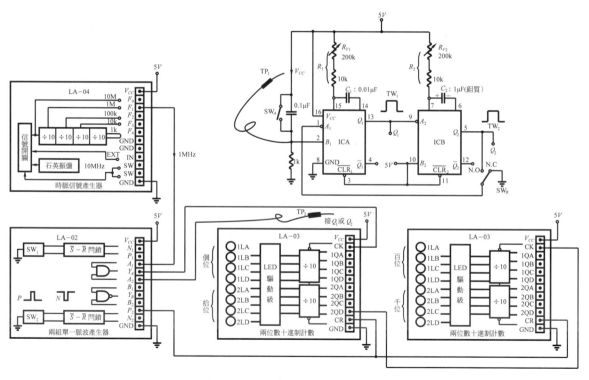

圖 13-11　量測T_{W_1}和T_{W_2}的實驗接線

(1) SW_B接在 N.C 的位置，相當拿一條單心線把 ICA 的A_1接地。

(2) SW_A ON(把SW_A按住)，相當於拿一條單心線把ICA的B_1接到V_{CC}，如此便產生一次觸發，理應Q_1得到寬度為T_{W_1}的正脈波以後，接著Q_2得到寬度為T_{W_2}的正脈波。又因此時Q_2沒有接回 ICA 的A_1，所以觸發雖由SW_A啟動，但 ICA 和 ICB 都只產生一個正脈波。

(3) 用一條單心線由 LA-02 的A_2接到Q_1(TP_2接Q_1)，以量測Q_1脈波的寬度(T_{W_1})。

(4) $RV_1 = 0\Omega$，$RV_1 = 20k\Omega$，$RV_1 = 100k\Omega$時的T_{W_1}各是多少？

①　首先按一下 LA-02 的SW_2，相當於把 LA-03 的個、拾、百、千全部清除為 0。

②　SW_A先 OFF 再 ON。即TP_1先離開V_{CC}，然後再接到V_{CC}，產生一次觸發。

③　所看到的數值是多少？

④　做記錄，計算脈波寬度。$T_{W_1} = ($所看到的數目$) \times 1\mu s$(因 CLOCK = 1MHz)。

RV_1	0Ω	20k	100k	200k
數目大小				
T_{W_1}	μs	μs	μs	μs

※記得每次改變阻值時，都要把RV_1拔起來量。

※記得每次都要先把計數器 LA-03 清除為 0，然後再觸發。

※記得每次觸發都是先把SW_A OFF，然後再 ON。

(5) 把TP_2從Q_1拔掉，換接到Q_2，以量測Q_2的脈波寬度(T_{W_2})。

(6) 把 LA-04 F_1的 1MHz 換接到F_2，則代表計時脈波為 $10\mu s$。

(7) 所有步驟和(4)的①、②、③、④完全一樣。

(8) 但$T_{W_2} = ($所看到的數目$) \times 10\mu s$。

RV_2	0Ω	20k	100k	200k
數目大小				
T_{W_2}	ms	ms	ms	ms

(9) 把SW_B接到 N.O 的位置,即把 ICB 的Q_2接回 ICA 的A_1,則 ICA 和 ICB 形成蹺蹺板式的觸發。

(10) 調$RV_1 = 90\text{k}\Omega$,而$RV_2 = 0\Omega$,則$R_1 = 100\text{k}$,$R_2 = 10\text{k}$,並由B_1做一次觸發。

(11) 請用示波器同時看Q_1和Q_2的波形,繪出Q_1和Q_2的波形,並標示T_{W_1}和T_{W_2}的大小。

實驗討論

(1) 如果 ICA 的A_1不接地而是$A_1 = V_{CC}$時,B_1是否能夠觸發?為什麼?

(2) 想要得到$20\mu s$的脈波,則$R_1 \times C_1 = $ _____ ?

(3) 想要得到 20ms 的脈波,則$R_2 \times C_2 = $ _____ ?

(4) 當 CLOCK 為 1MHz 時,所能計時的最大時間是多少? _____ 。

(5) 若想得到如下序向控制流程時,電路要怎樣設計呢?

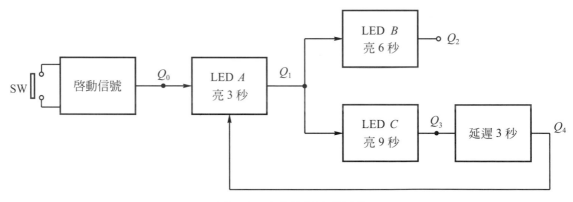

圖 13-12　序向控制流程要求

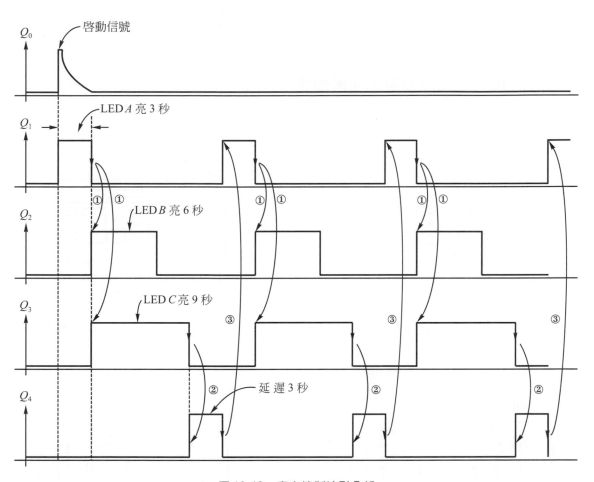

圖 13-13　序向控制波形分析

※必須包含啓動開關和所有 LED 都要畫出來。且每一級所使用的 R 和 C 必須交代清楚其阻值及電容值。

13-4 參考資料……各種單擊IC的接腳圖

單擊數位IC、可再觸發與不可再觸發

121 One Shots

Truth Table

Inputs			Outputs	
A1	A2	B	Q	Q̄
L	X	H	L	H
X	L	H	L	H
X	X	L	L	H
H	H	X	L	H
H	↓	H	⊓	⊔
↓	↓	H	⊓	⊔
↓	↓	H	⊓	⊔
L	X	↑	⊓	⊔
X	L	↑	⊓	⊔

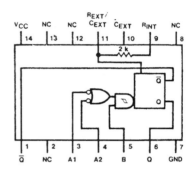

122 Retriggerable One Shots with Clear

Truth Table

Inputs					Outputs	
Clear	A1	A2	B1	B2	Q	Q̄
L	X	X	X	X	L	H
X	H	H	X	X	L	H
X	X	X	L	X	L	H
X	X	X	X	L	L	H
X	L	X	H	H	L	H
↑	L	X	↑	H	⊓	⊔
H	L	X	H	↑	⊓	⊔
H	X	L	H	H	L	H
H	X	L	↑	H	⊓	⊔
H	X	L	H	↑	⊓	⊔
H	H	↓	H	H	⊓	⊔
H	↓	H	H	H	⊓	⊔
H	↓	H	H	H	⊓	⊔
↑	L	X	H	H	⊓	⊔
↑	X	L	H	H	⊓	⊔

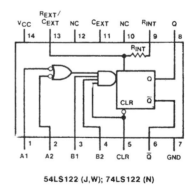

54LS122 (J,W); 74LS122 (N)

123 Dual Retriggerable One Shots with Clear

Truth Table

LS123

Inputs			Outputs	
Clear	A	B	Q	$\overline{Q}$
L	X	X	L	H
X	H	X	L	H
X	X	L	L	H
H	L	↑	⎍	⎎
H	↓	H	⎍	⎎
↑	L	H	⎍	⎎

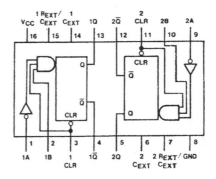

221 Dual One Shots with Schmitt-Trigger Inputs

Truth Table

Inputs			Outputs	
Clear	A	B	Q	$\overline{Q}$
L	X	X	L	H
X	H	X	L	H
X	X	L	L	H
H	L	↑	⎍	⎎
H	↓	H	⎍	⎎
↑	L	H	⎍	⎎

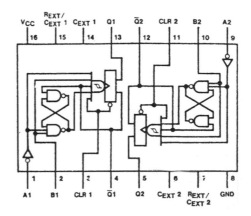

14

IC 型漣波計數器……應用實驗

實驗目的

(1) 了解計數器已有許多 IC 化的產品可供使用。

(2) 學習如何把計數 IC 當脈波計數器和除頻器使用。

(3) 有了計數器 IC 以後,將可做許許多多的專題。

原理說明

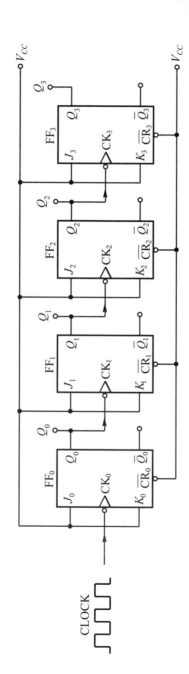

※FF₀～FF₃的 J=K=1，相當於是 T 型正反器所以 FF₀～FF₃都為除 2 的電路

圖 14-1　由 J-K 正反器組成漣波計數器

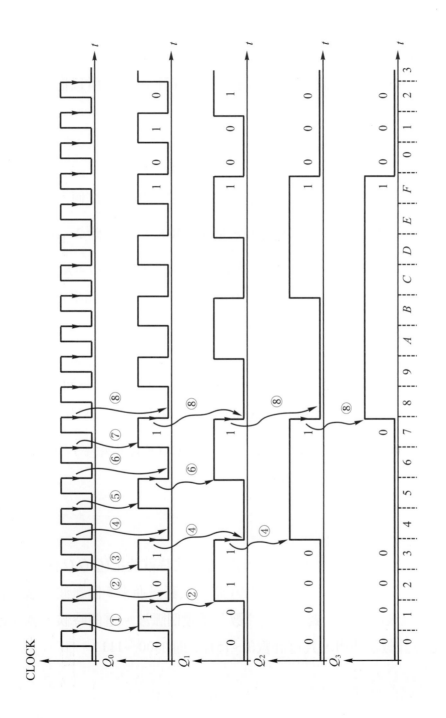

圖 14-2 漣波計數器波形分析

我們發現所有正反器 $J = K = 1$，則每接受一次後緣觸發，輸出都會反轉（1 變 0，0 變 1），CLOCK觸發 FF_0，而 Q_0 觸發 FF_1，Q_1 觸發 FF_2，Q_2 觸發 FF_3……也就是一級動作完畢後再動作下一級，有如水波一個推一個往外移(陣陣漣漪)。所以把英文為(Ripple Counter)譯成漣波計數器。

除頻器

所謂除頻器，乃輸入 CLOCK 和 Q_0、Q_1、Q_2、Q_3 之間頻率的比值。我們看到 Q_0 一個週期之中有兩個 CLOCK 脈波。相當於 FF_0 把 CLOCK 的頻率除2。(Q_0 的頻率 $= \frac{1}{2}$ CLOCK的頻率)。而目前所有 J-K 正反器都接成 T 型正反器使用，($J = K = 1$ 時，為 T 型正反器)，且 $J = K = 1$ 為基本除2電路。所以(Q_0 的頻率)$\div 2 = $($Q_1$ 的頻率)，(Q_1 的頻率)$\div 2 = $($Q_2$ 的頻率)，……。從 FF_0 到 FF_3 總共是除16。

若(CLOCK 的頻率)$= 32$kHz，則

(Q_0 的頻率)$= 32$kHz$\div 2 = 16$kHz，(Q_1 的頻率)$= 16$kHz$\div 2 = 8$kHz

(Q_2 的頻率)$= 8$kHz$\div 2 = 4$kHz，(Q_3 的頻率)$= 4$kHz$\div 2 = 2$kHz

即　(Q_3 的頻率)$=$(CLOCK 的頻率)$\div 2 \div 2 \div 2 \div 2 = $(CLOCK 的頻率)$\div 16$

$= 32$kHz$\div 16 = 2$kHz

計數器

所謂計數器乃指進來多少個 CLOCK 的脈波。此時就能把($Q_3 Q_2 Q_1 Q_0$)四位元組成一個數碼，代表($2^3 2^2 2^1 2^0$)。若 $Q_3 Q_2 Q_1 Q_0 = 0101$ 時，代表已進來 5 個脈波。以後我們可以用($Q_3 Q_2 Q_1 Q_0$)所代表的數值，表示一共"數"了幾個脈波。這個時候，就能把原本當 $\div 16$ 的除頻器當計數器使用，共可計數 $(0 \sim 15)_{10}$，即 $0000 \sim 1111$。

除頻器和計數器乃一物兩用

(1)只在乎每一個輸出頻率是多少時，則當除頻器使用。

(2)若在乎計算的脈波個數是多少時，則當計數器使用。

但每次若用正反器去組成計數器(或除頻器)，實在太辛苦了。例如想做一個 16 位元的計數器，必須用到 8 顆 74LS73 *J-K* 正反器 IC，基本接線高達 8×16 = 128 條。但事實上目前 74LS393 一顆 IC 只要 14 條線就搞定了。所以請您好好學會 IC 型計數器的使用方法和應用場合與應用技巧。

14-1　產品介紹……連波計數 IC 7490 系列

目前要做一個計數器已經沒有人會笨到用正反器"慢慢湊"。而是直接找計數 IC 來使用。有二進制四位元或八位元計數 IC，也有十進制(0～9)甚至(0～99)的計數 IC可供使用。用這些IC便能組成更高位元(二進制)或更多位數(十進制)的計數電路。茲介紹如下。

從圖 14-3 很清楚地看到不管 74LS90 或 74LS93 都用了四個*J-K*正反器，對 74LS90 而言，它是做成除 2 (Q_A)和除 5 ($Q_D Q_C Q_B$)兩部份。即除 2 再除 5 就等於除$(10)_{10}$。即 $Q_D Q_C Q_B Q_A = 0000～1001 (0～9)_{10}$。若反過來使用先除 5 再除 2 會是什麼結果呢？(會讓您做實驗找到之間的差異)。而對 74LS93 而言，它是做成除 2 (Q_A)和除 8 ($Q_D Q_C Q_B$)兩部份。即除 2 再除 8 就等於除$(16)_{10}$。至於$R_9(1)$、$R_9(2)$、$R_0(1)$、$R_0(2)$的功用，請看表 14-1 的說明。

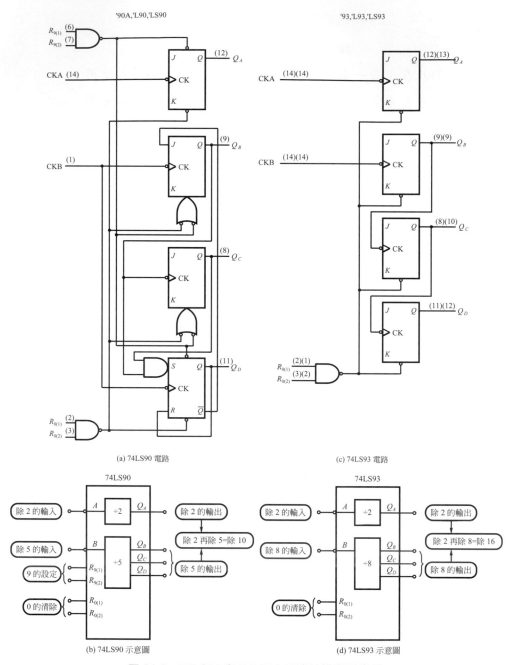

圖 14-3　74LS90 和 74LS93 電路結構與示意圖

表 14-1　74LS90～74LS93 功能設定

'90A, 'L90, 'LS90
BCD COUNT SEQUENCE
(See Note A)

COUNT	OUTPUT			
	Q_D	Q_C	Q_B	Q_A
0	L	L	L	L
1	L	L	L	H
2	L	L	H	L
3	L	L	H	H
4	L	H	L	L
5	L	H	L	H
6	L	H	H	L
7	L	H	H	H
8	H	L	L	L
9	H	L	L	H

'90A, 'L90, 'LS90
BI-QUINARY (5-2)
(See Note B)

COUNT	OUTPUT			
	Q_D	Q_C	Q_B	Q_A
0	L	L	L	L
1	L	L	L	H
2	L	L	H	L
3	L	L	H	H
4	L	H	L	L
5	H	L	L	L
6	H	L	L	H
7	H	L	H	L
8	H	L	H	H
9	H	H	L	L

'92A, 'LS92
COUNT SEQUENCE
(See Note C)

COUNT	OUTPUT			
	Q_D	Q_C	Q_B	Q_A
0	L	L	L	L
1	L	L	L	H
2	L	L	H	L
3	L	L	H	H
4	L	H	L	L
5	L	H	L	H
6	H	L	L	L
7	H	L	L	H
8	H	L	H	L
9	H	L	H	H
10	H	H	L	L
11	H	H	L	H

'90A, 'L90, 'LS90
RESET/COUNT FUNCTION TABLE

RESET INPUTS				OUTPUT			
$R_{0(1)}$	$R_{0(2)}$	$R_{0(3)}$	$R_{0(4)}$	Q_D	Q_C	Q_B	Q_A
H	H	H	H	L	L	L	L
H	H	X	L	L	L	L	L
X	X	H	H	H	L	L	H
X	L	X	L	COUNT			
L	X	L	X	COUNT			
L	X	X	L	COUNT			
X	L	L	X	COUNT			

'93A, 'L93, 'LS93
COUNT SEQUENCE
(See Note C)

COUNT	OUTPUT			
	Q_D	Q_C	Q_B	Q_A
0	L	L	L	L
1	L	L	L	H
2	L	L	H	L
3	L	L	H	H
4	L	H	L	L
5	L	H	L	H
6	L	H	H	L
7	L	H	H	H
8	H	L	L	L
9	H	L	L	H
10	H	L	L	H
11	H	L	H	H
12	H	H	L	L
13	H	H	L	H
14	H	H	H	L
15	H	H	H	H

'92A, 'LS92, '93A, 'L93, 'LS93
RESET/COUNT FUNCTION TABLE

RESET INPUTS		OUTPUT			
$R_{0(1)}$	$R_{0(2)}$	Q_D	Q_C	Q_B	Q_A
H	H	L	L	L	L
L	X	COUNT			
X	L	COUNT			

NOTES:A. Output Q_A is connected to input CKB for BCD count.
B. Output Q_D is connected to input CKB for bi-quinary count.
C. Output Q_A is connected to input CKB
D. H = high level, L = low level, X = irrelevant

74LS90 功能設定

(1) 清除為 0

   $R_0(1)$和$R_0(2)$同時為 1，$R_9(1)$和$R_9(2)$只要其中一個為 0，則$Q_DQ_CQ_BQ_A=$ 0000。

(2) 設定為 9

   $R_9(1)$和$R_9(2)$同時為 1，$R_0(1)$和$R_0(2)$無所謂時(0 或 1 均可)，則$Q_DQ_CQ_BQ_A=$ 1001。

(3) 正常計數

   在$R_0(1) \cdot R_0(2) = 0$，$R_9(1) \cdot R_9(2) = 0$，即$R_0(1)$、$R_0(2)$之中有一個為 0，$R_9(1)$、$R_9(2)$之中也有一個為 0，或全部都是 0 時，則能正常計數。

74LS93 功能設定

(1) 清除為 0

   $R_0(1)$和$R_0(2)$同時為 1 $(R_0(1) \cdot R_0(2) = 1)$，則$Q_DQ_CQ_BQ_A=$ 0000。

(2) 正常計數

   $R_0(1) \cdot R_0(2) = 0$，即$R_0(1)$或$R_0(2)$為 0，或全部為 0，則能正常計數。

   從圖 14-4 我們看到 74LS390 一顆 IC 裡面有兩個除$(10)_{10}$的計數器(相當於 74LS390 內部放了兩個 74LS90)。而 74LS393 一顆IC裡面有兩個除$(16)_{10}$的計數器(相當於 74LS393 內部放了兩個 74LS93)。使得原本要用兩個 IC 的電路，現在只要用一個就 OK 了。

   事實上我們數位模板LA-01～LA-06 中就有三塊用到這兩顆IC。其中LA-03 用了一個 74LS390，成為有拾位和個位的十進制計數模板。而LA-04 共用了兩個 74LS390組成(÷10)、(÷10)、(÷10)、(÷10)共四級除頻，而把 10MHz 變成 1M、100k、10k 和 1k 共 5 種信號。而 LA-06 用了一顆 74LS393，做成二進制八位元計數器，可計數 $0 \sim 255(00 \sim FF)_{16}$。

　　有關 LA-03、LA-04、LA-06 的線路分析，請參閱模板製作之相關說明，您將發現，並沒什麼了不起，卻是蠻好用。

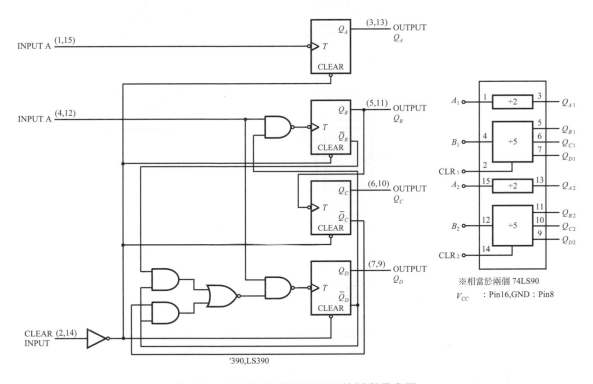

圖 14-4　74LS390 和 74LS393 接腳與示意圖

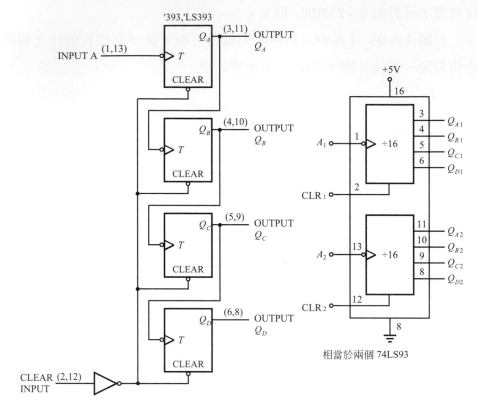

圖 14-4　74LS390 和 74LS393 電路與示意圖(續)

14-2　漣波計數器實驗(一)……任意數的除頻器(除 12)

　　圖 14-5 和圖 14-6 都可以當做我們要做實驗的電路，一個是用兩個 74LS73 $J-K$ 正反器，另一個是用 74LS93 IC 型漣波計數器。您會選哪一個電路做實驗呢？大家心知肚明不要講太白，快做實驗吧！

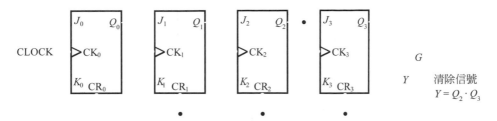

圖 14-5　*J-K* 正反器組成除 12 電路

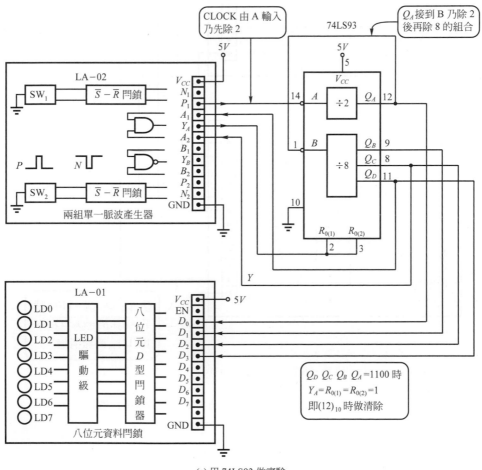

(a) 用 74LS93 做實驗

圖 14-6　用 74LS93 和 74LS393 做實驗(除 12 電路)

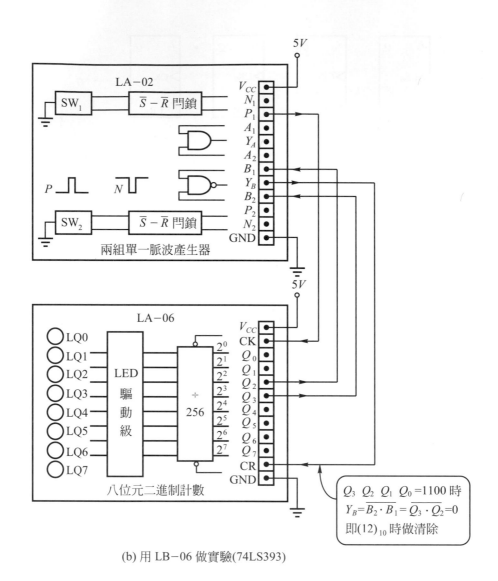

(b) 用 LB−06 做實驗(74LS393)

圖 14-6　用 74LS93 和 74LS393 做實驗(除 12 電路)(續)

實驗線路說明

1.　圖 14-5 *J-K* 正反器組成除 12 電路

這個電路一般我們都不會用它來做實驗的，但為了原理說清楚講明白，還是仔細分析為宜。圖中的(J_0，K_0)～ (J_3，K_3)都是接到V_{cc}，為簡化繪圖而沒有畫出來。所以每一個*J-K*正反器都被接成除 2 的*T*型正反器，理應$Q_3Q_2Q_1Q_0 = 0000～1111$。但當數值到$Q_3Q_2Q_1Q_0 = 1100$ 的時候，$Y = \overline{Q_2 \cdot Q_3} = \overline{1 \cdot 1} = 0$，而$Y$接到所有正反器的清除腳。所以當$Q_3Q_2Q_1Q_0 = 1100$ 的那一瞬間$Y = 0$，立刻做清除的動作，使得$Q_3Q_2Q_1Q_0$從 1100 馬上變成 0000。意思是說每次計數到 1100(12)$_{10}$的那一瞬間，輸出全部清除為 0000。實際計數值為 0000、0001、0010、……、1011，總共 12 種數值(0～11)$_{10}$。所以我們稱它為除 12 的電路。

2.　圖 14-6 圖(a)，74LS93 做實驗

已經介紹過 74LS93 是一個除 2 和除 8 所組成的連波計數器。目前脈波由*A*輸入，故是先做除 2，然後由Q_A接到*B*做除 8 的動作。理論上應該是除(16)$_{10}$。但目前乃把Q_D和Q_C AND 起來。AND 的輸出Y_A同時接到$R_0(1)$和$R_0(2)$。當計數值由 0000～1011 再到 1100 的時候，因$Q_D = Q_C = 1$，$Y_A = Q_D \cdot Q_C = 1 \cdot 1 = 1$，即$R_0(1)$和$R_0(2)$同時加 1。

由表 14-1 得知對 74LS93 而言，當$R_0(1)$和$R_0(2)$同時為 1 [$R_0(2) \cdot R_0(1) = 1$]，74LS93 馬上被清除為 0，則$Q_DQ_CQ_BQ_A = 0000$。其計數結果也只有 0000～1011，並沒有真正看到 1100 的數目。所以也是一個(0～11)$_{10}$，為除 12 的電路。

3. 圖 14-6 圖(b)，74LS393 做實驗

　　這個實驗接線和 *1.*、*2.* 做個比較時，顯得非常簡單。當 $Q_7 \sim Q_0 = 00001100$ 的時候，$Q_3 = Q_2 = 1$，而 (LA-06 的 CR) = (LA-02 的 Y_B) = $\overline{Q_3 \cdot Q_2} = \overline{1 \cdot 1} = 0$。也就是說當 $(12)_{10}$ 發生的那一瞬間 LA-06 的 $CR = 0$，馬上把 $Q_7 \sim Q_0$ 全部清除為 0，所以所看到的數目只有 $00000000 \sim 00001011$，共 $(0 \sim 11)_{10}$，所以也是一個除 12 的電路。

實驗記錄

(1) 我們以圖 14-6 的圖(a)和圖(b)分別完成 74LS93 和 74LS393 的實驗。LA-01 用以指示 $Q_D Q_C Q_B Q_A$ 的狀態。而 LA-06 本身已經有 $LQ_7 \sim LQ_0$ 八個 LED 指示 LA-06 的 $Q_7 \sim Q_0$ 的狀態。

(2) 請按 LA-02 的 SW_1，直到 $Q_D Q_C Q_B Q_A = 0000$(LA-01 的 $LD_3 \sim LD_0$ 都不亮)。

(3) 接著每按一次 SW_1 就記錄 $Q_D Q_C Q_B Q_A$ 的狀態。

按SW_1	初值	第1次	第2次	第3次	第4次	第5次	第6次	第7次	第8次	第9次	第10次	第11次	第12次	第13次	第14次	第15次	第16次	第17次	第18次
Q_A	0																		
Q_B	0																		
Q_C	0																		
Q_D	0																		

(4) 換把線路接成圖 14-6(b)，然後按 SW_1，直到 $Q_7 \sim Q_0 = 00000000$。

(5) 接著按 SW_1，每按一次就記錄一次，並以波形的方式繪其結果。

圖 14-7　實驗波形記錄

(6) 把 LA-06 的 CK 輸入腳，換加入 10kHz 的 CLOCK。10kHz 的 CLOCK 可由 LA-04 F_3 提供之。(LA-04 是時脈產生器，有 10M、1M、10k 和 1kHz)。然後用示波器觀測 CK 和 Q_0、CK 和 Q_1、CK 和 Q_2、CK 和 Q_3(因每次只能看 2 個波形，雙軌示波器)。與您所繪的波形是否相同。

實驗討論

(1) 如果 LA-02 是由 P_1 提供脈波，那麼是在按下去或手放開那一瞬間數目才會改變？這說明了 74LS93 和 74LS393 是哪種觸發方式？

(2) 您所做的實驗 Q_3 一週期的邏輯 1 和邏輯 0 的時間各是多長呢？以 $CK=$ 10kHz 為 CLOCK 的頻率。

(3) 請您設計一個 16 位元二進制計數器。

① 使用 74LS93 和 74LS393 各設計一個線路。

② 希望預留一支腳當清除輸入，且是以邏輯 0 清除。

(4) 請您設計一個十進制計數器，共有個、拾、百、千四位數。

① 使用 74LS90 和 74LS390 各設計一個線路。

② 希望預留一支腳當清除輸入，且是以邏輯 0 清除。

【Ans】： 圖 14-8 和圖 14-9 都有相同的功能，其差別主要是用 74LS90 必須使用四顆 16Pin 的 IC。用 74LS390 只要兩顆 16Pin 的 IC。再則電路中以電晶體取代 NOT。則可由 D_1 的使用，而提升為高雜訊容忍度，即更不容易受到雜訊的干擾，詳細說明，請參閱 LA-03 的線路說明。

(5) 請您設計一個電子馬達，計時 0~99.9 秒。

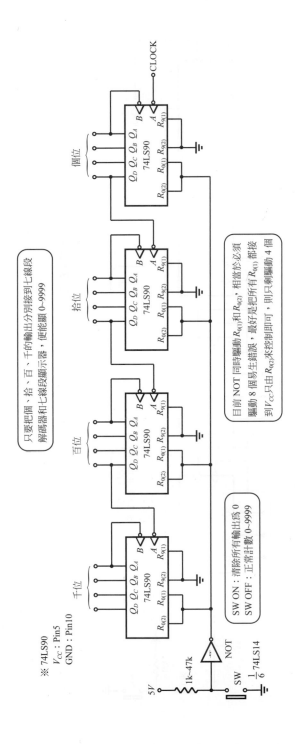

圖 14-8 個、拾、百、千之四位數計數(74LS90 串接)

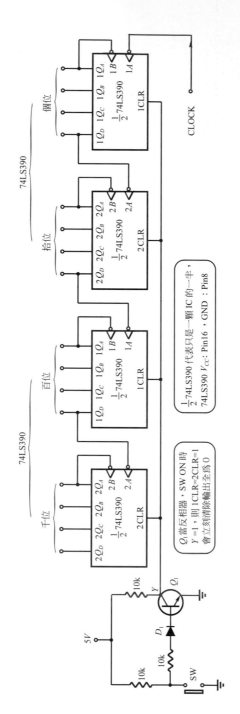

圖 14-9 個、拾、百、千之四位數計數(74LS390 串接)

14-3　漣波計數器實驗(二)……電子碼錶的設計 (0～99.99 秒)

系統方塊說明

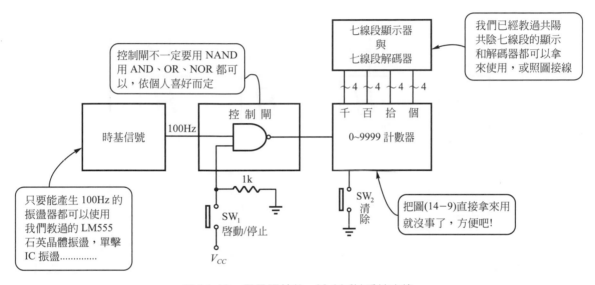

圖 14-10　電子碼錶(0～99.99 秒)系統方塊

對一個電子碼錶而言，它必須有時基信號(脈波產生器)，若目前使用的時基信號頻率為 100Hz。若計數值 3688，則代表時間為 3688×0.01 秒＝ 36.88 秒(因 100Hz 週期為 10ms ＝ 0.01 秒)。其中 SW_1 為啟動與停止的控制開關，SW_1 ON 則開始計數，SW_1 OFF 則停止計數。而 SW_2 則為清除控制開關。每計時一次以後，要做下一次的計時，必須先把計數值全部清除為 0。

線路設計

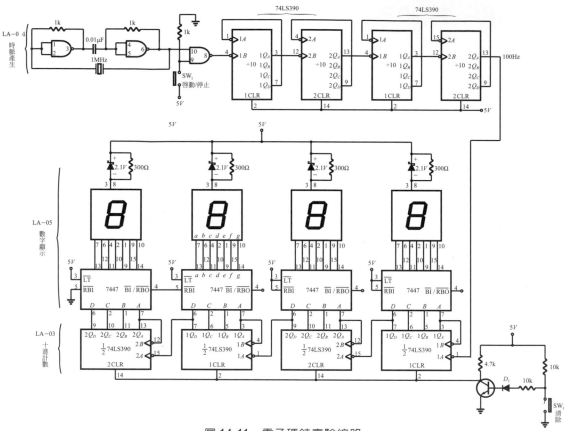

圖 14-11　電子碼錶實驗線路

這麼大一個線路，光接線就要接個半死……慘了！當了！

放心好了，讓咱們幾條線搞定它

實驗接線

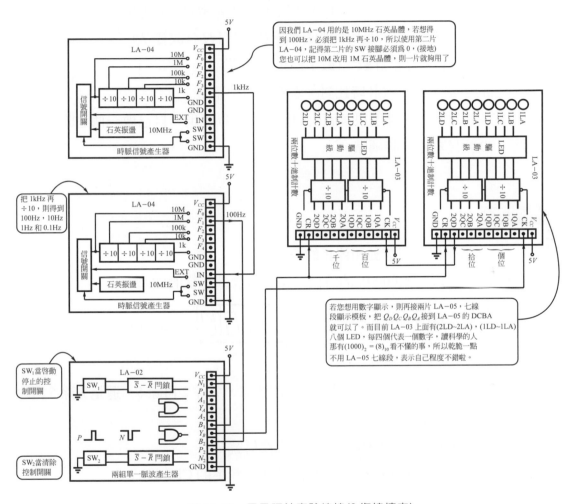

因我們 LA−04 用的是 10MHz 石英晶體，若想得到 100Hz，必須把 1kHz 再÷10，所以使用第二片 LA−04，記得第二片的 SW 接腳必須為 0，(接地)您也可以把 10M 改用 1M 石英晶體，則一片就夠用了

把 1kHz 再÷10，則得到 100Hz，10Hz 1Hz 和 0.1Hz

若您想用數字顯示，則再接兩片 LA−05，七線段顯示模板，把 $Q_D Q_C Q_B Q_A$ 接到 LA−05 的 DCBA 就可以了。而目前 LA−03 上面有 (2LD~2LA)，(1LD~1LA) 八個 LED，每四個代表一個數字，讀科學的人那有 $(1000)_2 = (8)_{10}$ 看不懂的事，所以乾脆一點不用 LA−05 七線段，表示自己程度不錯啦。

SW₁ 當啟動停止的控制開關

SW₂ 當清除控制開關

圖 14-12　電子碼錶實驗接線(8 條線搞定)

實驗說明與記錄

(1) 按一下SW_2，看看是否所有 LED 都不亮，則代表數目爲$(0000)_{10}$。

(2) 按住SW_1(手不要放開)，是否開始計數？(數目有沒有改變？)

(3) 放開SW_1，則必須停止計數。(數字停止改變了)

(4) 看看您的手錶，做一次計時比對，看看是否準確？

(5) 善待您的實驗模板，那麼很多龐大的構想便得以實現。自己做一個送給體育老師當 100 公尺短跑計時碼錶。

實驗討論(二)

(1) 這個電路是如何達到啓動和停止的控制？

(2) 依圖 14-11 若數字爲$(0000)_{10}$的時候，顯示器會做怎樣的顯示？

(3) 若希望在數字爲$(0000)_{10}$的時候，顯示 ⟦ 0.00 ⟧ 。則圖 14-11 中必須做何修改？

(4) LA-04 部份的 74LS390，目前是做怎樣的運算，先除 2 再除 5，還是先除 5 再除 2？從哪裡可以看到？

(5) 爲什麼我們所得到的 100Hz 會是一個方波信號？

(6) 希望計時範圍能達 0～999.9 秒，則應加多少頻率的 CLOCK？

(7) 希望把這個線路改得更好一些

① SW_1不要一直壓住才算啓動。

② 希望碰一下SW_1啓動，再碰一下SW_1就停止。

③ 應如何修改電路……提示：用除 2 的電路去產生控制信號。

(8)　請詳細看 LA-03、LA-04 和 LA-06 的線路，並分析其動作原理。報告中的線路圖可以影印爲之。

14-4　參考資料⋯⋯各式計數 IC 接腳圖

計數器、漣波計數器、同步計數器

90 Divide-By-Two and Divide-By-Five

'90A, 'L90, 'LS90
BCD Count Sequence
(See Note A)

Count	Output			
	Q_D	Q_C	Q_B	Q_A
0	L	L	L	L
1	L	L	L	H
2	L	L	H	L
3	L	L	H	H
4	L	H	L	L
5	L	H	L	H
6	L	H	H	L
7	L	H	H	H
8	H	L	L	L
9	H	L	L	H

'90A, 'L90, 'LS90
BI-Quinary (5-2)
(See Note B)

Count	Output			
	Q_A	Q_D	Q_C	Q_B
0	L	L	L	L
1	L	L	L	H
2	L	L	H	L
3	L	L	H	H
4	L	H	L	L
5	H	L	L	L
6	H	L	L	H
7	H	L	H	L
8	H	L	H	H
9	H	H	L	L

Note A: Output Q_A is connected to input B for BCD count.
Note B: Output Q_D is connected to input A for bi-quinary count.

90A, 'L90, 'LS90
Reset/Count Function Table

Reset Inputs				Output			
$R_{O(1)}$	$R_{O(2)}$	$R_{9(1)}$	$R_{9(2)}$	Q_D	Q_C	Q_B	Q_A
H	H	L	X	L	L	L	L
H	H	X	L	L	L	L	L
X	X	H	H	H	L	L	H
X	L	X	L	COUNT			
L	X	L	X	COUNT			
L	X	X	L	COUNT			
X	L	L	X	COUNT			

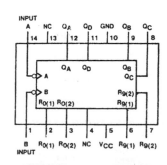

5490A (J,W)　　　7490A (N)
54L90 (J,W)　　　74L90 (N)
54LS90 (J,W)　　　74LS90 (N)

NC—No internal connection (54LS90/74LS90)
NC—make no external connection (5490A/7490A)
　　(54L90/74L90)

Divide-By-Twelve Counters

92 Divide-By-Two and Divide-By-Six

'92A, 'LS92
Count Sequence
(See Note C)

Count	Output			
	Q_D	Q_C	Q_B	Q_A
0	L	L	L	L
1	L	L	L	H
2	L	L	H	L
3	L	L	H	H
4	L	H	L	L
5	L	H	L	H
6	H	L	L	L
7	H	L	L	H
8	H	L	H	L
9	H	L	H	H
10	H	H	L	L
11	H	H	L	H

C Output Q_A is connected to input B

See page 6-36

'92A, 'LS92,
Reset/Count Function Table

Reset Inputs		Output			
$R_{O(1)}$	$R_{O(2)}$	Q_D	Q_C	Q_B	Q_A
H	H	L	L	L	L
L	X	COUNT			
X	L	COUNT			

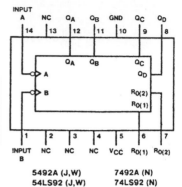

5492A (J,W)   7492A (N)
54LS92 (J,W)   74LS92 (N)

NC—No internal connection (54LS92, 74LS92)
NC—Make no external connection (5492A/7492A)

Synchronous 4-Bit Counters

160 Decade, direct clear

161 Binary, direct clear

162 Decade, synchronous clear

163 Binary, synchronous clear

4-Bit Up/Down Synchronous Counters

168 Decade

169 Binary

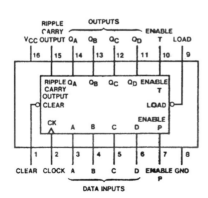

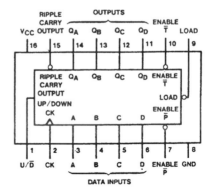

93 Divide-By-Two and Divide-By-Eight

'93A, 'L93, 'LS93
Count Sequence
(See Note C)

Count	Output			
	Q_D	Q_C	Q_B	Q_A
0	L	L	L	L
1	L	L	L	H
2	L	L	H	L
3	L	L	H	H
4	L	H	L	L
5	L	H	L	H
6	L	H	H	L
7	L	H	H	H
8	H	L	L	L
9	H	L	L	H
10	H	L	H	L
11	H	L	H	H
12	H	H	L	L
13	H	H	L	H
14	H	H	H	L
15	H	H	H	H

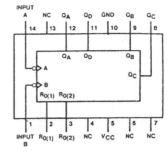

'93A, 'L93, 'LS93
Reset/Count Function Table

Reset Inputs		Output			
$R_{O(1)}$	$R_{O(2)}$	Q_D	Q_C	Q_B	Q_A
H	H	L	L	L	L
L	X	COUNT			
X	L	COUNT			

Presettable Counters/Latches

176 Decade (Bi-quinary)

177 Binary

Truth Tables
Decade (BCD)
(See Note A)

Count	Output			
	Q_D	Q_C	Q_B	Q_A
0	L	L	L	L
1	L	L	L	H
2	L	L	H	L
3	L	L	H	H
4	L	H	L	L
5	L	H	L	H
6	L	H	H	L
7	L	H	H	H
8	H	L	L	L
9	H	L	L	H

Bi-Quinary (5-2)
(See Note B)

Count	Output			
	Q_A	Q_D	Q_C	Q_B
0	L	L	L	L
1	L	L	L	H
2	L	L	H	L
3	L	L	H	H
4	L	H	L	L
5	H	L	L	L
6	H	L	L	H
7	H	L	H	L
8	H	L	H	H
9	H	H	L	L

H = high level, L = low level
Note A: Output Q_A connected to clock-2 input.
Note B: Output Q_D connected to clock-1 input.

Truth Table
(See Note A)

Count	Output			
	Q_D	Q_C	Q_B	Q_A
0	L	L	L	L
1	L	L	L	H
2	L	L	H	L
3	L	L	H	H
4	L	H	L	L
5	L	H	L	H
6	L	H	H	L
7	L	H	H	H
8	H	L	L	L
9	H	L	L	H
10	H	L	H	L
11	H	L	H	H
12	H	H	L	L
13	H	H	L	H
14	H	H	H	L
15	H	H	H	H

H = high level, L = low level
Note A: Output Q_A connected to clock-2 input.

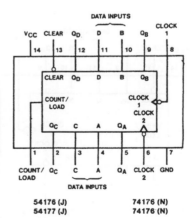

54176 (J)　　　74176 (N)
54177 (J)　　　74176 (N)

Synchronous Up/Down Counters

190 BCD

191 Binary

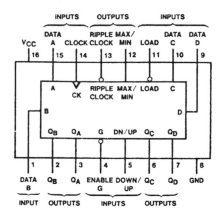

Synchronous Up/Down Dual Clock Counters

192 BCD with clear

193 Binary with clear

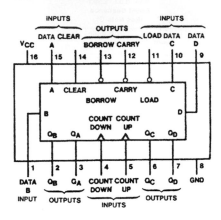

Presettable Counters/Latches

196 Decade/Bi-quinary

197 Binary

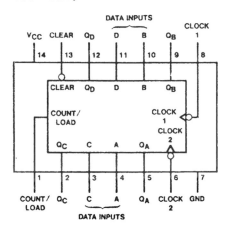

4-Bit Decade Counters

290 Divide-by-Two and Divide-by-5

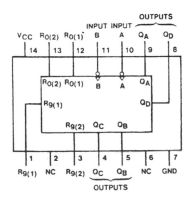

4-Bit Binary Counters

293 Divide-by-Two and Divide-by-Eight

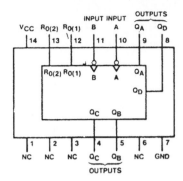

Dual Decade Counters

390 Bi-Quinary or BCD Sequences

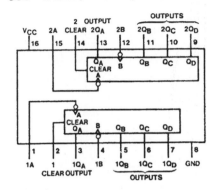

393

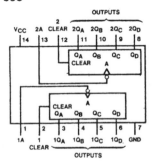

第 15 章

IC 型同步計數器……應用實驗

實驗目的

(1) 了解同步計數器的優點和使用方法。

(2) 學習計數器之串接應用。

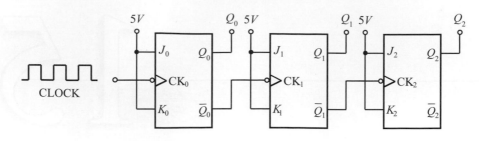

(a) 除 8 之連波計數器

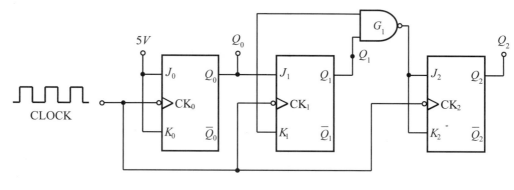

(b) 除 8 之同步計數器

圖 15-1　連波計數器和同步計數器的比較

　　圖(a)和圖(b)兩個線路都用相同的正反器,並都是組成除 8 的電路,其中最大的差異在 CLOCK 的輸入方式。

(1)　連波計數器

　　　　CLOCK 的傳遞乃一級接一級。每一個脈波輸入,都會在下一級造成傳遞延遲時間的累積,所以必須壓低 CLOCK 的頻率,以免因級數太多時,最後一級還沒處理完畢,而新的脈波又進來了,使得整個計數值為之大亂。

(2)　同步計數器

　　　　每一個 J-K 正反器都同時接到相同的 CLOCK,所以只有單一級的前進延遲時間,不會有傳遞延遲時間累積的問題發生。所以很多級的計數器,同步型比漣波型快。

　　有關同步型計數器的設計和傳遞延遲分析，不再浪費篇幅說明，可參閱相關資料或參考拙著邏輯設計與思考實驗乙書第八章(高立圖書公司出版)。接著我們馬上來介紹同步計數的使用方法及其相關實驗與應用。

15-1　同步計數 IC 的介紹……74LS160 系列產品

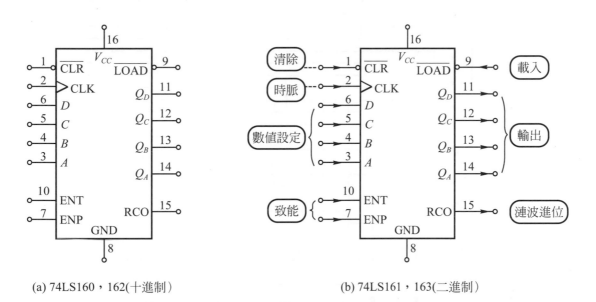

(a) 74LS160，162(十進制)　　　　　(b) 74LS161，163(二進制)

圖 15-2　同步計數器 74LS160、161 接腳與示意圖

'160, '162, 'LS160A, 'LS162A, 'S162 DECADE COUNTERS

typical clear, preset, count, and inhibit sequences

Illustrated below is the following sequence:

1. Clear outputs to zero ('160 and 'LS160A are asynchronous; '162, 'LS162A, and 'S162 are synchronous)
2. Preset to BCD seven
3. Count to eight, nine, zero, one, two, and three
4. Inhibit

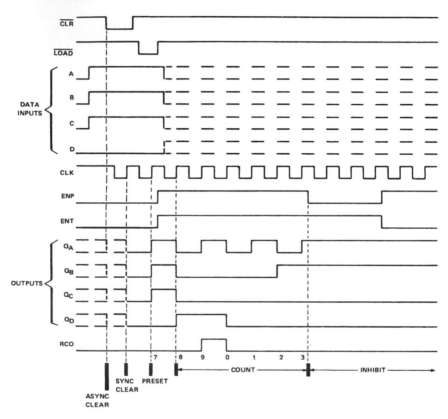

(a) 74LS160,162

※對 74LS161 和 163 而言，只是計數值從 0～15，其它和 74LS160 完全相同。

圖 15-3　74LS160 動作波形分析(時序圖)

'161, 'LS161A, '163, 'LS163A, 'S163 BINARY COUNTERS

typical clear, preset, count, and inhibit sequences

Illustrated below is the following sequence:
1. Clear outputs to zero ('161 and 'LS161A are asynchronous; '163, 'LS163A, and 'S163 are synchronous)
2. Preset to binary twelve
3. Count to thirteen, fourteen fifteen, zero, one, and two
4. Inhibit

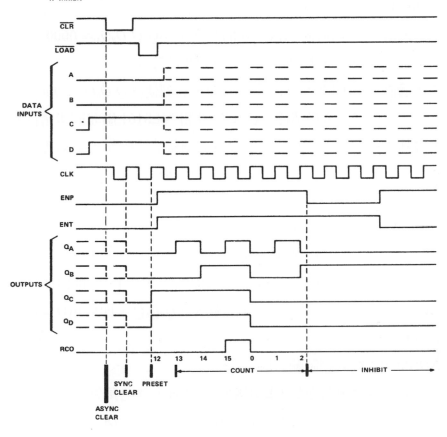

(b) 74LS161

※對 74LS161 和 163 而言，只是計數值從 0～15，其它和 74LS160 完全相同。

圖 15-3　74LS160 動作波形分析(時序圖)(續)

　　若用文字來說明 74LS160 的動作情形，實在很難直接描述。所以才以時序圖來輔助，請同時看著時序圖並配合如下各接腳功能說明，您一定能很快學會怎樣使用同步計數器 74LS160(或 74LS161)等相關產品。雖然接腳完全相同，但必須注意一個是十進制另一個是二進制。

⑴　$\overline{\text{CLR}}$(Pin1)：清除輸入腳

　　　　當 $\overline{\text{CLR}} = 0$ 的時候乃做清除的動作，使 $Q_D Q_C Q_B Q_A = 0000$。而清除動作又分成兩種，一為非同步清除，另一為同步清除。

　　非同步清除：當 $\overline{\text{CLR}} = 0$ 的那一瞬間，立刻使 $Q_D Q_C Q_B Q_A = 0000$，所以又可稱之為直接清除。(74LS160 和 74LS161 屬非同步清除)。

　　同步清除：當 $\overline{\text{CLR}} = 0$ 的時候並沒有立刻做清除動作，必須等到有 CLOCK 的前緣，才會完成清除動作，使 $Q_D Q_C Q_B Q_A = 0000$。也就是說想做清除，除 $\overline{\text{CLR}} = 0$ 外，還必須和 CLOCK 同步，所以稱之為同步清除 (74LS162、74LS163 屬同步清除)。

⑵　$DCBA$(Pin6、5、4、3)：數值設定輸入腳

　　　　於 $DCBA$ 先設定好某一數值(例如 $DCBA = 0111$)，然後由 $\overline{\text{LOAD}}$ 控制，當 $\overline{\text{LOAD}} = 0$ 時會把 $DCBA$ 的數值，直接擺入 $Q_D Q_C Q_B Q_A$。即 $\overline{\text{LOAD}} = 0$，使 $Q_D Q_C Q_B Q_A = DCBA$。

⑶　$\overline{\text{LOAD}}$(Pin9)：載入控制輸入腳

　　　　當 $\overline{\text{LOAD}} = 0$ 且遇到 CLOCK 的前緣時，就把預先設定好的數值 $DCBA$ 直接擺到 $Q_D Q_C Q_B Q_A$。使計數器得到一個新的初值。若 $DCBA = 0111$，$\overline{\text{LOAD}} = 0$ 以後，下一個 CLOCK 再計數時，$Q_D Q_C Q_B Q_A = 1000$(初值是 7，再計數則成 8)。

⑷　CLK(Pin2)：時脈 CLOCK 輸入腳

　　　　74LS160、161、162、163 都是前緣觸發的計數器。

(5)　ENT、ENP(Pin10、Pin7)：致能控制輸入腳

　　　　這兩支腳決定計數器是否能動作。當 ENT、ENP 同時為 1 時(ENT ・ ENP = 1)才能正常計數。ENT ・ ENP(只要其中有一個為 0)，便立刻停止計數。總結為

　　　　ENT ・ ENP = 1……(正常計數)，$\overline{\text{CLR}}$ = 0……(做清除)

　　　　ENT ・ ENP = 0……(停止計數)，$\overline{\text{LOAD}}$ = 0……(做載入)

(6)　$Q_D Q_C Q_B Q_A$(Pin11、12、13、14)：計數器輸出腳

　　　對 74LS160 和 74LS162 而言是十進制，則 $Q_D Q_C Q_B Q_A$ = 0000～1001。

　　　對 74LS161 和 74LS163 而言是二進制，則 $Q_D Q_C Q_B Q_A$ = 0000～1111。

(7)　RCO(Pin15)：漣波進位輸出腳

　　　　當計數值達最高的時候，RCO 會自動輸出一個寬度和 CLOCK 週期一樣的正脈波。故可用 RCO 輸出串接下一級的 ENT 而形成多級計數器。

　　　對十進制計數器而言，當 $Q_D Q_C Q_B Q_A$ = 1001 時，RCO = 1。

　　　對二進制計數器而言，當 $Q_D Q_C Q_B Q_A$ = 1111 時，RCO = 1。

15-2 實驗(一)……74LS160 系列之使用

實驗接線

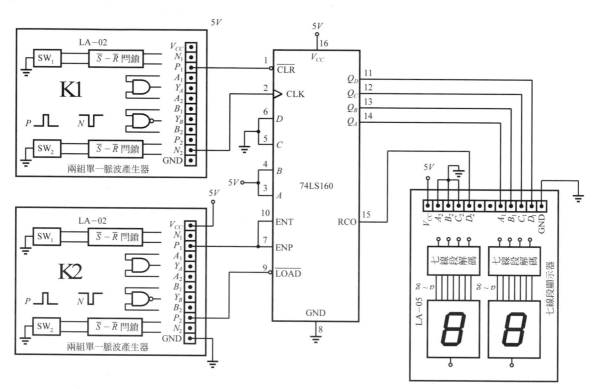

圖 15-4　74LS160 使用之實驗接線

實驗步驟與記錄

(1) 按一下 K1 的 SW_1，則 $N_1 =$ ⊓ ，$\overline{CLR} = 0$，$Q_D Q_C Q_B Q_A =$ _____ ，數值＝ _____ 。

(2) 按一下 K1 的 SW_2，則 CLK ＝ ⊓ ，$Q_D Q_C Q_B Q_A =$ _____ ，數值＝ _____ 。

(3) 接著連續按 K1 的 SW_2 共 5 次後，結果 $Q_D Q_C Q_B Q_A =$ _____ ，數值＝ _____ 。

(4) 按一下 K2 的 SW_2，則 $\overline{LOAD} =$ ⊔ ，$Q_D Q_C Q_B Q_A =$ _____ ，數值＝ _____ 。

(5) 按住 K2 的 SW_2(不要放開)，馬上再按一下 K1 的 SW_2，使 CLK ＝ ⊓ ，則此時，$Q_D Q_C Q_B Q_A =$ _____ ，數值＝ _____ 。(完成後放開 K2 的 SW_2)。

(6) 按住 K2 的 SW_1(不要放開)，接著再按 K1 的 SW_2 共 5 次。(則 CLK ＝ ⊓ 加 5 個)。試問 $Q_D Q_C Q_B Q_A =$ _____ ，數值＝ _____ 。(完成後放開 K2 的 SW_1)。

(7) 接著再按一下 K1 的 SW_2 共 5 次。(相當於 CLK 加了 5 個 ⊓)。則此時 $Q_D Q_C Q_B Q_A$ ＝ _____ ，數值＝ _____ 。

(8) 繼續按 K1 的 SW_2，使 $Q_D Q_C Q_B Q_A = 1001$。則監視 RCO 的七線段顯示什麼？

　　【Ans】：_____ 。

(9) 按 K1 的 SW_2，使 $Q_D Q_C Q_B Q_A \neq 1001$(隨便 0～8 都可以)，則監視 RCO 的七線段顯示器會顯示什麼？

　　【Ans】：_____ 。

實驗討論(一)

(1) 按一下 K1 的 SW_1，使 $\overline{CLR} = 0$，$Q_D Q_C Q_B Q_A$ 馬上為 0，這是屬於哪種清除？

(2) 只按 K2 的 SW_2 使 $\overline{LOAD} = 0$，為什麼 $Q_D Q_C Q_B Q_A$ 的值不等於 $DCBA = 0011 = 3$？

(3) 按住 K2 的 SW_2 使 $\overline{LOAD} = 0$，再按一下 K1 的 SW_2，使 CLK = ⊓，才得到 $Q_D Q_C Q_B Q_A = DCBA = 0011 = 3$，這說明做 $\overline{LOAD}$ 的動作是屬於同步操作或非同步操作。

(4) 當數值 $Q_D Q_C Q_B Q_A = 1001 = 9$ 的時候，理應 RCO = 1，為什麼監視 RCO 的七線段顯示器會顯示一個 ⊟ ？

(5) 當 $Q_D Q_C Q_B Q_A \neq 1001$ 時，監視 RCO 的七線段顯示器會顯示一個 ⊓ ？

(6) 想用 74LS160(或 74LS162)組成四位數(個、拾、百、千)的計數器，應如何串接呢？

(7) 想用 74LS161(或 74LS163)組成十六位元(二進制)計數器，應如何串接？

【Ans】： 因 74LS160~74LS163 的接腳都完全相同，只是 74LS160 和 162 是十進制計數器。若串四個則能計數 $(0\sim9999)_{10}$。而 74LS161 和 163 是二進制計數器。若串接四級，則能計數 $(0000\sim FFFF)_{16}$。所以圖 15-5 已代表 74LS160~74LS163 四種編號的共同線路。其主要為

①所有 CLK、$\overline{LOAD}$、$\overline{CLR}$ 接在一起，當其共同控制輸入。

②接著用前一級 RCO 的輸出串接下一級的 ENT 輸入。

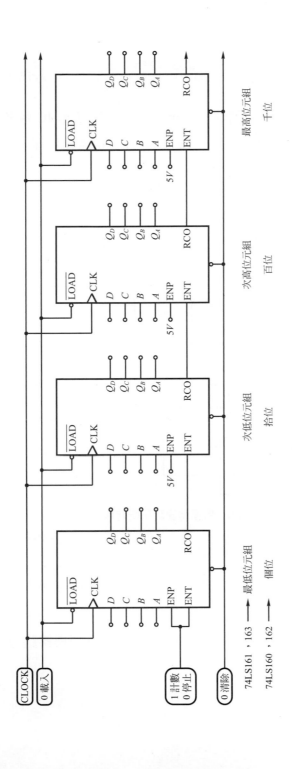

圖 15-5　74LS160～163 計數 IC 的串接

15-3 紙上實驗：同步計數器應用設計(馬達轉速計)

　　接下來我們將以 74LS160 系列做一些應用設計。因所用 IC 較多，故不想以實際接線做實驗，改採紙上實驗的方式為之。只要把方法和原理搞懂，接線有時間再慢慢做。

馬達轉速計系統說明

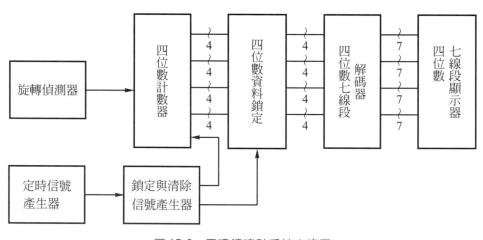

圖 15-6　馬達轉速計系統方塊圖

(1)　旋轉偵測器說明

　　偵測馬達轉了幾圈的方法很多，可以用簡單的光電開關或磁性旋轉感測器，把旋轉的圈數變成脈波，然後計算脈波的個數就知道轉速是多少了。

　　更詳細的資料請參閱全華書號 02959，感測應用與線路分析乙書第 11 章和第 16 章有關光電和磁性旋轉偵測。

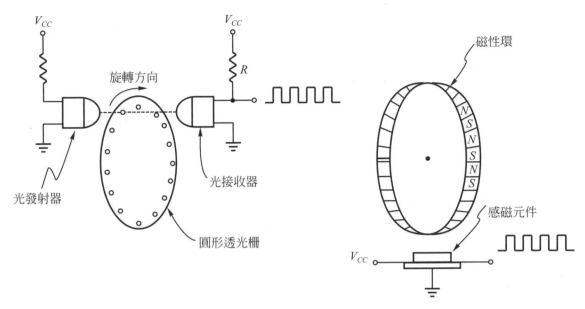

圖 15-7　旋轉偵測方法之二

(2)　四位數計數器說明

　　　計算旋轉偵測器所送過來的脈波，目前我們將使用 74LS160(而不再用 74LS90 或 74LS390)。有關 74LS160 的串接，如圖 15-5 所示。

(3)　四位數資料鎖定說明

　　　計數器於計算脈波的時候，數值一直在改變，根本看不到真正的轉速是多少。所以每做好一次轉速的偵測就必須把正確的資料鎖住，然後再顯示出來。

(4)　定時信號產生與鎖定及清除的說明

　　　若 $T = 6$ 秒(當然也可以是其它時間)。若在 6 秒中所計算到的脈波數為 N(每轉一圈產生 10 個脈波，表示圓形透光柵共有 10 個孔)，則

$$\frac{N}{10}\cdots\cdots代表總共轉了多少圈$$

$$\frac{\dfrac{N}{10}}{T_1} = \frac{\dfrac{N}{10}}{6\,秒} = \frac{N}{60}(圈／秒) = \frac{N}{60}(轉／秒)\cdots\cdots每秒的轉速\,rps$$

$$\frac{N}{60}\left(\frac{轉}{秒}\right)\times60(秒／1\,分鐘) = N(轉／分)\cdots\cdots每分鐘的轉速\,rpm$$

如此安排是為了使所看到的數目N就直接代表 rpm。這樣安排就不必用到微電腦做除和乘的運算。

當計數時間結束的那一瞬間，所得到的數值是 6 秒內脈波的總數，必須先把它鎖住。所以必須有一個鎖定信號。為了使下一次的計數能從 0 開始，接著就必須先把計數器清除為 0，便可繼續做下一次的轉速偵測。若每次所看到的數目都一樣，則代表所量測的馬達，其轉速非常穩定。

⑸ 七線段解碼與顯示說明

　　這一部份我們已經用了很多次，所以不再重複說明了。

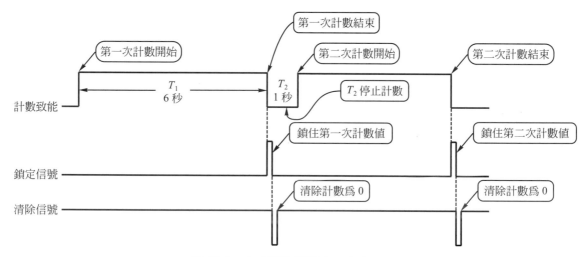

圖 15-8　定時信號與鎖定及清除信號

馬達轉速計線路設計

從整個系統方塊來看，除了怎樣產生定時信號尚未教過以外，所有其它的方塊，我們都可以把學過的電路，拿來做積木組合，便成為一個實用的馬達轉速計。

⑴　定時信號的產生

從圖 15-8 我們希望得到一個邏輯 1 為 6 秒，邏輯 0 為 1 秒的定時信號。有很多方法可以得到這種信號。我們將設法以我們所教過的方法設計定時信號。

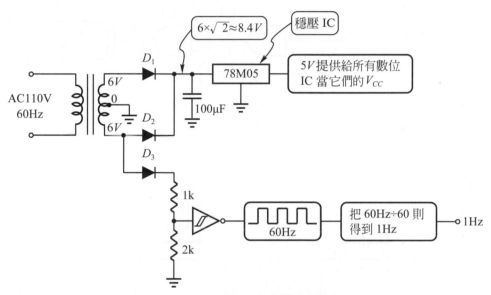

圖 15-9　向台電公司借 1Hz(60Hz 變成 1Hz)

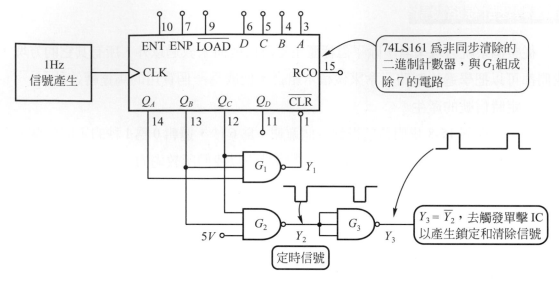

圖 15-10　由除 7 電路完成定時信號的產生

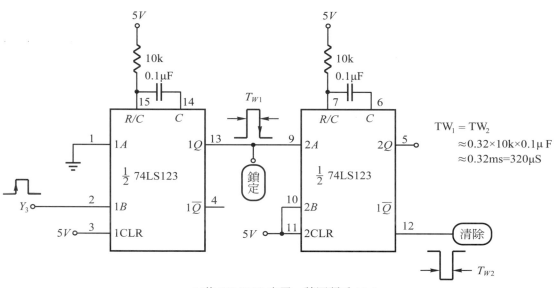

※若 74LS123 忘了，請回頭看 13-3

圖 15-11　由 Y_3 產生鎖定和清除的控制信號

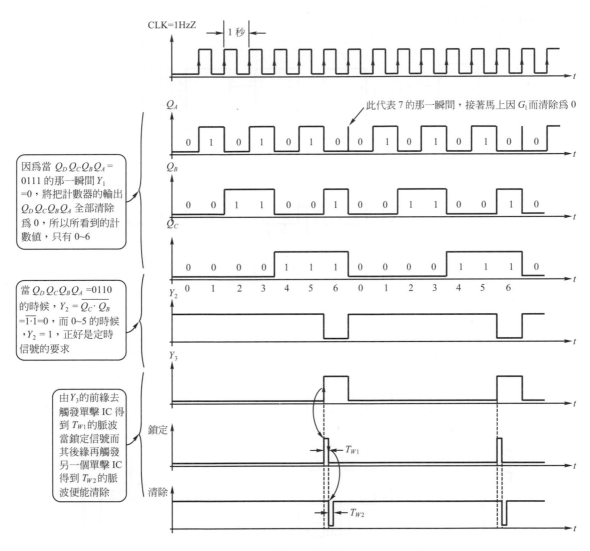

圖 15-12　定時信號之波形分析

馬達轉速計線路圖

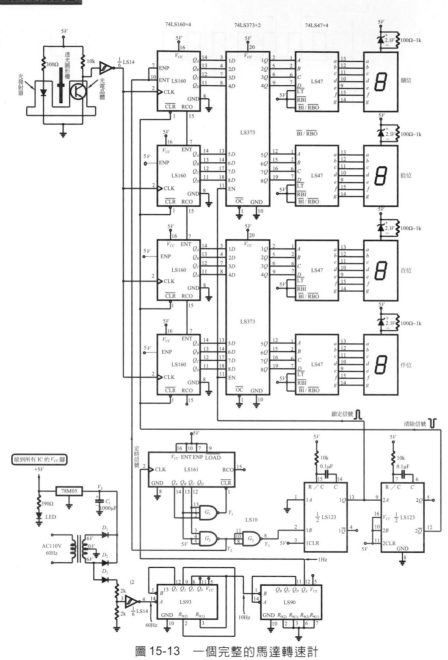

圖 15-13　一個完整的馬達轉速計

實驗討論(二)

若您能從系統方塊說明，了解馬達轉速計的動作原理後，剩下的應該只是「玩積木遊戲」的動作。圖 15-13 我們已把所教過的計數器全部用上去了。有漣波計數器 74LS93(二進制)、74LS90(十進制)，也有同步計數器 74LS160(十進制)、74LS161(二進制)。於今的討論只希望能把所教過的東西做一次總複習。

⑴　請您翻到圖 15-6 系統方塊和圖 15-13 完整的線路圖，然後依序回答下列各問題。

　　①　目前旋轉偵測用的是哪一種方法？

　　②　旋轉偵測的輸出接了一個 74LS14 反相器的主要目的？

　　③　四位數計數器，指的是哪些 IC？

　　④　四位數資料鎖定指的是哪些 IC？

　　⑤　四位數七線段解碼器指的是哪些 IC？

　　⑥　定時信號是由誰負責提供？

　　⑦　鎖定與清除信號是由哪種 IC 所提供？

　　⑧　目前 74LS93 是組成什麼電路？

　　⑨　當 74LS93 的 $Q_3Q_2Q_1Q_0$ 等於多少的時候，會自動清除 $Q_3Q_2Q_1Q_0 = 0000$？

　　⑩　目前 74LS90 是先除 2 或先除 5？

　　⑪　74LS90 由 Q_4 當最後 ÷10 的輸出，為什麼 Q_4 是方波？

　　⑫　Y_2 的週期是多少？

　　⑬　Y_2 的波形邏輯 1 和邏輯 0 各是幾秒？

　　⑭　Y_3 是利用前緣或後緣去觸發 74LS123？

　　⑮　在什麼時候才把所計算到的資料(數值)鎖住？

　　⑯　78M05 是個什麼東西？主要功用為何？

⑵　各種 IC 使用方法及功能總複習。

　　①　74LS04 和 74LS14 都可當反相器使用，而 74LS14 的符號中多了一個磁滯曲

線，試問 LS04 和 LS14 最主要的差別在哪裡？

② 74LS160 系列產品複習(同步計數器使用方法的複習)。

❶ 74LS160 和 74LS162 都是十進制的計數器，其差別何在？

❷ 何謂同步清除？和非同步清除差別在哪裡？

❸ 對 74LS160 系列而言，74LS160、162(十進制)，74LS161、74LS163(二進制)其接腳都完全相同，當什麼時候無法計數？

❹ 說明該系列 IC 如何完成載入的動作，把 $DCBA$ 擺到 $Q_DQ_CQ_BQ_A$。

❺ 如何完成 74LS160 系列 IC 的串接，使它變成具有四位數，個、拾、百、千，從 0～9999 計算的功能？

❻ 對 74LS160、162 而言，數值是多少的時候，RCO = 1？

❼ 對 74LS161、163 而言，數值是多少的時候，RCO = 1？

❽ 試問 RCO = 1 的時間，是 CLOCK 週期的多少倍？

③ 74LS373 的複習(閂鎖器與 D 型正反器的複習)。

❶ 74LS373 是前緣、後緣觸發，還是脈波觸發或是位準觸發？

❷ 74LS373 的輸出具有三態閘的功能，是由哪支腳控制？

❸ 74LS373，當 EN = 1 的時候，是怎樣的動作情形？

❹ 74LS374 和 74LS373 接腳完全一樣(可相互對換)，但其中有一項很大的差異是什麼？

❺ 當輸入($8D$，$7D$，……，$1D$)=$(36)_{16}$，而 EN= 0，則($8Q$，$7Q$，……，$1Q$)= ？

❻ 當輸入($8D$，$7D$，……，$1D$)=$(36)_{16}$，而 EN= 1，且 $\overline{OC}$ = 0，則($8Q$，$7Q$，……，$1Q$)= ？

❼ 當輸入($8D$，$7D$，……，$1D$)=$(36)_{16}$，而 EN= 1，且 $\overline{OC}$ = 1，則($8Q$，$7Q$，……，$1Q$)= ？

④ 74LS47 系列的複習(共陽和共陰七線段解碼器的複習)。

❶ 74LS47 是驅動共陽或共陰七線段的解碼 IC？

❷　請參閱 74LS47 部份，列出共陽和共陰七線段解碼器各 2 種。

❸　針對 74LS47 而言，$\overline{LT} = 0$ 會顯示什麼？

❹　$\overline{RBI} = 0$ 是做什麼動作？

❺　$\overline{BI}/\overline{RBO}$ 是當輸入還是當輸出？

❻　若 $\overline{BI}/\overline{RBO}$ 當做輸入腳，將 $\overline{BI}/\overline{RBO}$ 加邏輯 0，會得到什麼狀況？

❼　若 $\overline{BI}/\overline{RBO}$ 當做輸出腳使用，在什麼情況下，$\overline{BI}/\overline{RBO} = 0$？

❽　若有三位數字顯示，當數值為 0 的時候，希望顯示情形不是 |0|0|0|，

　　而是 | | |0|。應如何做串接？

⑤　74LS90 系列的複習(漣波計數器的複習)。

❶　為什麼說 74LS90 系列產品為漣波計數器，而不是同步計數器？

❷　漣波計數器和同步計數器，最主要的差別在哪裡？

❸　漣波計數器中並沒有 CLR 和 $\overline{CLR}$(清除控制腳)。它是怎樣完成清除的工作？

❹　請您用一個 74LS93(二進制四位元計數器)完成除 8 的電路，除 8 乃指所看到的數值是(0～7)。

❺　希望把 74LS90 的輸出 $Q_D Q_C Q_B Q_A$ 直接設成 9，應該怎樣控制 $R_0(1)$、$R_0(2)$、$R_9(1)$、$R_9(2)$？

⑥　74LS123 的複習(單擊 IC 的複習)。

❶　單擊 IC 可分成不可再觸發和可再觸發兩種，試說明其不同之處在哪裡？

❷　找到單擊 IC 5 種，並標明可再觸發和不可再觸發。

❸　74LS123，哪些腳是可當前緣觸發，哪些腳可當後緣觸發？

❹　試問當外加電阻和外加電容，分別為 20k、$0.01\mu F$ 時，所產生的脈波寬度是多少？

⑤ 希望使 74LS123 的輸出 $Q = 0$，$\overline{Q} = 1$，CLR 應加 1 或 0？

⑦ 七線段顯示器的複習(共陽與共陰七線段顯示器)。

❶ 共陽七線段顯示器和七線段解碼器的標準接法如何？

❷ 共陰七線段顯示器和七線段解碼器的標準接法如何？

⑧ 穩壓 IC 的複習(78M05)。

❶ 整流電路中，若把 C_1 拿掉，請繪 V_s 的波形，並標出最大電壓是多少伏特。

❷ 若 C_1 保留，請繪 V_s 的波形，並標其電壓值。

❸ 若 C_1 太小，有何缺點？

❹ 若 $V_s = 8V$ 和 $V_s = 15V$，請問 78M05 的輸出是多少伏特？

❺ 請問若想得到負直流電壓，則 D_1、D_2、C 和穩壓 IC 應該怎麼接？(負直流電壓的穩壓 IC 為 79M05)。

❻ 想得到 6V、9V 或 12V 的穩壓，可用哪些編號的 IC？

⑨ 邏輯閘的複習。

❶ 目前所用的 74LS10，其輸出屬於哪一種？

❷ 若數位 IC 的輸出是集極開路，應如何處理？

❸ 數位 IC 的輸出，可概分為哪三種？

※※※與老師您經驗交流一下※※※

以上的討論題目，可當考題使用。我是先請同學們影印圖 15-13，並給所用 IC 的資料手冊，全班影印，然後以這些出題，可參閱所附的 IC 資料做答。效果不錯哦！考不及格，則重寫所有題目。

15-4 馬達轉速計……(實驗模板輔助接線)

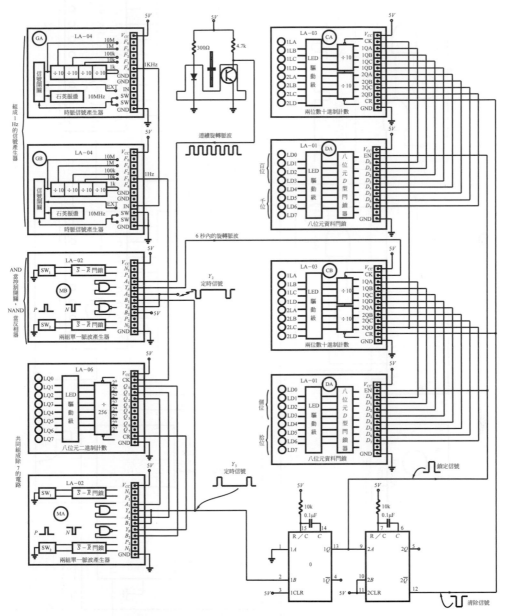

圖 15-14 由實驗模板完成馬達轉速計的實驗

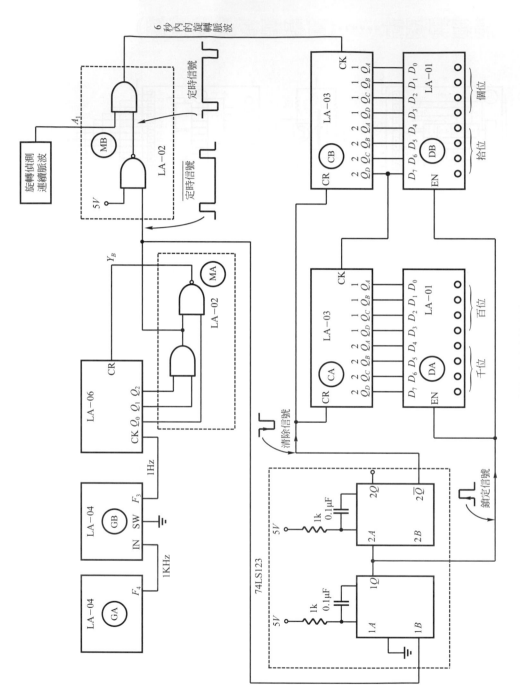

圖 15-15　模板實驗接線方塊圖

請把圖 15-14 和圖 15-15 對照清楚

(1) (GA) 和 (GB)：LA-04 兩片組成 1Hz 的信號產生器。

(2) (MA) 和 LA-06：共同組成除 7 的電路 $Q_2Q_1Q_0 = 111$ 時，$Y_B = 0$ 而清除 LA-06。

(3) (MB)：NAND 當反相器使用，AND 當控制開關。

(4) (CA) 和 (CB)：共同組成能計數 0～9999 的四位數計數器。

(5) (DB) 和 (DA)：當做閂鎖器和資料顯示器。

(6) 74LS123：用以產生鎖定信號和清除信號。

圖 15-13 要接 14 個 IC，接線一百多。

圖 15-14 只用 1 個 IC，接線貳拾幾。

參閱附錄，就能把模板用到微電腦實驗

↓

LA-XX 將成為專題製作的好幫手

實驗步驟與記錄

(1) 用示波器測 (GB) 的 F_3，是否為 1Hz 的方波？(不容易觀測，細心看)

(2) 加 30Hz 的信號到 (MB) 的 A_1(把旋轉偵測器拆掉，不必接啦)，用 30Hz 代表馬達所產生的脈波。(要記得，我們原先設計是以 10 個脈波代表馬達轉了一圈)。

(3) 當 (MB) A_1 加 30Hz 時，所顯示的數值是多少呢？$N = $ _____ ？

(4) 當 (MB) A_1 加 50Hz 時，所顯示的數值是多少呢？$N = $ _____ ？

(5) 當 (MB) A_1 加 300Hz 時，所顯示的數值是多少呢？$N = $ _____ ？

(6) 當 (MB) A_1 加 2kHz 時，所顯示的數值是多少呢？$N = $ _____ ？

實驗討論(三)

(1) 您的馬達轉速計是否能動作，動作是否正常？若不正常請修到好，再來打成績。

(2) 理論上加 30Hz 於 (MB) 的 A_1 時，則 6 秒內所算到的脈波數應該是 $30 \times 6 = 180$ 個脈波。每 10 個脈波代表一轉，則 6 秒所代表的為 18 轉，1 分鐘則 180 轉，而您所做的實驗是否正確，若不正確請設法修正之。(注意輸入的CLOCK是否真的是 30Hz)。

(3) 當 (MB) A_1 加 2kHz 時，所看到的數目，比加 500Hz 時所看到的數目還小，這是為什麼？

第 16 章

上／下計數器……應用實驗

實驗目的

(1) 了解上／下計數 IC 的使用方法。

(2) 上／下計數 IC 應用線路的設計。

16-1 產品介紹(一)：上／下數控制型計數器 74LS190、191系列產品

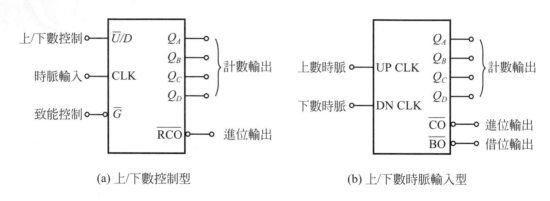

(a) 上/下數控制型   (b) 上/下數時脈輸入型

圖 16-1 上／下數計數器示意圖

上／下數計數器，顧名思義，它是一種可以做向上數(0,1,2,3,……)和向下數(9,8,7,……)的計數 IC，可概分為圖(a)的上／下數控制型。要做上數或下數的動作，均由一條控制線 $\overline{U}/D$ 的 0 與 1 來決定。其二為圖(b)的上／下數時脈輸入型，上數有上數的時脈輸入腳，要下數則由下數時脈輸入腳加入 CLOCK。

兩者各有優點。當上數和下數的速度相同時，可用圖(a)。若上數和下數的速度不一樣的時候，則用圖(b)，就顯得非常方便。上／下數計數器有十進制和二進制，我們將就上／下數控制和上／下數時脈輸入型兩種 IC 的使用方法，做詳細的說明。

從圖 16-2 接腳功能說明配合圖 16-3 時序圖的波形分析，一定能很快了解上／下數控制型計數器的使用方法。例如要做上數的動作時，必須：$D/\overline{U} = 0$，$\overline{\text{LOAD}} = 1$ (不做載入)，ENABLE $\overline{G} = 0$。下數時，則必須 $D/\overline{U} = 1$，$\overline{\text{LOAD}} = 1$，ENABLE $\overline{G} = 0$。茲就幾支重要控制腳再做一次說明以加深您的印象。

$\overline{G}$	$\overline{\text{LOAD}}$	$D/\overline{U}$	CLK	動作說明
1	X	X	X	無法計數 $Q_D\,Q_C\,Q_B\,Q_A$ 不改變
0	0	X	X	載入操作 $Q_D\,Q_C\,Q_B\,Q_A$=DCBA
0	1	0	⌐	向上計數 $Q_D\,Q_C\,Q_B\,Q_A$+1
0	1	1	⌐	向下計數 $Q_D\,Q_C\,Q_B\,Q_A$+1

(a) 功能表

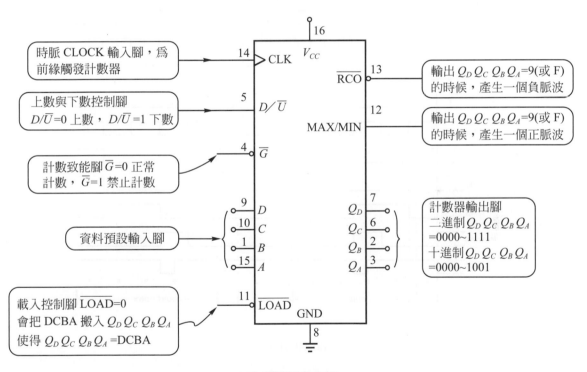

(b) 接腳功能說明

圖 16-2　上／下數控制型計數器 74LS190、191

16-3

'190, 'LS190 DECADE COUNTERS

typical load, count, and inhibit sequences

Illustrated below is the following sequence:

1. Load (preset) to BCD seven.
2. Count up to eight, nine (maximum), zero, one, and two.
3. Inhibit.
4. Count down to one, zero (minimum), nine, eight, and seven.

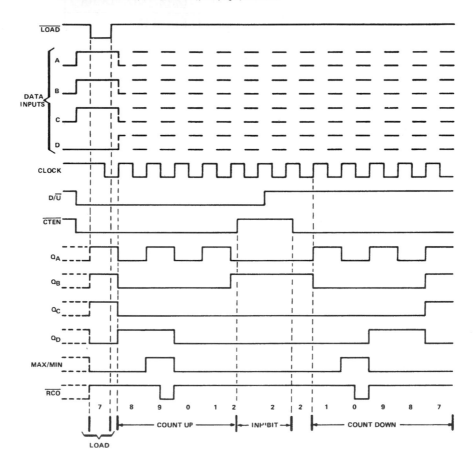

(a) 74LS190

圖 16-3 74LS190 和 74LS191 時序圖

'191, 'LS191 BINARY COUNTERS

typical load, count, and inhibit sequences

Illustrated below is the following sequence:

1. Load (preset) to binary thirteen.
2. Count up to fourteen, fifteen (maximum), zero, one, and two.
3. Inhibit.
4. Count down to one, zero (minimum), fifteen, fourteen, and thirteen.

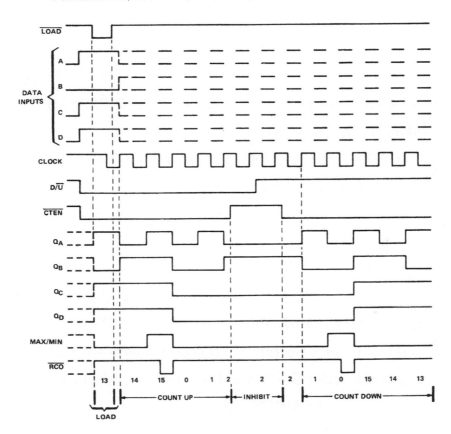

(b) 74LS191

圖 16-3　74LS190 和 74LS191 時序圖 (續)

重要接腳說明

(1) ENABLE $\overline{G}$(Pin4)：致能控制腳

74LS190、191 能否正常計數，得看ENABLE $\overline{G}$的臉色。$\overline{G}=1$ 時無法計數(所輸入的 CLOCK 都無效，則$Q_DQ_CQ_BQ_A$的值不會改變)。而當$\overline{G}=0$ 時，才可以計數(所以$\overline{G}$權限最高)。($\overline{G}$即時序圖中的 $\overline{\text{CTEN}}$)

(2) $D/\overline{U}$(Pin5)：下數和上數控制腳

$D/\overline{U}=0$ 時，計數值往上增加，為上數操作。$D/\overline{U}=1$ 時，計數值往下減少，為下數操作。(所以要做上／下數切換，乃由$D/\overline{U}$來控制)。

(3) $\overline{\text{LOAD}}$(Pin11)：載入控制

當 $\overline{\text{LOAD}}=0$ 時，會把資料預設輸入值$DCBA$直接存入$Q_DQ_CQ_BQ_A$，使得計數器的初值$Q_DQ_CQ_BQ_A=DCBA$。正好這顆 IC 沒有清除控制腳。想做清除動作時，可先預設$DCBA=0000$，然後令$\overline{\text{LOAD}}=0$，便立刻使$Q_DQ_CQ_BQ_A=0000$，而完成清除的功能。

(4) MAX/MIN(Pin12)：最大與最小指示

以十進制為例，當$D/\overline{U}=0$，為上數操作，在$Q_DQ_CQ_BQ_A=1001=(9)_{10}$(十進制的最大值)的時候，MAX/MIN $=1$。(用 MAX/MIN $=1$，代表上數的最大值)。若$D/\overline{U}=1$，則為下數操作，於$Q_DQ_CQ_BQ_A=0000=(0)_{10}$的時候，MAX/MIN 也會變成邏輯1。(即下數到MAX/MIN$=1$時，代表最小值，當然是$Q_DQ_CQ_BQ_A=0000$)。請善用 MAX/MIN 做計數器的串接。

(5) $\overline{\text{RCO}}$(RIPPLE CLOCK OUTPUT)(Pin13)：漣波進位輸出

其動作方式和MAX/MIN相似。但它是負脈波輸出，即上數到$1001=(9)_{10}$時，$\overline{\text{RCO}}=0$，或下數到$0000=(0)_{10}$時，$\overline{\text{RCO}}$ 也會變成邏輯0。而 $\overline{\text{RCO}}$ 所產生的負脈波其時間為 CLOCK 週期的一半。因

$$\overline{\text{RCO}}=(\overline{\text{CLOCK}})\cdot(\text{MAX/MIN})$$

16-2　實驗一：上／下數控制型計數器(74LS190)

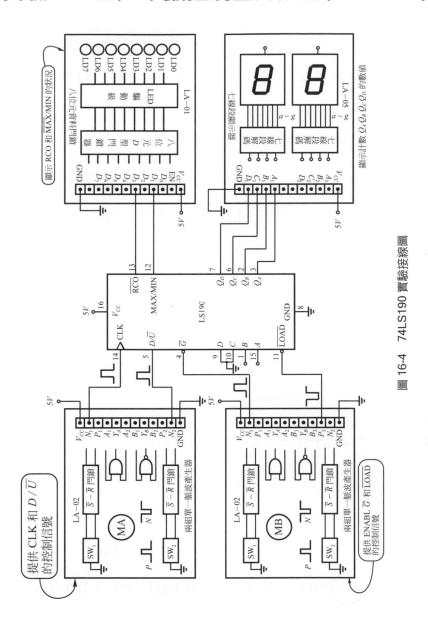

圖 16-4　74LS190 實驗接線圖

實驗步驟與記錄

⓪ 目前的接線，當LA-02 (MA)和(MB)的開關都沒有按下去的時候，CLK = 0(沒有觸發)。$D/\overline{U}$ = 0(要做上數操作)，$\overline{G}$ = 0(可以上數)，$\overline{LOAD}$ = 1(不做載入的操作)。

① 按一下(MB)的SW_2，使N_2得到一個負脈波，加到 $\overline{LOAD}$，則 $\overline{LOAD}$ = 0，$D/\overline{U}$ = 0，$Q_DQ_CQ_BQ_A$ = _____ ，MAX/MIN = _____ ，$\overline{RCO}$ = _____ 。

② 按一下(MA)的SW_1，使P_1得到一個正脈波，則相當於輸入一個CLOCK，$Q_DQ_CQ_BQ_A$ = _____ ，MAX/MIN = _____ ，$\overline{RCO}$ = _____ ，數字 = _____ 。

③ 連按幾下(MA)的SW_1，使$Q_DQ_CQ_BQ_A$ = 1000 時，MAX/MIN = _____ ，$\overline{RCO}$ = _____ 。

④ 再按下(MA)的SW_1(手先不要放開)，則$Q_DQ_CQ_BQ_A$ = 1001 = $(9)_{10}$，請看清楚目前 $\overline{RCO}$ = _____ ，MAX/MIN = _____ 。

⑤ 接著把按住(MA)的手放開，此時

$Q_DQ_CQ_BQ_A$ = _____ ，$\overline{RCO}$ = _____ ，MAX/MIN = _____ 。

⑥ 再按一下(MA)的SW_1(碰一下就好)，則

$Q_DQ_CQ_BQ_A$ = _____ ，$\overline{RCO}$ = _____ ，MAX/MIN = _____ 。

⑦ 再連續按幾下(MA)的SW_1，使$Q_DQ_CQ_BQ_A$ = 1000 = $(8)_{10}$。且$\overline{RCO}$ = 1，MAX/MIN = 0。

⑧　按住 (MA) 的 SW_2，使 $P_2 = 1$(即 $D/\overline{U} = 1$)(按住 SW_2 的手勿放開)。

⑨　按一下 (MA) 的 SW_1 後，$Q_D Q_C Q_B Q_A =$ ＿＿＿＿＿＿，MAX/MIN ＝ ＿＿＿＿＿，$\overline{RCO} =$ ＿＿＿＿＿ 。

⑩　連續按幾下 (MA) 的 SW_1，使 $Q_D Q_C Q_B Q_A = 0001 = (1)_{10}$ 。

⑪　再按一下 (MA) 的 SW_1，則 $Q_D Q_C Q_B Q_A =$ ＿＿＿＿＿，$D/\overline{U} = 1$，MAX/MIN ＝ ＿＿＿＿＿，$\overline{RCO} =$ ＿＿＿＿＿ 。

⑫　再按一下 (MA) 的 SW_1，則 $Q_D Q_C Q_B Q_A =$ ＿＿＿＿＿，$D/\overline{U} = 1$，MAX/MIN ＝ ＿＿＿＿＿，$\overline{RCO} =$ ＿＿＿＿＿ 。

⑬　連續按 (MA) 的 SW_1，使 $Q_D Q_C Q_B Q_A = 0011 = (3)_{10}$，$D/\overline{U} = 1$，MAX/MIN ＝ 0，$\overline{RCO}$ ＝ 1。

⑭　把按住 (MA) SW_2 的手放開，則 $D/\overline{U} =$ ＿＿＿＿＿，接下去是上數、還是下數？

　　【Ans】：　＿＿＿＿＿ 。

⑮　再連續按 (MA) 的 SW_1 三下，則 $Q_D Q_C Q_B Q_A =$ ＿＿＿＿＿，MAX/MIN ＝ ＿＿＿＿＿，$\overline{RCO} =$ ＿＿＿＿＿ 。

⑯　按住 (MB) SW_1，使 $P_1 = 1$，則 $\overline{G} = 1$(手按住 (MB) SW_1 不要放開)。

⑰　連續按 (MA) 的 SW_1(送 CLOCK 給 74LS190)，此時 $Q_D Q_C Q_B Q_A$ 如何變化？是增加或減少，還是不會改變？

　　【Ans】：　＿＿＿＿＿ 。

實驗討論(一)

(1) 實驗步驟①的主要目的是什麼？

(2) 實驗步驟④，$Q_D Q_C Q_B Q_A = 1001$，MAX/MIN $= 1$，理應 $\overline{RCO} = 0$，為什麼此時 $\overline{RCO} \neq 0$？

(3) 實驗步驟⑤，$Q_D Q_C Q_B Q_A = 1001$，MAX/MIN $= 1$，且 $\overline{RCO} = 0$，為什麼按 (MA)
SW_1 的手放開時 $\overline{RCO}$ 才會等於邏輯 0？

(4) 實驗步驟⑤，$Q_D Q_C Q_B Q_A = 1001$，而步驟⑥ $Q_D Q_C Q_B Q_A = 0000$，為什麼？

(5) 實驗步驟⑧的目的是什麼？

(6) 若想用四個 74LS190(十進制上／下數計數器)，串接成可上／下數的四位數 (個、拾、百、千)計數器，線路應如何設計？

(7) 若想用四個 74LS191(二進制上／下數計數器)，串接成可上／下數的十六位元 (0000～FFFF)計數器，線路應如何設計？

(8) 想做一個跑馬燈控制器，其條件如下：

   ① 總共有 16 個燈(LED)。

   ② 每次一個燈亮。

   ③ 跑燈花樣為左去右回。

16-3 產品介紹(二)⋯⋯上／下數時脈輸入型 74LS192、193 系列

CLEAR	$\overline{\text{LOAD}}$	CP_U	CP_D	動作說明
1	X	X	X	清除動作 $Q_D Q_C Q_B Q_A$=0000
0	0	X	X	載入操作 $Q_D Q_C Q_B Q_A$=DCBA
0	1	1	1	沒有計數 $Q_D Q_C Q_B Q_A$值不變
0	1	⌐	1	向上計數 $Q_D Q_C Q_B Q_A$+1
0	1	1	⌐	向下計數 $Q_D Q_C Q_B Q_A$−1

(a) 功能表

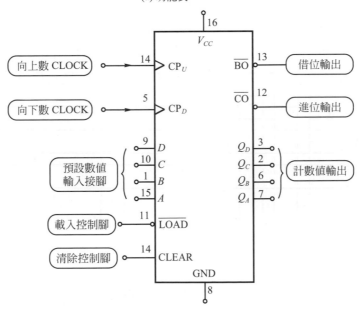

(b) 接腳功能說明

圖 16-5 上／下數時脈輸入型計數器 74LS192、193

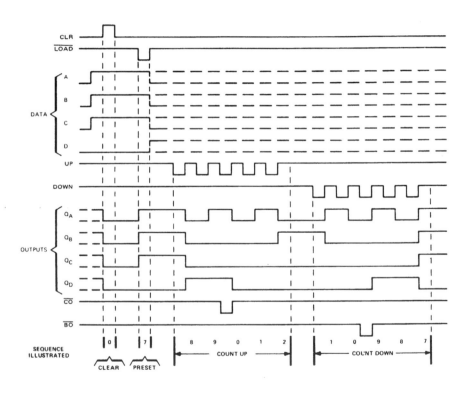

因 74LS192 和 193 爲上／下數時脈輸入型，所以有兩支 CLOCK 的輸入腳，分別爲 CP_U(上數 CLOCK)和 CP_D(下數 CLOCK)，而沒有 $D/\overline{U}$ 的控制。

'192,'L192,'LS192 DECADE COUNTERS

typical clear, load, and count sequences

Illustrated below is the following sequence:

1. Clear outputs to zero.
2. Load (preset) to BCD seven.
3. Count up to eight, nine, carry, zero, one, and two.
4. Count down to one, zero, borrow, nine, eight, and seven.

(a) 74LS192

圖 16-6　74LS192，193 時序圖

'193, 'L193, 'LS193 BINARY COUNTERS

typical clear, load, and count sequences

Illustrated below is the following sequence:

1. Clear outputs to zero.
2. Load (preset) to binary thirteen.
3. Count up to fourteen, fifteen, carry, zero, one, and two.
4. Count down to one, zero, borrow, fifteen, fourteen, and thirteen.

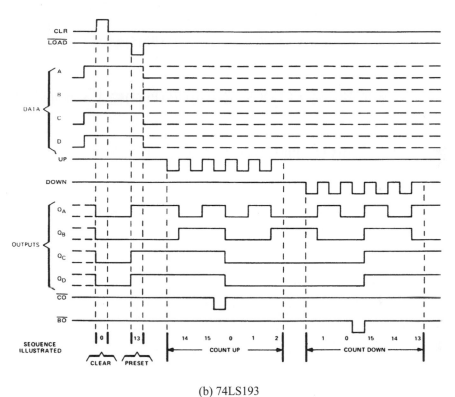

(b) 74LS193

圖 16-6　74LS192，193 時序圖 (續)

時序圖的分析：問答式

(1) 當 CLEAR = 1 時，$Q_D Q_C Q_B Q_A =$ _____ ?

(2) 平常若不計數時 CP_U(COUNT UP)和 CP_D(COUNT DOWN)應保持在什麼狀況？
$CP_U =$ _____ ，$CP_D =$ _____ 。

(3) $\overline{\text{LOAD}} = 0$，做的是載入操作，則 $Q_D Q_C Q_B Q_A =$ _____ 。且 CLEAR = _____ 。

(4) 74LS192、193 是前緣觸發，還是後緣觸發？

(5) 當要做向上數的動作時，CLOCK 必須由 CP_U(Pin5)輸入，而此時 CP_D 必須保持什麼狀態？$CP_D =$ _____ 。

(6) 當要做向下數的動作時，CLOCK 必須由 CP_D(Pin4)輸入，而此時 CP_U 必須保持什麼狀態？$CP_U =$ _____ 。

(7) 什麼時候進位輸出($\overline{\text{CO}}$，Pin12)會得到負脈波？而負脈波的寬度與 CLOCK 有什麼關係？

(8) 什麼時候借位輸出($\overline{\text{BO}}$，Pin13)會得到負脈波？而負脈波的寬度與 CLOCK 有什麼關係？

16-4 實驗二：上／下數計數器的應用(自動上／下數切換)

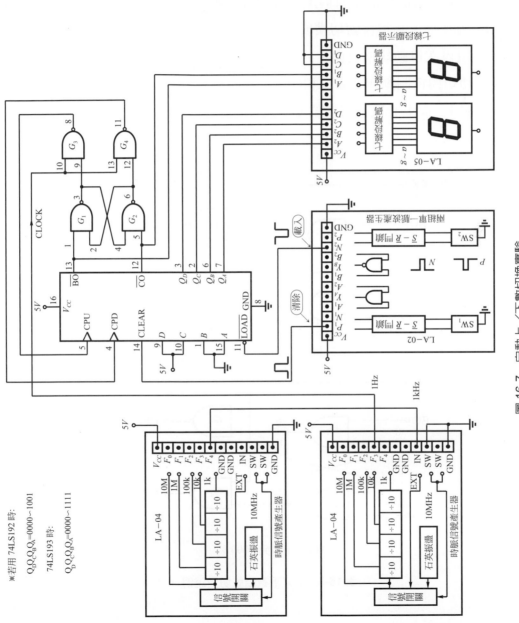

圖 16-7 自動上／下數切換實驗

※若用 74LS192 時：

$Q_DQ_CQ_BQ_A = 0000 \sim 1001$

74LS193 時：

$Q_DQ_CQ_BQ_A = 0000 \sim 1111$

實驗線路說明

這個實驗最主要的目的是當向上計數到最大值$Q_D Q_C Q_B Q_A = 1111$ 的時候，於下一個 CLOCK 觸發時，必須自動切換成向下計數。且當向下計數到最小值$Q_D Q_C Q_B Q_A = 0000$ 時，必須再次自動切換成向上計數。

完成自動切換控制動作乃靠G_1和G_2所組成的R-S閂鎖器。74LS193 的 $\overline{BO}$ 和 $\overline{CO}$ 不會同時為邏輯 1。向上計數只有進位 $\overline{CO}$ 會有負脈波，向下計數只有借位 $\overline{BO}$ 會有負脈波。

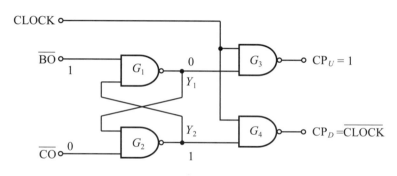

(a) 向上數到 1111 時

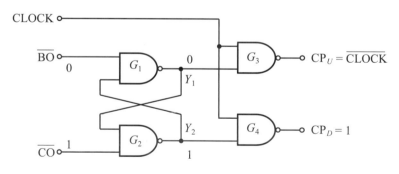

(b) 向下數到 0000 時

圖 16-8　上／下數自動切換說明

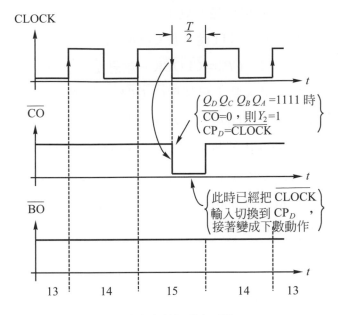

(a) 由向上數切到向下數

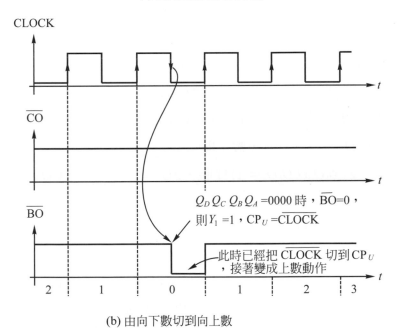

(b) 由向下數切到向上數

圖 16-9　上／下數切換之波形分析

從圖 16-8 和圖 16-9 便能很清楚看到上／下數自動切換的情形。當原本在做上數動作時，於上數到$Q_D Q_C Q_B Q_A = 1111$時，於CLOCK的後緣使$\overline{CO} = 0$，當$\overline{CO} = 0$時，$Y_2 = 1$，$Y_1 = 0$，將使$CP_U = 1$，$CP_D = \overline{CLOCK}$。意思是說$Q_D Q_C Q_B Q_A$已經是 $1111 = (15)_{10}$了，且下一個CLOCK尚未進入時，已經把$\overline{CLOCK}$切換到CP_D輸入腳。接著當CLOCK再進入時已是做下數的操作，則$Q_D Q_C Q_B Q_A$將由 1111 變成 $1110 = (14)_{10}$。且一直向下數，當數到$Q_D Q_C Q_B Q_A = 0000$時，並在CLOCK邏輯 0 的區間，$\overline{BO} = 0$，將使$Y_1 = 1$，$Y_2 = 0$，則$CP_U = \overline{CLOCK}$，$CP_D = 1$，便完成向上數的設定。當下一個 CLOCK 進入的時候，$Q_D Q_C Q_B Q_A$將由 0000 變成 0001，0010，……，1111。接著$\overline{CO} = 0$，將完成下數的設定。

實驗步驟與記錄

① 為了使您能清楚看到上／下數的切換，我們把輸入CLOCK放慢一些。請問，目前 CLOCK 的頻率是多少？ _____

② 按 LA-02 的SW_1，則$P_1 = 1$，相當於 CLEAR $= 1$，則做什麼動作？此時所得到的輸出$Q_D Q_C Q_B Q_A = $ _____ ，數字顯示： _____ 。

③ 按LA-02 的SW_2，則$N_2 = 0$，相當於$\overline{LOAD} = 0$，則做什麼動作？此時所得到的輸出$Q_D Q_C Q_B Q_A = $ _____ ，數字顯示： _____ 。

④ 當向上數，數到$Q_D Q_C Q_B Q_A = 1111$時，$\overline{BO} = $ _____ ，$\overline{CO} = $ _____ ，數字顯示： _____ 。

⑤ 當向下數，數到$Q_D Q_C Q_B Q_A = 1100$時，$\overline{BO} = $ _____ ，$\overline{CO} = $ _____ ，數字顯示： _____ 。

⑥ 當向下數，數到$Q_D Q_C Q_B Q_A = 0000$時，$\overline{BO} = $ _____ ，$\overline{CO} = $ _____ ，數字顯示： _____ 。

實驗討論二

⑴　當上數動作$CP_U = \overline{\text{CLOCK}}$，則$CP_D$一定要什麼狀態？$CP_D =$ _____ 。

⑵　當下數動作$CP_D = \overline{\text{CLOCK}}$，則$CP_U$一定要什麼狀態？$CP_U =$ _____ 。

⑶　如果$\overline{\text{LOAD}} = 0$，而輸出$Q_D Q_C Q_B Q_A = 1110$，試問故障何在？

⑷　若在向上數的情況下，且$Q_D Q_C Q_B Q_A = 0010$，理應顯示 $\square$，卻是顯示 $\square$，請問是哪裡的線被接錯了？

⑸　請用 74LS192 設計一組四位數(個、拾、百、千)，能向下計數，當數值為 0 的時候，就自動停止。

⑹　請用 74LS193 設計一組十六位元二進制計數器，且能完成上／下數自動切換。

16-5　上／下數計數 IC 應用線路分析練習

　　有了上／下數計數 IC 以後，必須學會這類 IC 的串接，例如很少用到只有一位數的計數器，大都是個、拾、百，甚至到千、萬、……。也就是說，必須用好幾個上／下數 IC 做串接的處理。所以針對上／下數控制型(74LS190、191)和上／下數脈波輸入型(74LS192、193)的串接，將是您想了解的項目。

上／下數控制型的串接：時脈並聯法

　　圖 16-10 乃以前一級的$\overline{\text{RCO}}$串接到下一級的$\overline{G}$。其動作原理為：當前一級達到計數值的最大值(上數時)，或達到計數值的最小值(下數時)，$\overline{\text{RCO}} = 0$，將使下一級的$\overline{G} = 0$，則於下一個 CLOCK 進來的時候，前一級和後一級都會做計數運算，而完成了進位或退位(加 1 或減 1)的動作。

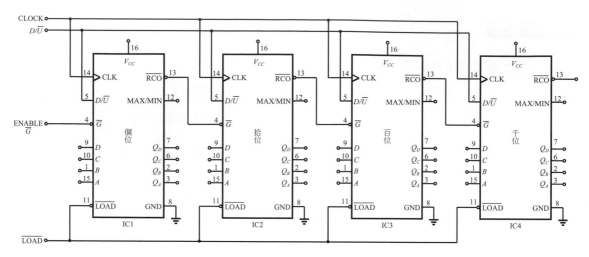

圖 16-10　CLOCK 並聯時的串接方法(74LS190、191)

上／下數控制型的串接：致能並聯法

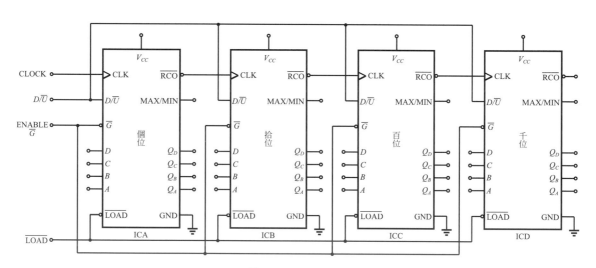

圖 16-11　ENABLE $\overline{G}$ 並聯時的串接方法(74LS190，191)

　　圖 16-11 乃以前一級的 $\overline{\text{RCO}}$ 串接到下一級的 CLK。其動作原理乃因 $\overline{\text{RCO}}$ 是一個負脈波，若以 74LS190(十進制)為例，當計數值到 $1001 = (9)_{10}$ 的時候，$\overline{\text{RCO}}$ 會由 1 變

成 0。接著再進入的 CLOCK，將使前一級的$(9)_{10}$變成$(0)_{10}$，而新的 CLOCK 進入時，$\overline{RCO}$ 將由 0 變成 1，此時是一個前緣觸發信號，勢必對下級的 CLK 做有效的觸發，則下一級的輸出將計數值加 1(向上數時，$D/\overline{U} = 0$)，或將計數值減 1(向下數時，$D/\overline{U} = 1$)。

線路分析練習(一)

(1) 圖 16-10 若所使用的 IC 為 74LS190(十進制)，則該電路可做 0～9999 之向上計數或 9999～0 之向下計數。試問

① 當向上計數時，從哪一個信號可以確認計數值已經超過 9999？

② 當向下計數時，從哪一個信號可以確認計數值已達$(0000)_{10}$？

③ 若 IC1～IC4 的預設數值輸入腳$DCBA$分別設定為(0001，1000，0010，0011)，代表$(3281)_{10}$。若 IC4 的 $\overline{RCO}$(Pin13)，被接到 $\overline{LOAD}$，則在$D/\overline{U} = 0$ 的情況下，所能計數的範圍是多少到多少？

④ 承上一題之條件，則在$D/\overline{U} = 1$ 的情況下，所能計數的範圍是多少到多少？

⑤ 說明$D/\overline{U}$控制 74LS190 和 74LS191 的動作情形。

⑥ 說明$\overline{G}$控制 74LS190 和 74LS191 的動作情形。

⑦ 說明 $\overline{LOAD}$ 控制 74LS190 和 74LS191 的動作情形。

(2) 圖 16-11 若使用的 IC 是 74LS191，且 ICA～ICD 的預設數值輸入腳$DCBA$分別設定為(55AA)。若 ICD 的 $\overline{RCO}$ 被接到 $\overline{LOAD}$，

① 當$D/\overline{U} = 0$ 時，計算值是從哪裡到哪裡？

② 當$D/\overline{U} = 1$ 時，計算值是從哪裡到哪裡？

上/下數時脈輸入型的串接：74LS192、193

圖 16-12 乃把前一級的 $\overline{CO}$ 接到下一級的 CP_U，前一級的 $\overline{BO}$ 接到下一級的 CP_D，便完成了 74LS192、193 的串接。若要向上數則 CLOCK 由 CP_U 輸入，且必須使 $CP_D = 1$。若要向下數，則 CLOCK 由 CP_D 輸入，且 $CP_U = 1$。若想只用一支控制腳去切換上/下數，則能使用如下的方法。

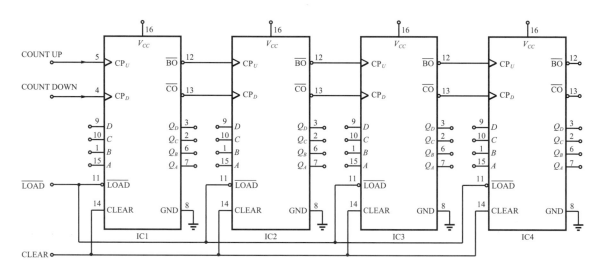

圖 16-12　時脈輸入型的串接

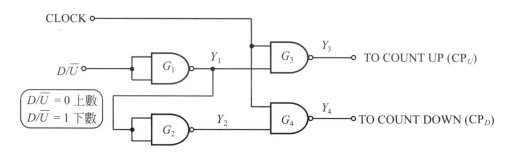

圖 16-13　時脈輸入型改成控制型的方法

由圖 16-13 很清楚地看到，此時上／下數乃由新的控制腳$D/\overline{U}$所擔任。當$D/\overline{U} = 0$時，$Y_1 = 1$，$Y_2 = 0$，則$Y_3 = \overline{\text{CLOCK}}$，$Y_4 = 1$，相當於 CLOCK 由$CP_U$加入 74LS192、193。當$D/\overline{U} = 1$時，$Y_1 = 0$，$Y_2 = 1$，則$Y_3 = 1$，$Y_4 = \overline{\text{CLOCK}}$，相當於 CLOCK 是由$CP_D$加到 74LS192、193。

線路分析練習二

(1) 在圖 16-12 當向上計數時，CLOCK 是由CP_U輸入，且$CP_D = 1$。試問當往上數到最大值時，$\overline{\text{CO}}$ 和 $\overline{\text{BO}}$ 誰會得到負脈波(邏輯 0)？

(2) 若爲下數操作，則$CP_U = 1$，$CP_D = $ CLOCK，則數到最小值時，誰會得到負脈波，$\overline{\text{CO}}$？$\overline{\text{BO}}$？

(3) 若IC1～IC4 使用 74LS192(十進制)，且其預設輸入$DCBA$分別設定(0010，0100，0110，1000)代表所設的數目爲$(8642)_{10}$，把 $\overline{\text{CO}}$ 接到 $\overline{\text{LOAD}}$，

 ① 若爲上數($CP_U = $ CLOCK，$CP_D = 1$)，則上數時的計數範圍是多少到多少？

 ② 若爲下數($CP_U = 1$，$CP_D = $ CLOCK)，則下數時的計數範圍是多少到多少？

(4) 設定$DCBA$值爲$(8642)_{10}$，把 BO 接到 $\overline{\text{LOAD}}$，

 ① 若爲上數($CP_U = $ CLOCK，$CP_D = 1$)，則上數的計數範圍是多少到多少？

 ② 若爲下數($CP_U = 1$，$CP_D = $ CLOCK)，則下數的計數範圍是多少到多少？

(5) 圖 16-13 的輸出是接到圖 16-12 的 COUNT UP 和 COUNT DOWN，請說明$D/\overline{U} = 0$爲什麼是做上數的動作？

第17章

移位暫存器

(1) 了解移位暫存器的種類及其使用方法。

(2) 移位暫存器應用線路分析與製作。

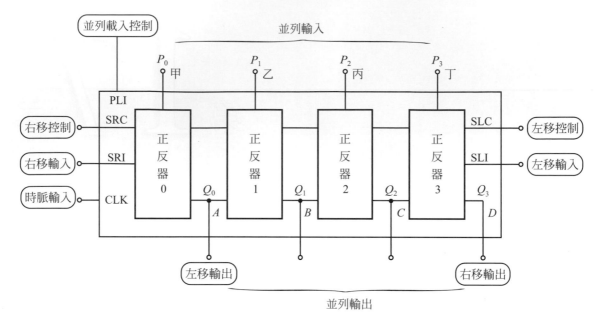

圖 17-1　移位暫存器綜合示意圖

移位暫存器說明

　　既然是暫存器，一定能把資料存起來，等需要的時候再丟出去。所以暫存器的基本元件是正反器。正反器猶如單一位元的記憶體，除非有時脈輸入且資料改變，否則正反器原先所保持的狀態並不會改變。所以不論是哪一種暫存器，它們的基本元件一定都是正反器。

　　從圖 17-1 看到很多接腳，只因我們把各種移位暫存器的可能接腳全部綜合起來，並畫在同一個圖上。茲說明移位暫存器的種類如下：

1.　串列輸入串列輸出(SISO)移位暫存器

(1)　右移動作之 SISO

　　　　由 SRC 控制是否要做右移，而要被往右移的資料由 SRI 輸入。當 CLK 有一個時脈觸發的時候，所有正反器的資料將全部向右移一位。即新的輸出狀態爲：$Q_0 = \text{SRI}$，$Q_1 = A$，$Q_2 = B$，$Q_3 = C$。最後輸出若只有Q_3 (Q_0、Q_1、Q_2都在 IC 內部，沒有留出接腳)，則輸入是SRI，輸出只剩下Q_3，這種類型的移位暫存器我們稱它爲右移動作的 SISO。

(2) 左移動作之 SISO

　　由SLC控制左移動作，資料由SLI輸入，最後由Q_0當左移的輸出端。做一次左移時，$Q_3 = \text{SLI}$，$Q_2 = D$，$Q_1 = C$，$Q_0 = B$。

(3) 左／右移動作之 SISO

　　大部份SISO的移位暫存器，左移和右移共用一支控制腳，使得一顆IC可以做資料的左移，也可以做資料的右移。

2. 串列輸入並列輸出(SIPO)移位暫存器

　　資料由 SRI 輸入，經四個 CLOCK 後，由Q_0、Q_1、Q_2、Q_3同時輸出。若串列資料爲$(W，X，Y，Z)$，其移位情形爲

輸出 時脈	Q_0	Q_1	Q_2	Q_3
第一個	Z	A	B	C
第二個	Y	Z	A	B
第三個	X	Y	Z	A
第四個	W	X	Y	Z

3. 並列輸入串列輸出(PISO)移位暫存器

　　把資料由$P_0P_1P_2P_3$同時輸入，經四個CLOCK後，若做右移，則Q_3將依序得到丁丙乙甲。而並列載入控制，乃把$P_0P_1P_2P_3$的資料，直接存到$Q_0Q_1Q_2Q_3$。然後再由左移(SLC)或右移(SRC)控制移位的方向。

輸出＼動作情形	Q_0(內)	Q_1(內)	Q_2(內)	Q_3(外)
並列載入控制	甲	乙	丙	丁
移位	SRI	甲	乙	丙
移位	SRI	SRI	甲	乙
移位	SRI	SRI	SRI	甲

※(內)：代表在IC內部，即沒有把線接到外面。

※(外)：代表有輸出腳存在。

意思是先把資料($P_0P_1P_2P_3$)擺好，然後再一個接一個做移位的動作。Q_3得到丁丙乙甲之串列資料。

4. 並列輸入並列輸出(PIPO)移位暫存器

由並列載入控制將$P_0P_1P_2P_3$的資料，直接送到$Q_0Q_1Q_2Q_3$當輸出。即一筆資料($P_0P_1P_2P_3$)直接做移位的動作，使$Q_0Q_1Q_2Q_3 = P_0P_1P_2P_3$，這就叫PIPO。

17-2 產品介紹

1. SISO 移位暫存器 74LS91

74LS91是一個串列輸入串列輸出的移位暫存器。此時A、B的狀態在經過8個前緣觸發的脈波後，才出現在Q_H。意思是說目前A、B的狀態，必須經過 8 個 CLOCK (⎍)後，才會由Q_H端輸出。對 74LS91 而言，真正用到的接腳只有A、B、CLK、Q_H、$\overline{Q_H}$和V_{CC}、GND共七支腳而已。只能由A、B輸入後，由Q_H和$\overline{Q_H}$輸出，所以74LS91是單向移位(只能右移)。

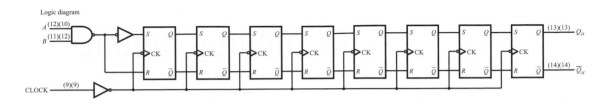

圖 17-2　SISO 74LS91 電路圖

FUNCTION TABLE

INPUTS AT t_n		OUTPUTS AT t_{n+8}	
A	B	$\overline{Q}_H$	Q_H
H	H	H	L
L	X	L	H
X	L	L	H

t_n =Reference bit time , clock low

t_{n+8} =Bit time after 8 low−to−high clock transtions.

SN5491A、SN54L91、SN54L91.......J PACKAGE

SN7491A......JOR N PACKAGE

SN74LS91.....D.JOR N PACKAGE

(TOP VIEW)

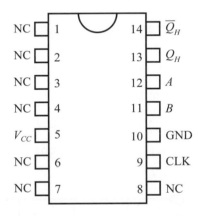

圖 17-3　74LS91 功能表及其接腳圖

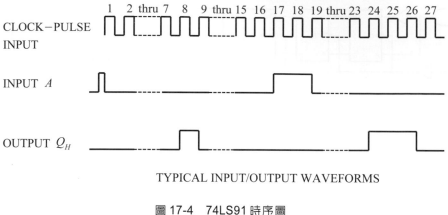

TYPICAL INPUT/OUTPUT WAVEFORMS

圖 17-4　74LS91 時序圖

2.　SIPO 移位暫存器 74LS164

74LS164 是一個串列輸入並列輸出的移位暫存器，資料由 A、B 輸入，於 CLOCK 的前緣會做右移的動作。並同時能由 $Q_A \sim Q_H$ 得到每一次移位的結果。若 $Q_A \sim Q_G$ 都不用，而只剩下 Q_H 的時候，74LS164 和 74LS91(SISO 移位暫存器)的功能就完全相同了。也就是說 74LS164 可以取代 74LS91。

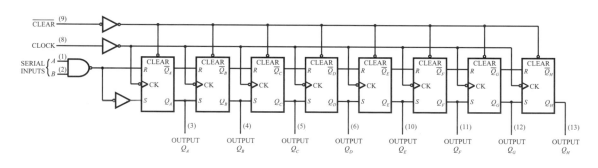

圖 17-5　SIPO 74LS164 電路圖

SN54164、SN54LS164、...JOR W PACKAGE
SN54L164......J PACKAGE
SN74164.....J ORNPACKAGE
SN74LS164.....D.JOR N PACKAGE

(TOP VIEW)

FUNCTION TABLE

INPUTS				OUTPUTS		
$\overline{CLEAR}$	CLOCK	A	B	Q_A	Q_B ...	Q_H
L	X	X	X	L	L	L
H	L	X	X	Q_{AO}	Q_{BO}	Q_{HO}
H	↑	H	H	H	Q_{AN}	Q_{GN}
H	↑	L	X	L	Q_{AN}	Q_{GN}
H	↑	X	L	L	Q_{AN}	Q_{GN}

A 1		14 V_{CC}
B 2		13 Q_H
Q_A 3		12 Q_G
Q_B 4		11 Q_F
Q_C 5		10 Q_E
Q_D 6		9 $\overline{CLR}$
GND 7		8 CLK

圖 17-6　74LS164 功能表和接腳圖

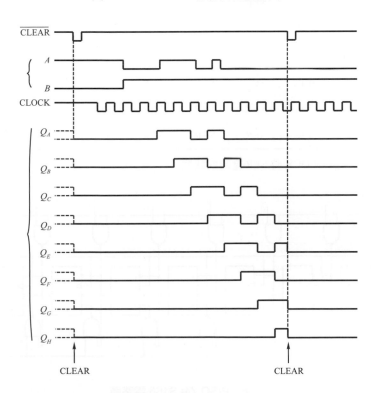

圖 17-7　74LS164 時序圖

3. PISO 移位暫存器 74LS165

74LS165 是一個並列輸入串列輸出的移位暫存器。並列資料由(A，B，C，D，E，F，G，H)輸入。當 SH/$\overline{LD}$ = 0 的那一瞬間，立刻把($A{\sim}H$)八位元的資料，全部存入 R-S正反器中。在 SH/$\overline{LD}$ = 1 的時候，每次 CLK 的前緣便把存在R-S正反器中的資料向右移。若把($A{\sim}H$)所對應的正反器輸出，訂爲($Q_A{\sim}Q_G$，Q_H)，則分析如下。

	(串列輸入 SER)		Q_A	Q_B	Q_C	Q_D	Q_E	Q_F	Q_G	Q_H
①	SH/$\overline{LD}$ =	⌐	A	B	C	D	E	F	G	H
②	CLK	↑	SER_1	A	B	C	D	E	F	G
③	CLK	↑	SER_2	SER_1	A	B	C	D	E	F
④	CLK	↑	SER_3	SER_2	SER_1	A	B	C	D	E
⑤	CLK	↑	SER_4	SER_3	SER_2	SER_1	A	B	C	D
⑥	CLK	↑	SER_5	SER_4	SER_3	SER_2	SER_1	A	B	C
⑦	CLK	↑	SER_6	SER_5	SER_4	SER_3	SER_2	SER_1	A	B
⑧	CLK	↑	SER_7	SER_6	SER_5	SER_4	SER_3	SER_2	SER_1	A

※註：SER_n：代表第n個 CLOCK 時 SER 當時的狀態

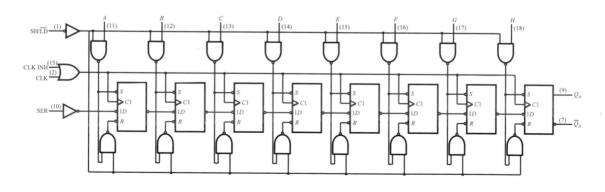

圖 17-8　PISO 74LS165 電路圖

SN54165、SN54LS165A...JOR W PACKAGE
SN54L165......JOR N PACKAGE
SN74LS165.....D.JOR N PACKAGE

(TOP VIEW)

SH/$\overline{LD}$	1	16	V_{CC}
CLK	2	15	CLK INH
E	3	14	D
F	4	13	C
G	5	12	B
H	6	11	A
$\overline{Q_H}$	7	10	SER
GND	8	9	Q_H

FUNCTION TABLE

INPUTS						INTERANL OUTPUTS		OUTPUT Q_H
SHIFT/ $\overline{LOAD}$	CLOCK INHIBIT	CLOCK	SERIAL	PARALLEL		Q_A	Q_B	
				A......H				
L	X	X	X	a........h		a	b	h
H	L	L	X	X		Q_{AO}	Q_{BO}	Q_{HO}
H	L	$\uparrow$	H	X		H	Q_{AN}	Q_{GN}
H	L	$\uparrow$	L	X		L	Q_{AN}	Q_{GN}
H	H	X	X	X		Q_{AO}	Q_{BO}	Q_{HO}

圖 17-9　74LS165 功能表和接腳圖

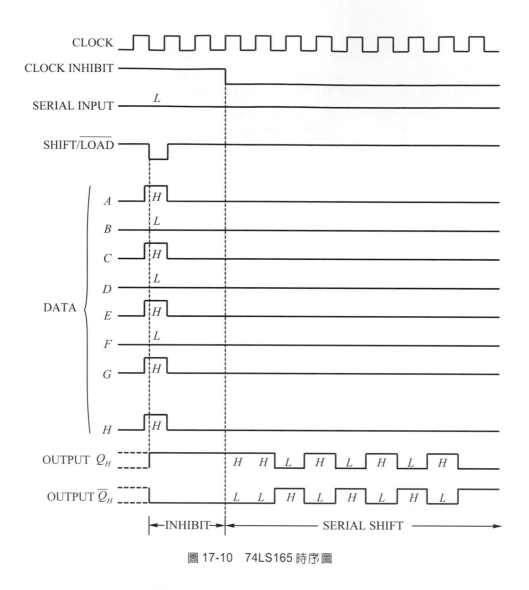

圖 17-10　74LS165 時序圖

　　此時 74LS165 若使 SH/$\overline{\text{LD}}$ ＝ 1(代表只做移位)，則此時 74LS165 就和 74LS91(SISO 移位暫存器)的功能相同。意思是說可以用 PISO(74LS165)取代 SISO(74LS91)。

　　當 CLK INH(Pin15)＝ 1 時，無法做移位的動作。想要正常移位則必須在 CLK INH ＝ 0 的情況下。

4. PIPO 移位暫存器 74198

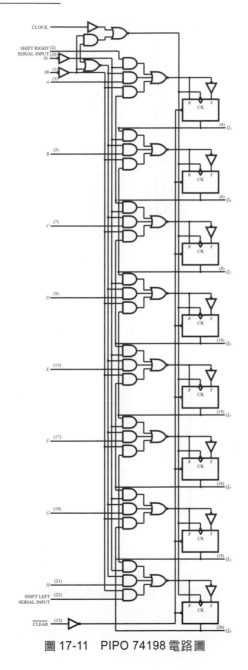

圖 17-11　PIPO 74198 電路圖

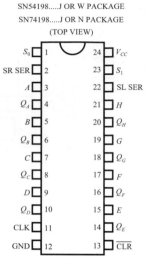

SN54198.....J OR W PACKAGE
SN74198.....J OR N PACKAGE
(TOP VIEW)

(a) 接腳圖

FUNCTION TABLE

INPUTS							OUTPUT			
$\overline{LOAD}$	MODE		CLOCK	SERIAL		PARALLEL	Q_A	Q_B ... Q_G		Q_H
	S_1	S_0		LEFT	RIGHT	A......H				
L	X	X	X	X	X	X	L	L	L	L
H	X	X	L	X	X	X	Q_{AO}	Q_{BO}	Q_{GO}	Q_{HO}
H	H	H	↑	X	X	a........h	a	b	g	h
H	L	H	↑	X	H	X	H	Q_{AN}	Q_{FN}	Q_{GN}
H	L	H	↑	X	L	X	L	Q_{AN}	Q_{FN}	Q_{GN}
H	H	L	↑	H	X	X	Q_{BN}	Q_{CN}	Q_{HN}	H
H	H	L	↑	L	X	X	Q_{BN}	Q_{CN}	Q_{HN}	L
H	L	L	X	X	X	X	Q_{AO}	Q_{BO}	Q_{GO}	Q_{HO}

(b) 功能表

圖 17-12　74198 接腳圖與功能表

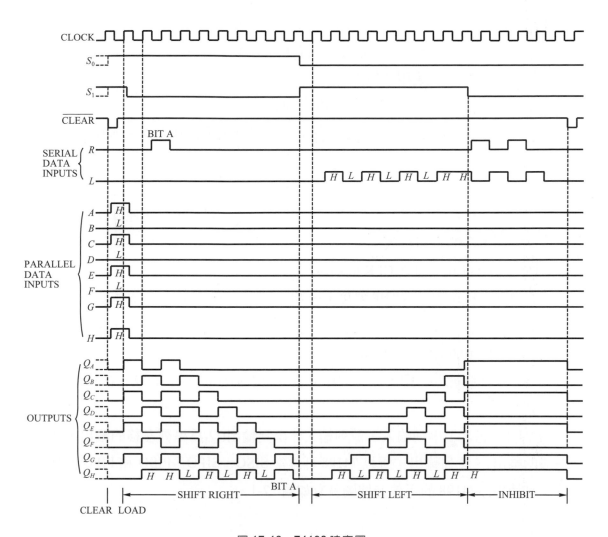

圖 17-13　74198 時序圖

　　74198 是一顆並列輸入並列輸出的移位暫存器，而它的接腳特別多，共 24 支接腳。因為 74198 除了有並列輸入端(A，B，C，D，E，F，G，H)和並列輸出端(Q_A，Q_B，Q_C，Q_D，Q_E，Q_F，Q_G，Q_H)外，它還包含了左移串列輸入(SL SER)和右移串列輸入(SR SER)。同時留了一支清除腳給您使用。當 $\overline{CLR} = 0$ 的時候，把($Q_A \sim Q_H$)全部清除為 0。

　　為了完成並列移位，串列左移和串列右移的功能，74198 特別預留兩支功能選擇腳 S_1 和 S_0。茲說明 S_1、S_0 選項功能如下：

⑴　$(S_1，S_0)=(1,1)$，且在 CLK 的前緣(↑)時

　　為並列移位功能，會把並列輸入端的資料($A{\sim}H$)直接載入到並列輸出端，使得 $(Q_A{\sim}Q_H)=(A{\sim}H)$。

⑵　$(S_1，S_0)=(0,1)$，且在 CLK 的前緣(↑)時

　　為串列右移功能，會把串列輸入端(SR SER)的資料移入 Q_A，原本 Q_A 的資料移入 Q_B，原本 Q_B 的資料移入……。

⑶　$(S_1，S_0)=(1,0)$，且在 CLK 的前緣(↑)時

　　為串列左移功能，會把串列輸入端(SL SER)的資料移入 Q_H，原本 Q_H 的資料移入 Q_G，原本 Q_G 的資料移入……。

⑷　$(S_1，S_0)=(0,0)$(不論在 CLK 的什麼時候)

　　為"呆滯狀態"，即不做並列移位也不做串列移位，存在($Q_A{\sim}Q_H$)的資料都不會改變。

　　因 74198 包含了串列輸入、並列輸入、串列輸出(Q_A 為串列左移的輸出，Q_H 為串列右移的輸出)、並列輸出。所以 74198 可以當 SISO、SIPO、PISO 和 PIPO 四種移位暫存器來使用。74198 的等效方塊圖就有如圖 17-1。

17-3　移位暫存器基本應用線路分析⋯信號延遲電路

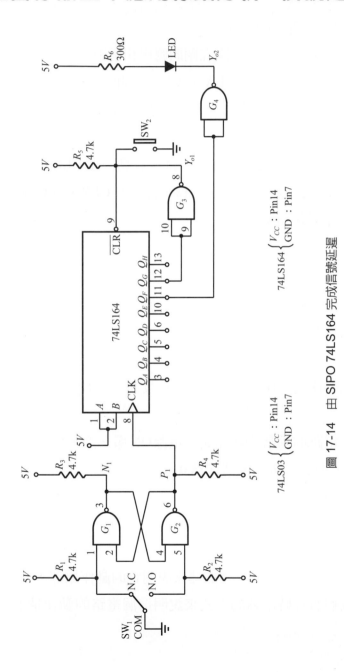

圖 17-14　由 SIPO 74LS164 完成信號延遲

各元件功能說明

(1) G_1、G_2，R_1、R_2、R_3、R_4和SW_1

這是一個單一脈波產生器(在閘的應用和信號產生章節中已做詳細分析了，請回頭瞧它一瞧)。也是模板LA-02的基本線路。只要按一次SW_1，N_1產生一個負脈波，而P_1產生一個正脈波。P_1的正脈波用以驅動 74LS164 做右移的動作。

(2) 74LS164

它是一顆SIPO的移位暫存器，每接收到一個CLK的前緣時，就做一次右移的動作，便能把$(A \cdot B = 1)$往右移，而它有$\overline{CLR}$，當$\overline{CLR} = 0$的時候，便能把$Q_A \sim Q_H$全部清除為 0。

(3) G_3

當反相器使用，於$Q_G = 1$的那一瞬間立刻使$Y_{01} = \overline{CLR} = \overline{Q_G} = \overline{1} = 0$，便能把$Q_A \sim Q_H$全部清除為 0。意思是說$Q_G$一發生$Q_G = 1$那一剎那，所有輸出$Q_A \sim Q_H$都會被清除為 0。

(4) G_4

當反相器使用。$Q_F = 1$的時候經G_4反相，則使 LED ON。

(5) SW_2

當這個電路的手動清除開關，電源ON那一刻，$Q_A \sim Q_H$的狀態不定，只要按一下SW_2，把$Q_A \sim Q_H$全部清除為 0。

動作分析

這種移位暫存器的應用，以文字敘述來說明它的動作原理，將是"廢話連篇，又臭又長"。所以我們將以時序圖的方式來說明這個電路的動作情形。

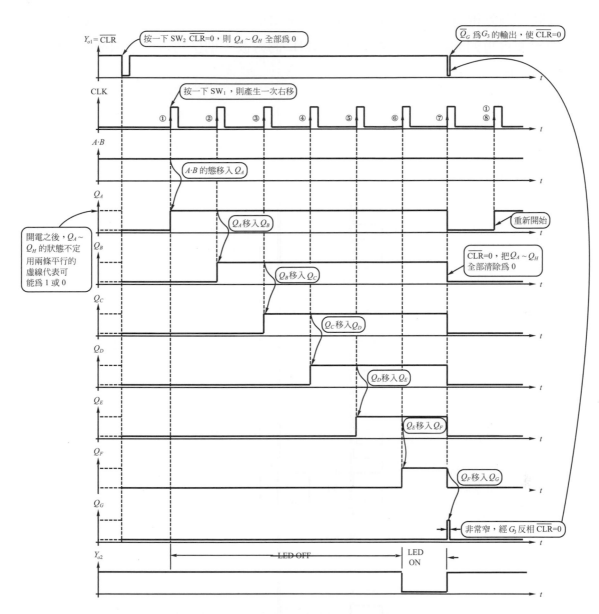

圖 17-15 動作情形的時序分析

從時序圖分析這個電路的動作就顯得非常簡單也非常容易懂。從圖中我們看到每按七次，便會重頭開始。若把 CLK 改用 1kHz 的方波，則 Q_F 將得到六個邏輯 0，一個邏輯 1 的波形。

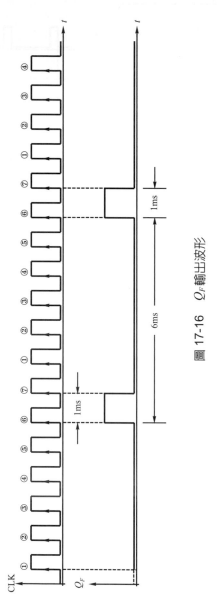

圖 17-16　Q_F 輸出波形

實驗接線

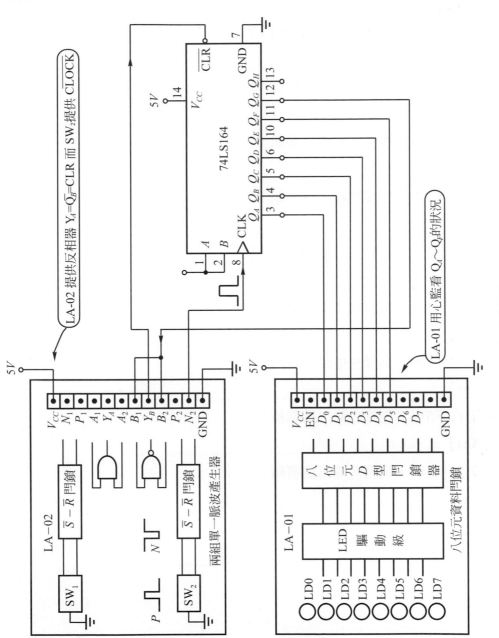

圖 17-17　實驗接線

(1) 按 LA-02 的 SW_2，使 P_2 產生正脈波以觸發 74LS164，一直按到 $Q_A \sim Q_H$ 都為 0(即 LA-01 的 $LD_0 \sim LD_7$ 全都不亮)。

(2) 按第一下 SW_2，則哪些輸出為邏輯 1？

【Ans】：_____ 。

(3) 按第二下 SW_2，則哪些輸出為邏輯 1？

【Ans】：_____ 。

(4) 按第三下 SW_2，則哪些輸出為邏輯 1？

【Ans】：_____ 。

(5) 按第四下 SW_2，則哪些輸出為邏輯 1？

【Ans】：_____ 。

(6) 按第五下 SW_2，則哪些輸出為邏輯 1？

【Ans】：_____ 。

(7) 按第六下 SW_2，則哪些輸出為邏輯 1？

【Ans】：_____ 。

(8) 按第七下 SW_2，則哪些輸出為邏輯 1？

【Ans】：_____ 。

(9) 按第八下 SW_2，則哪些輸出為邏輯 1？

【Ans】：_____ 。

(10) 按第九下 SW_2，則哪些輸出為邏輯 1？

【Ans】：_____ 。

(11) 按第十下 SW_2，則哪些輸出為邏輯 1？

【Ans】：_____ 。

實驗討論

(1)　若希望產生一個週期性的脈波，其任務週期(Duty Cycle)＝ 20 ％，週期為 1ms，
應如何以移位暫存器配合振盪器等元件，完成該線路的設計？

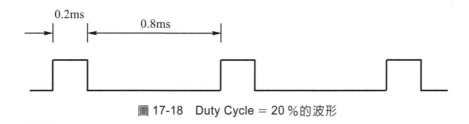

圖 17-18　Duty Cycle = 20 ％的波形

線路分析練習(一)

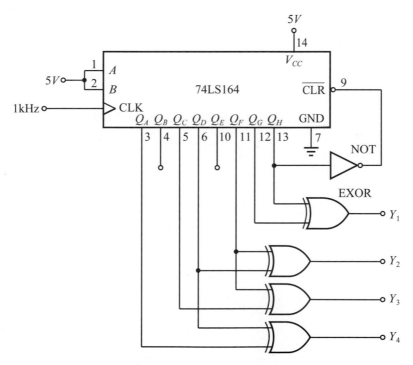

圖 17-19　線路分析電路(一)

⑴ 請先繪出 CLOCK 的波形,然後再繪出 $Q_A \sim Q_H$ 的波形。

　　※(和圖 17-17 有點類似)。

⑵ 接著再繪出 Y_1、Y_2、Y_3、Y_4 的波形。

　　※ EXOR 運算爲($A = B$,$Y = 0$,$A \neq B$,$Y = 1$)。A、B爲輸入,Y爲輸出。

⑶ 有如下的一項動作流程,請您設計該控制信號的產生電路,以便能正確地控制 $LED_1 \sim LED_4$ ON 的順序。

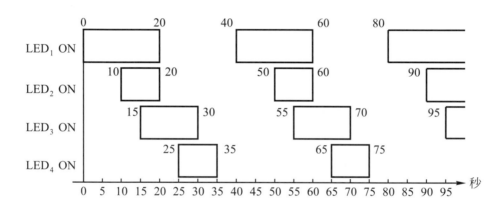

圖 17-20　$LED_1 \sim LED_4$ ON 的時序

※長方形或正方形區間,代表設 LED ON

線路分析練習(二)

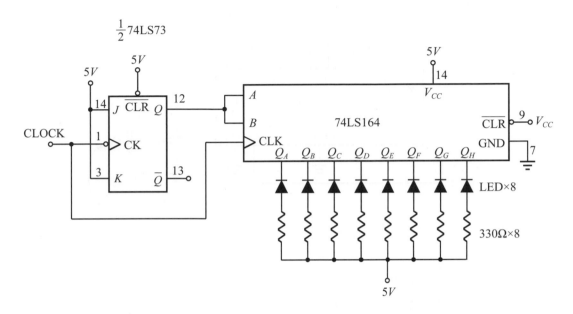

圖 17-21　線路分析電路(三)

※ CLOCK 為 1Hz 方波

(1)　請繪出 CLOCK，$(A \cdot B)$，Q_A、Q_B、Q_C、Q_D、Q_E、Q_F、Q_G、Q_H 的波形。

(2)　這些 LED 是怎樣亮法呢？

線路分析練習(三)

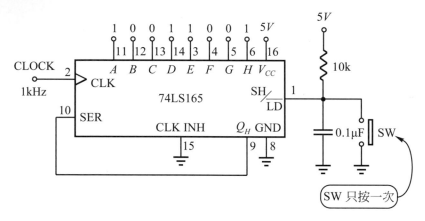

圖 17-22 線路分析電路(三)

(1) 請繪出 CLOCK 和 Q_H 的波形。

(2) Q_H 想要得到 500Hz 時，(A～H)的資料應該怎麼給？

17-4 專題製作……廣告用之多彩跑燈

製作動機

　　市面上很多廣告看板都加裝許許多多的彩色燈泡，依序亮出不同的花樣，或左右追逐的效果，它的控制電路到底長成什麼樣子呢？

問題思考

(1) 一次要亮幾個燈泡呢？……跑燈的花樣如何設定？

(2) 如何達成左右追逐的效果呢？……左移右移怎麼控制？

(3)　怎樣驅動更多 110V AC 的燈泡呢？……5V 控制 110V AC 的方法？

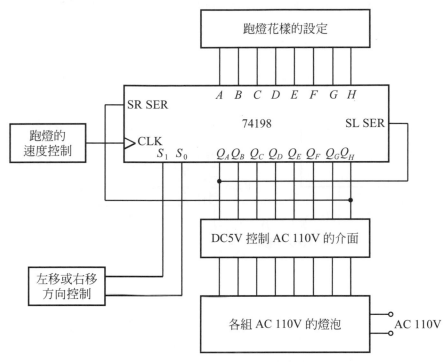

圖 17-23　多彩跑燈系統方塊

問題解析

(1)　跑燈電路已在解碼器單元中分析過，但那時所用的解碼IC 74LS138 或 74LS159，每次都只能讓一個 LED ON，而無法達到兩個 LED ON 的效果，將無法設定花樣。

(2)　若使用 74198 時，則可設定($A{\sim}H$) = 10011001，達到同時有兩組燈(每組兩個)在相互追逐。所以您可以設定不同的$A{\sim}H$，則便完成跑燈花樣的改變。

(3)　74198 雖是PIPO移位暫存器，但它也同時預留左移(SL SER)和右移(SR SER)的輸入端，對74198而言，可由$(S_1，S_2)$設定其移位的方向。

(4) DC 5V 控制 AC 110V 負載的方法，可以使用一般電磁鐵式的繼電器或使用固態繼電器(SSR)。

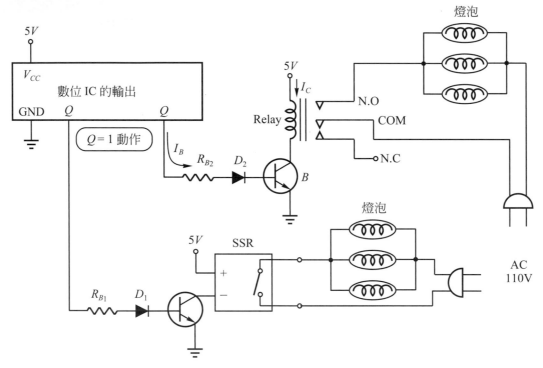

圖 17-24　5V 系統驅動 AC 110V 的方法之一

若數位 IC 的輸出爲低態動作型(Active Low)，則改用*PNP*電晶體。此時在數位 IC 輸出端加一個電晶體(*NPN*或*PNP*)的目的，乃做電流放大。若$I_C = 100$mA，$\beta = 100$，則$I_B = \dfrac{I_C}{\beta} = 1$mA。$I_B$變成很小，就不會對數位 IC 造成負載效應。

(5) 跑燈速度的控制，其實就是控制 74198 CLOCK 的頻率，所以可以選用*RC*振盪，然後以可變電阻控制振盪頻率，便能達到控制跑燈的速度。

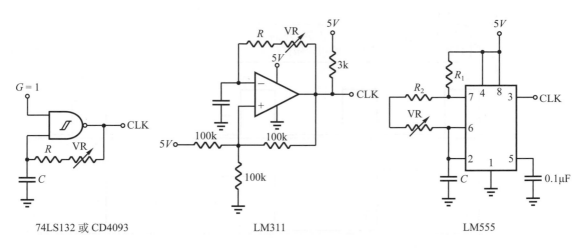

圖 17-25　產生 CLOCK 的各種方法

(6)　左移或右移方向控制

　　跑燈控制可設計成左移一次，接著右移一次，就有如跳燈。也可設計成左移兩次，右移兩次，……或左移一圈後反過來右移一圈，則可如下圖的方式設計。

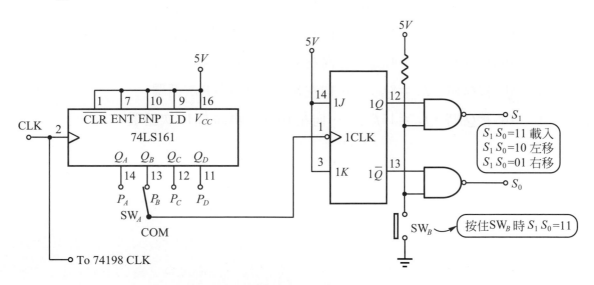

圖 17-26　產生左移、右移的控制信號

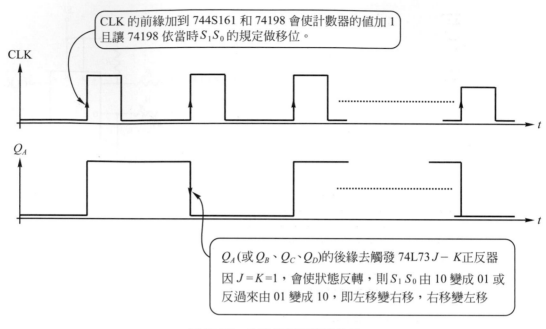

圖 17-27　方向控制之波形分析

⓪　按住SW_B，使 74198 的$(Q_A \sim Q_H) = (A \sim H)$……設定跑燈的花樣。

①　SW_A接Q_A時，$f_{Q_A} = 2f_{CLK}$ ……向左 2 次，再向右 2 次循環。

②　SW_A接Q_B時，$f_{Q_B} = 4f_{CLK}$ ……向左 4 次，再向右 4 次循環。

③　SW_A接Q_C時，$f_{Q_C} = 8f_{CLK}$ ……向左 8 次，再向右 8 次循環。

④　SW_A接Q_D時，$f_{Q_D} = 16f_{CLK}$ ……向左 16 次，再向右 16 次循環。

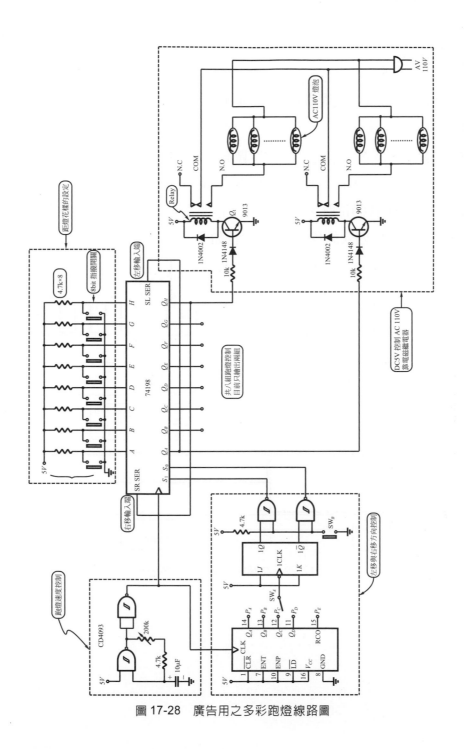

圖 17-28 廣告用之多彩跑燈線路圖

動作分析

(1) 首先設定 8 位元指撥開關(例如設定$A \sim H = 10101010$，則為一個亮，一個不亮的花樣)。

(2) 按住SW_B，使$S_1 S_0 = 11$，則 74198 做載入的工作，把$A \sim H$載入到$Q_A \sim Q_H$。

(3) 調振盪器中 200kΩ的可變電阻，以得到跑燈有適當的速度。

(4) 若SW_A設定在P_C的位置，則會產生左移四次、然後右移四次，接著又是左移四次(即來回各做四次的移位)，茲分析如下。

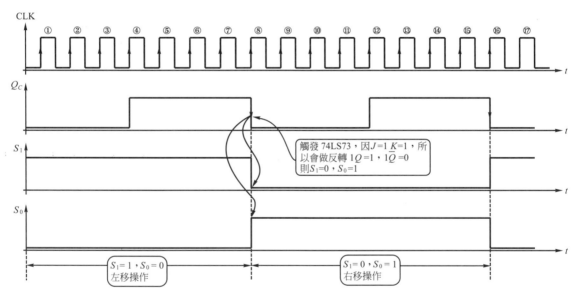

圖 17-29　左移與右移控制時序分析

17-5 參考資料，各式移位暫存器的接腳圖

各式移位暫存器 SISO，SIPO，PISO，PIPO

8-Bit Shift Registers

91 Serial-In, Serial-Out Gated Input

Truth Table

Inputs AT t_n		Output AT t_{n+8}	
A	B	Q_H	$\overline{Q}_H$
H	H	H	L
L	X	L	H
X	L	L	H

H = high, L = low

X = irrelevant

t_n = Reference bit time. clock low

t_{n+8} = Bit time after 8 low-to-high clock transitions

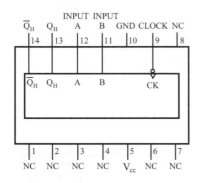

95 Parallel In/Parallel Out Shift Right, Shift Left Serial Input

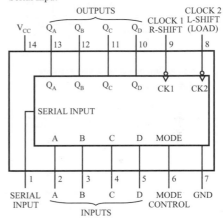

98 Selects 1 of 2 4-Bit Words Parallel In/Out

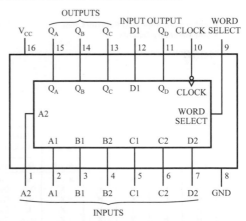

96 5-Bit Shift Register
Asynchronous Preset

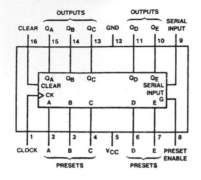

170 Separate read/write addressing   Simultaneous read and write
Open-collector outputs   Expandable to 1024 words

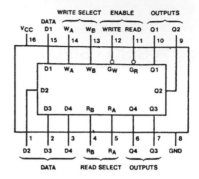

8-Bit Parallel Output Serial Shift Registers

164 Asynchronous clear

Truth Table

Inputs				Outputs			
Clear	Clock	A	B	QA	QB	...	QH
L	X	X	X	L	L	...	L
H	L	X	X	QA0	QB0	...	QH0
H	↑	H	H	H	QAn	...	QGn
H	↑	L	X	L	QAn	...	QGn
H	↑	X	L	L	QAn	...	QGn

H = high level (steady state), L = low level (steady state)
X = irrelevant (any input, including transitions)
↑ = transition from low to high level.
QA0, QB0, QH0 = the level of QA, QB, or QH, respectively, before the indicated steady-state input conditions were established.
QAn, QGn = the level of QA or QG before the most-recent ↑ transition of the clock; indicates a one-bit shift.

**Parallel-Load 8-Bit Shift Registers With
Complementary Outputs**

165

Truth Table

Inputs					Internal Outputs		Output QH
Shift/ Load	Clock Inhibit	Clock	Serial	Parallel A...H	QA	QB	
L	X	X	X	a...h	a	b	h
H	L	L	X	X	QA0	QB0	QH0
H	L	↑	H	X	H	QAn	QGn
H	L	↑	L	X	L	QAn	QGn
H	H	X	X	X	QA0	QB0	QH0

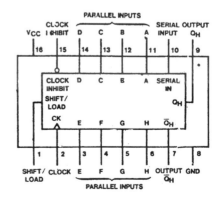

8-Bit Shift Registers

166 Parallel/serial input
Serial output

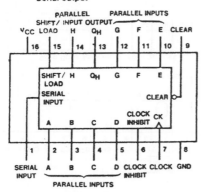

4-Bit D-Type Registers

173 TRI-STATE® outputs

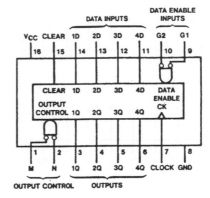

4-Bit Bidirectional Universal Shift Registers

194

a, b, c, d = the level of atesdy-state input at inputs A, B, C, or D, reepectively..

Q_{A0}, Q_{B0}, Q_{C0}, Q_{D0}, = the level of Q_A, Q_B, Q_C, or Q_D, respectively, before the indicated steady-atate input conditions were eatablished.

Q_{An}, Q_{Bn}, Q_{Cn}, Q_{Dn} = the level of Q_A, Q_B, Q_C, reapectively, before the moat-recent ↑ tranaition of the clock.

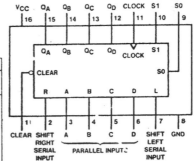

Truth Table

	Inputs									Outputs			
Clear	Mode		Clock	Serial		Parallel				Q_A	Q_B	Q_C	Q_D
	S1	S2		Left	Right	A	B	C	D				
L	X	X	X	X	X	X	X	X	X	L	L	L	L
H	X	X	L	X	X	X	X	X	X	Q_{A0}	Q_{B0}	Q_{C0}	Q_{D0}
H	H	H	↑	X	X	a	b	c	d	a	b	c	d
H	L	H	↑	X	H	X	X	X	X	H	Q_{An}	Q_{Bn}	Q_{Cn}
H	L	H	↑	X	L	X	X.	X	X	L	Q_{An}	Q_{Bn}	Q_{Cn}
H	H	L	↑	H	X	X	X	X	X	Q_{Bn}	Q_{Cn}	Q_{Dn}	H
H	H	L	↑	L	X	X	X	X	X	Q_{Bn}	Q_{Cn}	Q_{Dn}	L
H	L	L	X	X	X	X	X	X	X	Q_{A0}	Q_{B0}	Q_{C0}	Q_{D0}

4-Bit Parallel-Access Shift Registers

195

H = high level (steady state)
L = low level (steady state)
X = irrelevant (any input, including transitions)
↑ = transition from low to high level
a, b, c, d = the level of steady-state input at inputs A, B, C, or D, respectively.

Q_{A0}, Q_{B0}, Q_{C0}, Q_{D0}, = the level of Q_A, Q_B, Q_C, or Q_D, reapectively, before the indicated steedy-state input conditions were established.

Q_{An}, Q_{Bn}, Q_{Cn} = the level of Q_A, Q_B, Q_C, respectively, before the most-recent transition of the clock.

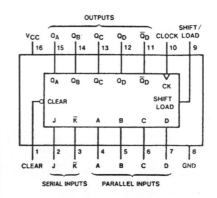

Truth Table

	Inputs								Outputs				
Clear	Shift/ Load	Clock	Serial		Parallel				Q_A	Q_B	Q_C	Q_D	$\overline{Q}_D$
			J	$\overline{K}$	A	B	C	D					
L	X	X	X	X	X	X	X	X	L	L	L	L	H
H	L	↲	X	X	a	b	c	d	a	b	c	d	$\overline{d}$
H	H	↑	X	X	X	X	X	X	Q_{A0}	Q_{B0}	Q_{C0}	Q_{D0}	$\overline{Q}_{D0}$
H	H	↑	L	H	X	X	X	X	Q_{A0}	Q_{A0}	Q_{Bn}	Q_{Cn}	$\overline{Q}_{Cn}$
H	H	↑	L	L	X	X	X	X	L	Q_{An}	Q_{Bn}	Q_{Cn}	$\overline{Q}_{Cn}$
H	H	↑	H	H	X	X	X	X	H	Q_{An}	Q_{Bn}	Q_{Cn}	$\overline{Q}_{Cn}$
H	H	↑	H	L	X	X	X	X	$\overline{Q}_{An}$	Q_{An}	Q_{Bn}	Q_{Cn}	$\overline{Q}_{Cn}$

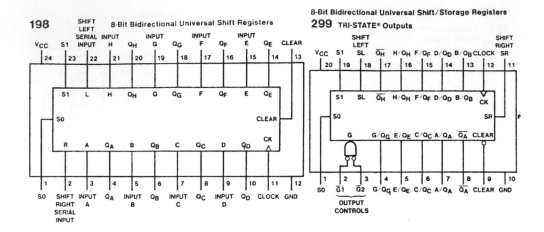

198 SHIFT LEFT SERIAL INPUT   8-Bit Bidirectional Universal Shift Registers

8-Bit Bidirectional Universal Shift/Storage Registers
299 TRI-STATE® Outputs

數位多工器與類比多工器

(1) 數位多工器與類比多工器的認識。

(2) 多工器當資料選擇控制應用。

(3) 類比多工器之應用分析。

多工器事實上可以看成是開關的組合電路，用以做資料的選擇。所以多工器的另一個名稱就叫資料選擇器。

　　如圖18-1所示的開關組合電路，並不是用"手"去控制開關的ON和OFF。而是以"數位碼"去控制開關的 ON 和 OFF。所以多工器的主要接腳可概分為資料輸入腳、資料輸出腳和選擇控制腳。而其電路架構就能看成是開關的組合加上解碼電路，由解碼輸出去控制開關的 ON、OFF，而達到資料選擇的目的。

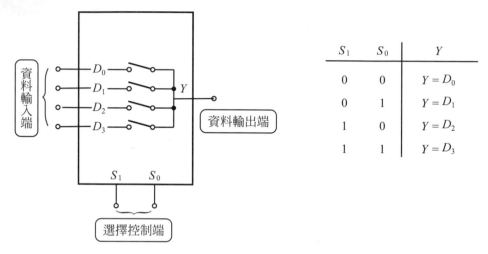

S_1	S_0	Y
0	0	$Y = D_0$
0	1	$Y = D_1$
1	0	$Y = D_2$
1	1	$Y = D_3$

圖 18-1　多工器基本架構和功能表

　　若把解碼電路的部份也繪出來，則一個多工器的等效電路，就會像圖18-2。不管數位多工器或類比多工器，它們內部的電路架構都如圖18-2所示。

　　多工器主要是依CBA所給的數位值，經解碼器解碼，產生控制開關電路中每一個開關($SW_0 \sim SW_7$)的控制信號。例如$S_2 S_1 S_0 = 000$時，解碼器的輸出Y_0產生唯一的控制信號，使開關電路中的SW_0 ON，則$Y = D_0$，若$CBA = 111$，則SW_7 ON，$Y = D_7$。

　　而這些開關並非金屬接點，而是半導體開關，可由數位閘組成控制開關，或由類比開關所組成，所以多工器可概分為數位多工器和類比多工器。

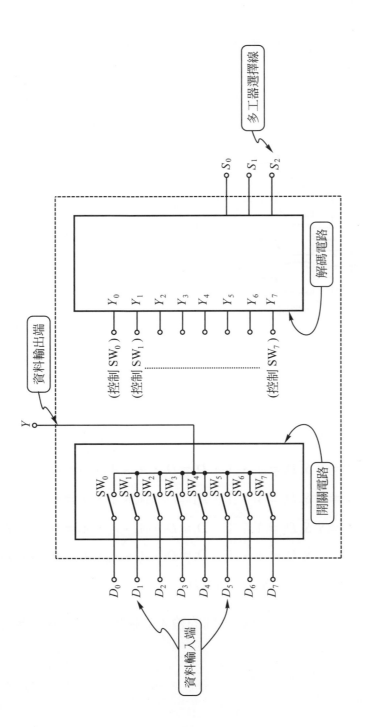

圖 18-2 多工器內部結構(以 8 對 1 多工器為例)

18-1 數位多工器原理說明與產品介紹

原理說明

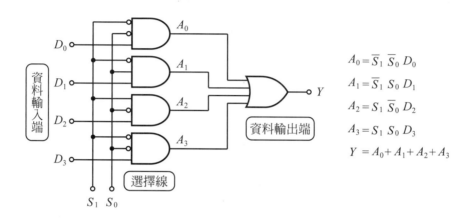

$A_0 = \overline{S_1}\,\overline{S_0}\,D_0$

$A_1 = \overline{S_1}\,S_0\,D_1$

$A_2 = S_1\,\overline{S_0}\,D_2$

$A_3 = S_1\,S_0\,D_3$

$Y = A_0 + A_1 + A_2 + A_3$

圖 18-3　四對一多工器原理說明

　　圖 18-3 四對一多工器是由 AND 和 OR 所組成。分析動作如下，把 $S_1 S_0$ 由 00，01，10，11 依序改變，將得到：

$$S_1 S_0 = 00 \text{，} A_0 = \overline{S_1}\,\overline{S_0}\,D_0 = 1 \cdot 1 \cdot D_0 = D_0 \text{，} A_1 \cdot A_2 \cdot A_3 = 0 \text{，} Y = D_0$$

$$S_1 S_0 = 01 \text{，} A_1 = \overline{S_1}\,S_0\,D_1 = 1 \cdot 1 \cdot D_1 = D_1 \text{，} A_0 \cdot A_2 \cdot A_3 = 0 \text{，} Y = D_1$$

$$S_1 S_0 = 10 \text{，} A_2 = S_1\,\overline{S_0}\,D_2 = 1 \cdot 1 \cdot D_2 = D_2 \text{，} A_0 \cdot A_1 \cdot A_3 = 0 \text{，} Y = D_2$$

$$S_1 S_0 = 11 \text{，} A_3 = S_1\,S_0\,D_3 = 1 \cdot 1 \cdot D_3 = D_3 \text{，} A_0 \cdot A_1 \cdot A_2 = 0 \text{，} Y = D_3$$

$$Y = \overline{S_1}\,\overline{S_0}\,D_0 + \overline{S_1}\,S_0\,D_1 + S_1\,\overline{S_0}\,D_2 + S_1 S_0 D_3$$

　　上述分析得知，可依 $S_1 S_0$ 的選擇把不同的輸入當輸出，所以多工器又叫資料選擇器。

波形分析

若 $S_1 S_0$ 的波形如下，且 $D_3 D_2 D_1 D_0 = 1001$ 時，請繪出 Y 的波形。

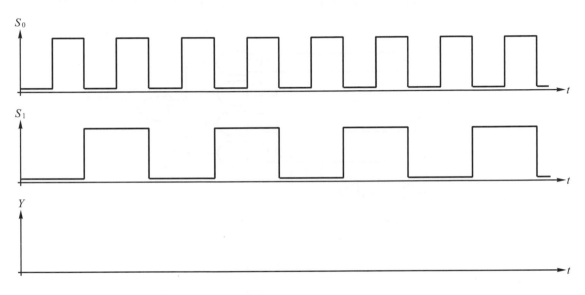

圖 18-4　波形分析

產品介紹

[A]：74153

我們將以 74 系列 TTL 數位 IC 為主要對象，介紹一些相關的 IC 供您參考。

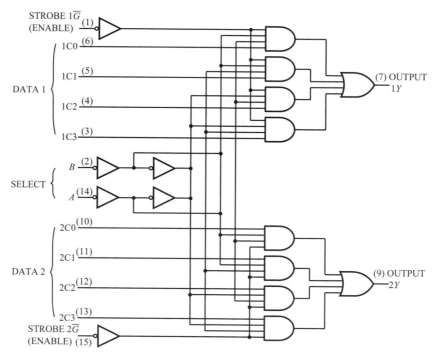

FUNCTION TABLE

SELECT INPUTS		DATA INPUT				STROBE	OUTPUT
B	A	C0	C1	C2	C3	$\overline{G}$	Y
X	X	X	X	X	X	H	L
L	L	L	X	X	X	L	L
L	L	H	X	X	X	L	H
L	H	X	L	X	X	L	L
L	H	X	H	X	X	L	H
H	L	X	X	L	X	L	L
H	L	X	X	H	X	L	H
H	H	X	X	X	L	L	L
H	H	X	X	X	H	L	H

Select inputs A and B are common to both section.
H = high level. L = low level. X = irrelevant

圖 18-5　74LS153 電路圖與真值表

若$(1C3，1C2，1C1，1C0)＝(1,0,1,0)$，$(2C3，2C2，2C1，2C0)＝(1,1,0,0)$

(1)　$\overline{1G}＝1$ 時，說明$1Y＝0$ 的原因？

(2)　在$\overline{1G}＝\overline{2G}＝0$ 的情況下，$(B，A)＝(1,0)$，則$1Y$和$2Y$各是多少？

(3)　在$\overline{1G}＝\overline{2G}＝0$ 的情況下，$(B，A)＝(1,1)$，則$1Y$和$2Y$各是多少？

[B]：74151

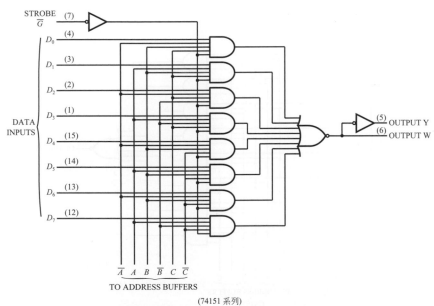

' 151A，' LS151，' S151
FUNCTION TABLE

INPUTS				OUTPUTS	
SELECT			STROBE	Y	W
C	B	A	$\overline{G}$		
X	X	X	H	L	H
L	L	L	L	D_0	$\overline{D_0}$
L	L	H	L	D_1	$\overline{D_1}$
L	H	L	L	D_2	$\overline{D_2}$
L	H	H	L	D_3	$\overline{D_3}$
H	L	L	L	D_4	$\overline{D_4}$
H	L	H	L	D_5	$\overline{D_5}$
H	H	L	L	D_6	$\overline{D_6}$
H	H	H	L	D_7	$\overline{D_7}$

ADDRESS BUFFERS FOR ' 151A，' 152A

DATA SELECT (BINARY)

' 151A，' LS151，' S151

(74151 系列)

圖 18-6　74LS151電路圖和真值表

若$(D_7 , D_6 , D_5 , D_4 , D_3 , D_2 , D_1 , D_0)=(1,1,0,0,1,0,1,0)$時

(1) $\overline{G}=1$，說明$Y=0$、$W=1$的原因。

(2) $\overline{G}=0$，且$(C , B , A)=(0,1,0)$時，$Y=$ _____ ，$W=$ _____ 。

(3) $\overline{G}=0$，且$(C , B , A)=(1,0,1)$時，$Y=$ _____ ，$W=$ _____ 。

(4) $\overline{G}=0$，且$(C , B , A)=(1,1,1)$時，$Y=$ _____ ，$W=$ _____ 。

(5) $\overline{G}=1$，且$(C , B , A)=(0,0,0)$時，$Y=$ _____ ，$W=$ _____ 。

[C]：74152 和 74150

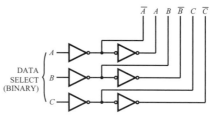

'152A，'LS152
FUNCTION TABLE

INPUTS SELECT			OUTPUT W
C	B	A	
L	L	L	$\overline{D_0}$
L	L	H	$\overline{D_1}$
L	H	L	$\overline{D_2}$
L	H	H	$\overline{D_3}$
H	L	L	$\overline{D_4}$
H	L	H	$\overline{D_5}$
H	H	L	$\overline{D_6}$
H	H	H	$\overline{D_7}$

ADDRESS BUFFERS FOR 'LS151，'S151，'LS152

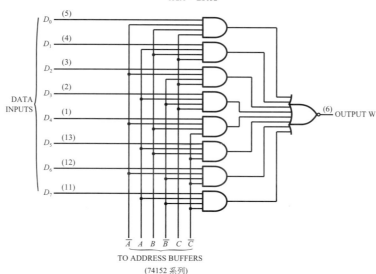

'152A，'LS152

圖 18-7　74LS152 和 74150 電路圖和真值表

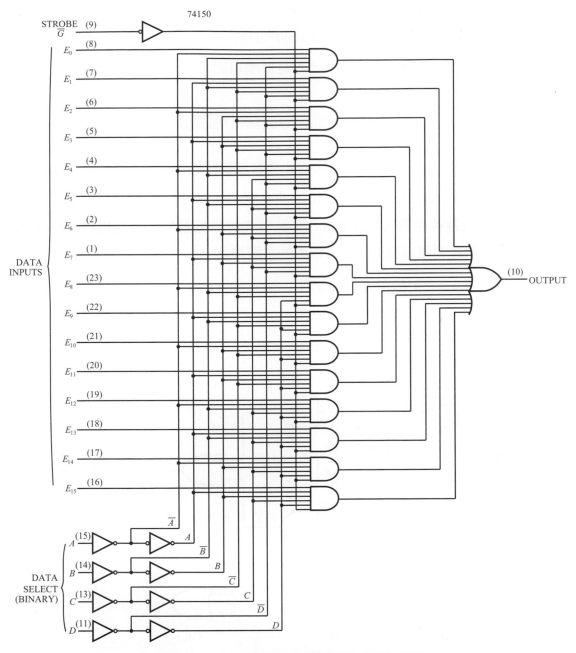

圖 18-7　74LS152 和 74150 電路圖和真值表 (續)

(1)　74LS152 和 74LS151 的主要差別在哪裡？

(2)　$(D_7 \sim D_0)$＝(1010 1100)時，CBA＝(000~111)時，Y＝_____。

(3)　對 74150 而言，當 $\overline{G}$＝0 和 $\overline{G}$＝1 各是什麼功能？

18-2　多工器的應用……組合邏輯電路取代法

在組合邏輯電路中，大都以邏輯閘去組成各種數位線路，例如，$Y = C\overline{B}A + \overline{C}\,\overline{B}\,\overline{A}$ $+ \overline{C}BA + \overline{C}B\overline{A}$，代表當$(C，B，A)$＝(101，000，011，010)四種狀況時，$Y$會等於邏輯 1。若想把$Y$這個邏輯函數的電路設計出來，首先可以把邏輯函數先化簡，以減低電路的複雜性，然後再用邏輯閘完成該函數的實際線路。

$$Y = C\overline{B}A + \overline{C}\,\overline{B}\,\overline{A} + \overline{C}BA + \overline{C}B\overline{A}\cdots\cdots\text{原來的函數}$$
$$= C\overline{B}A + \overline{C}B + \overline{C}\,\overline{A}\cdots\cdots\text{化簡後的函數}$$
$$= \Sigma(0,2,3,5)\cdots\cdots\text{SOP 表示法}$$

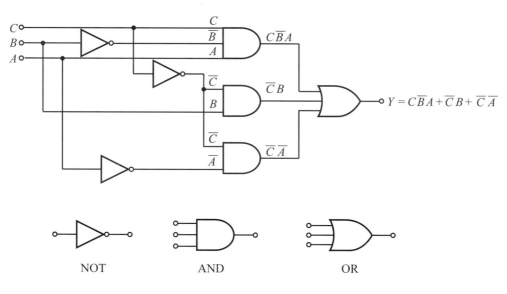

圖 18-8　Y的組合邏輯電路

　　從圖 18-8 很清楚地看到，這個組合邏輯電路必須用到三種邏輯閘(即必須使用三個 IC)……太浪費了。

　　若改用 74LS151 來完成這個電路，將只要使用到一顆 IC。意思是說，組合邏輯電路，可以由多工器 IC 來完成。

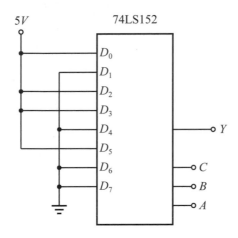

圖 18-9　74LS152 完成 Y 的組合邏輯

　　從圖 18-9 清楚地看到，$(D_0，D_2，D_3，D_5)=(1,1,1,1)$，$(D_1，D_4，D_6，D_7)=(0,0,0,0)$。則於 $(CBA)=(000)$，$Y=D_0=1$，$(CBA)=(010)$，$Y=D_2=1$，$(CBA)=(011)$，$Y=D_3=1$，$(CBA)=(101)$，$Y=D_5=1$。除了這四種情形外，其它的狀態都將使 $Y=0$，此時只用了一顆 74LS152 便完成原本要用三顆 IC 的電路。

練習

(1)　若有一個邏輯函數 $Y=\Sigma(0,1,4,7)$，請用 74LS153 配合 NOR 閘完成該函數的電路設計。

(2)　上一題的函數，請以 74LS151 完成之。

(3)　當$Y=\Sigma(1,2,5,7,12,14,15)$時，請用兩顆74LS151完成該函數的組合邏輯線路。

(4)　上題$Y=\Sigma(1,2,5,7,12,14,15)$，請用74150(16對1的多工器)，完成該函數的組合邏輯線路。

18-3　多工器的應用……特殊時序產生器之實驗

實驗要求

(1)　設計攪拌機的控制電路。

(2)　攪拌機控制時序如下。

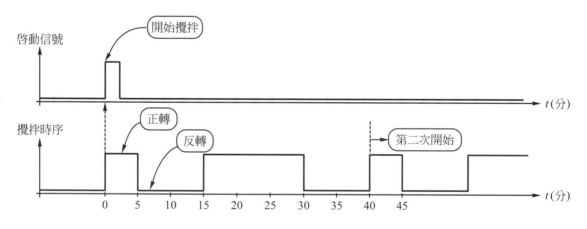

圖18-10　攪拌機的控制時序

①　0～5分鐘：正轉，攪拌5分鐘。

②　5～15分鐘：反轉，攪拌10分鐘。

③　15～30分鐘：正轉，攪拌15分鐘。

④　30～40分鐘：反轉，攪拌10分鐘。

⑤　40 分鐘後：下一循環的開始。

系統方塊說明

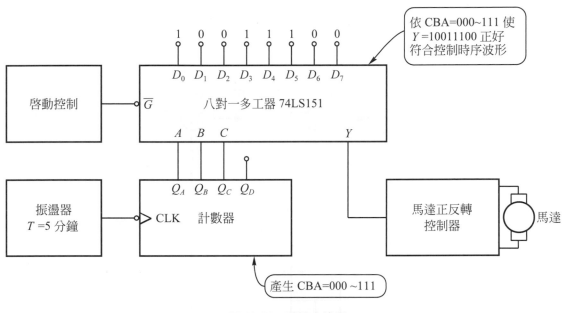

圖 18-11　系統方塊圖

圖 18-11 中，振盪器提供週期為 5 分鐘的 CLOCK，加到計數器的 CLK，則計數器的輸出依序 $Q_C Q_B Q_A =$ 000，001，……，111，每 5 分鐘變化一次。計數器的輸出 $Q_C Q_B Q_A$ 正好提供 74151 所需的選擇信號，$Q_C Q_B Q_A = CBA$。則 CBA 也依序由 000，001，……，111 相繼每 5 分鐘改變乙次。將使多工器的輸出依序得到 D_0，D_1，……，D_7，其狀態為 $Y =$ 10011100。

線路規劃

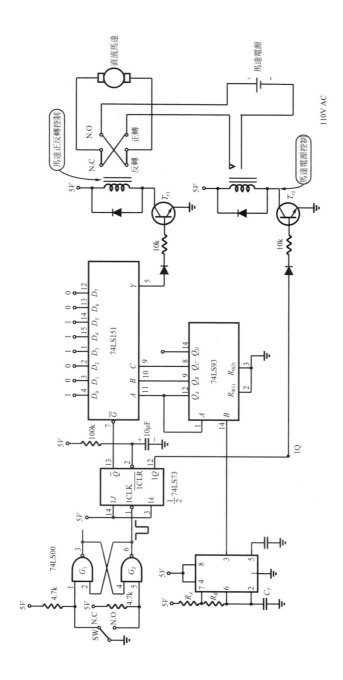

圖 18-12　線路規劃

　　按一下 SW，則 G_2 產生一個負脈波觸發 74LS73，使 $\overline{Q} = 0$(再按一下 SW 時，$\overline{Q} = 1$，因目前 74LS73，$1J = 1K = 1$，代表是除 2 的電路)。當 $\overline{Q} = 0$ 時，74LS151 的 $\overline{G} = \overline{Q} = 0$，則 74LS151 可以動作，其輸出所得到的狀態依 C、B、A 選擇線所加的信號而定。

　　其中 100kΩ 和 1μF 主要是當電源起動時的自動清除使用。當電源 ON 的時候，電容器 1μF 並沒有立刻充電到 V_{CC}，而是由 0V 開始經時間常數(100k×1μF = 1sec)後才上升到邏輯 1 的電壓。所以在電源 ON 的那一瞬間，74LS73 一直是做清除的動作，即 74LS73 的($Q = 0$，$\overline{Q} = 1$)。

　　LM555 的功用已經在振盪器單元詳細說明了，此時希望您能自己設定 R_A、R_B 和 C_T 的大小，達到所產生的 CLOCK，其週期為 5 分鐘那麼長。而正反轉的控制，乃以一個繼電器完成之，用以切換馬達電流方向，達到正反轉的控制。

實驗接線

　　這個實驗的接線，希望由您依 LA-01～LA-06 的功能自行組合，並以一個 LED ON 代表馬達正轉，LED OFF 代表馬達反轉。

　　題意中規定五分鐘為一個 CLOCK 週期，實在太長了。因做一次實驗最少要花 40 分鐘才看到第一次循環。所以我們將以每按一次開關來代表一個 CLOCK。且在數位實驗中若真的再拿交流馬達來用，桌面一定放不下。所以我們就以 $Y = 0$ 代表反轉，$Y = 1$ 代表正轉，且以 $1Q = 0$ 代表馬達的電源 OFF，$1Q = 1$ 代表已加入馬達電源。

練習題目：只能用 LA-01～LA-06 和 74LS152 完成該線路的實驗接線(不能外加其它零件)。

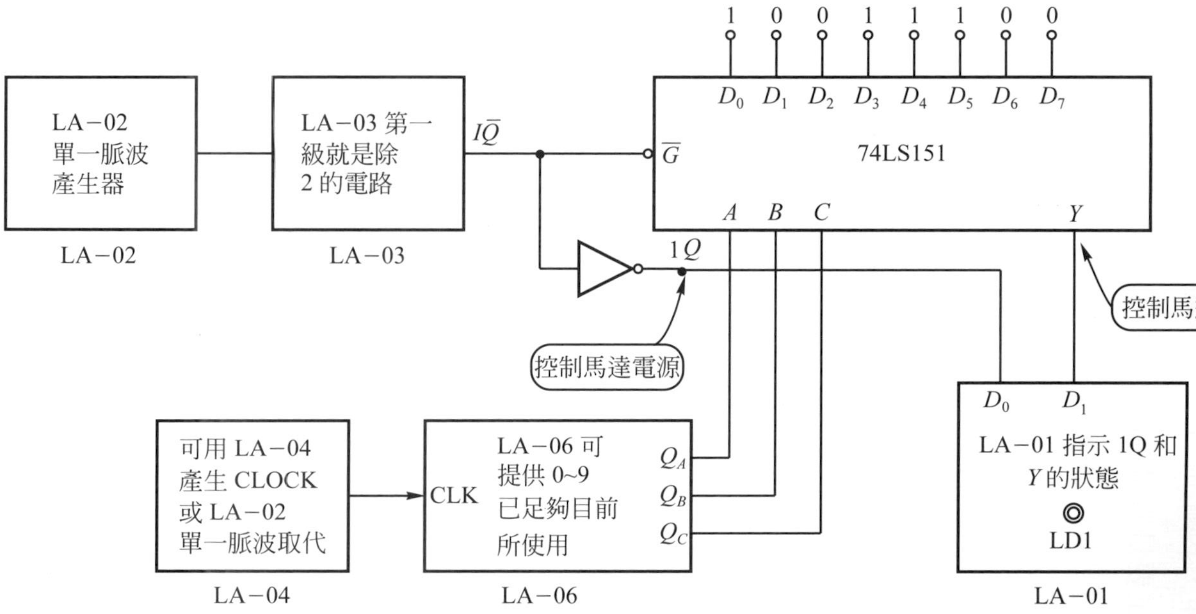

圖 18-13　實驗接線方塊圖

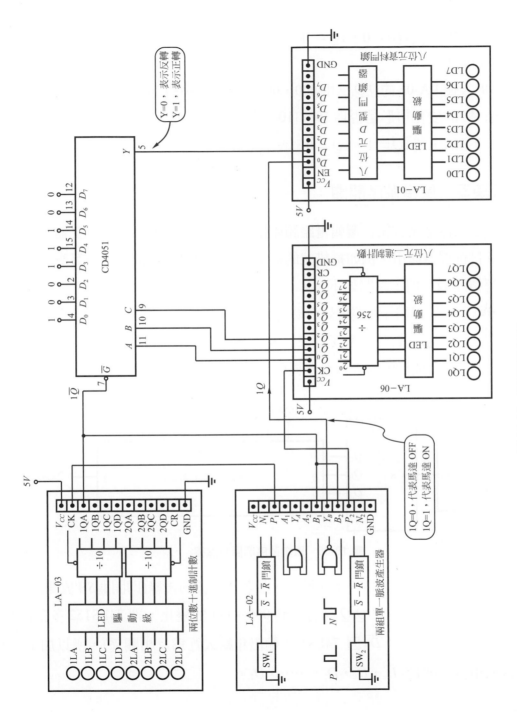

圖 18-14　實驗模板接線

(1) 按一下SW_1，使$\overline{1Q} = 0$，$1Q = 1$，若不是如此，再按一下SW_1。則一定是$\overline{1Q} = 0$，$1Q = 1$。

(2) 按SW_2，使 LA-06 的$Q_2Q_1Q_0$由 000，001，010，……，111 依序變化。

(3) 看清楚Y的變化情形是否為 10011100 相繼變化。

(4) 按一下SW_1，使$\overline{1Q} = 1$，$1Q = 0$，表示系統不動作。

線路分析練習：單鍵循序開關

除了把多工器拿來當組合邏輯電路和產生特殊時序信號外，其實多工器最主要的功能是當資料選擇器使用，例如掃描式的數字顯示和單鍵循序開關……等應用。茲以單鍵循序選擇開關為例，說明如下。

我們最常看到單鍵循序開關就是簡易式選台器，按一下台視、再按一下華視……。現在，我們使用一個八對一的多工器來完成單鍵循序開關的設計，並以 10M、1M、100k、……、1Hz 八種信號代表八台不同的電視台。

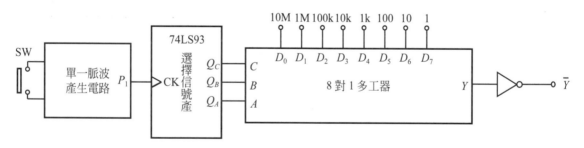

圖 18-15　單鍵循序開關方塊圖

每按一次SW，便由P_1產生一個正脈波，於該正脈波的後緣(即開關SW放開以後)，便對 74LS93 做一次觸發，於$Q_CQ_BQ_A$會得到 000～111 的變化，則 74LS152 多工器的Y會相繼得到$\overline{D_0}$，$\overline{D_1}$，……，$\overline{D_7}$(因 74LS152 輸出和輸入互為反相關係)。所以加了一個 NAND 當反相器，則$\overline{Y} = D_0$，D_1，D_2，……，D_7。

練習題目：只能用 LA-01～LA-06 和 74LS152 完成該線路的實驗接線(不能外加其它零件)。

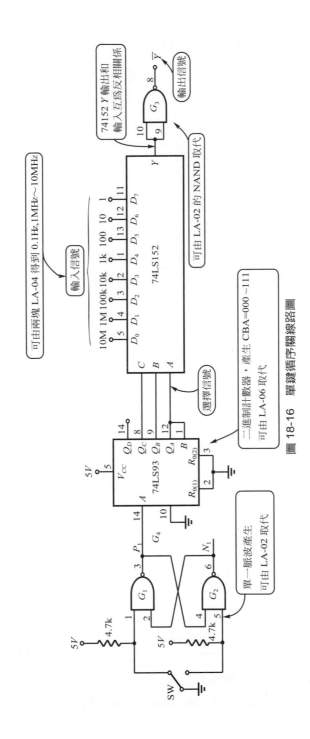

圖 18-16 單鍵循序關線路圖

您可以用示波器觀看G_3的輸出，看看是否每按一次SW，便能得到相差10倍頻率的信號，即選擇到 10M、1M、……、1Hz。若把 74LS93 改用上／下計數器，便能由兩個開關($\uparrow$和$\downarrow$)控制其切換方式。

18-4 類比多工器介紹及其應用實驗

顧名思義，類比多工器一定可以當做類比信號的選擇器來使用。依目前我們所知道的類比開關只有金屬接點的開關可供使用，但金屬接點開關除體積大外，最主要的缺點是控制速度太慢。想要有高速的切換(如 100kHz切換速度，表示每秒鐘必須切換十萬次)，必須使用半導體所做成的類比開關。所以我們首先介紹由 MOSFET 所做成的類比開關。

MOS 類比開關

類比開關主要目的乃改善機械式開關速度太慢的缺點。類比開關主要是用 MOS 所做成，由控制信號V_C控制開關的ON 和OFF。因它是用半導體所做成，所以速度特別快，可高達每秒切換數拾萬次到數百萬次(MHz)。而半導體所做成的開關也有缺失，例如無法控制大電壓、大電流，且其導通時也並非零歐姆。

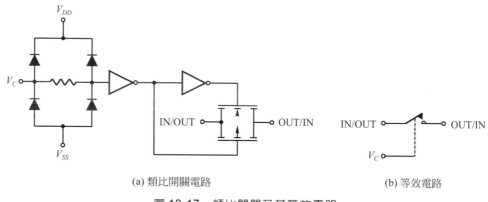

(a) 類比開關電路   (b) 等效電路

圖 18-17　類比開關及其等效電路

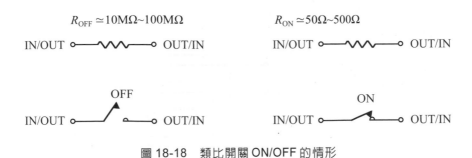

圖 18-18　類比開關 ON/OFF 的情形

表 18-1　機械開關和類比開關的特性比較

項目種類	機械式開關	類比式開關
接　　點	金屬式接點	半導體接點
閉合阻抗	mΩ接近於 0Ω	數拾Ω～數百Ω
開路阻抗	$10^{13}\Omega$幾乎是絕緣	10^{8}～$10^{10}\Omega$(相當大)
動作速度	20ms～200ms	可達 $0.2\mu s$以下
承受電壓	依大小可達數千伏特	±7.5V～±15V
承受電流	依大小可達數百安培	數 mA～數拾 mA
氧化情形	容易氧化而接觸不良	不會氧化
體積大小	依容量大小而不同	IC 型體積很小

類比多工器

　　由許多類比開關配合數位解碼器而組成類比多工器。它的電路架構和數位多工器 (如74LS151、152、153)完全相同，只是切換開關改用 MOS 類比開關，其架構如圖 18-19。

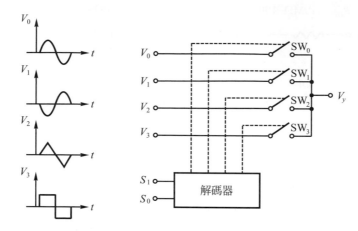

(a) 四選一類比多工器

S_1	S_0	V_y
0	0	$V_y = V_0$
0	1	$V_y = V_1$
1	0	$V_y = V_2$
1	1	$V_y = V_3$

(b) 功能表

圖 18-19　類比多工器的架構

　　從圖 18-19 我們了解類比多工器主要是用在類比信號的切換。其動作乃由數位碼 $(S_1，S_0)$ 決定哪一個開關 ON，而選取 $V_0 \sim V_3$ 之一當做輸出。

產品介紹

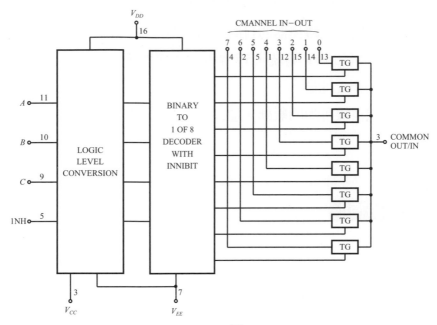

CD4051 系列

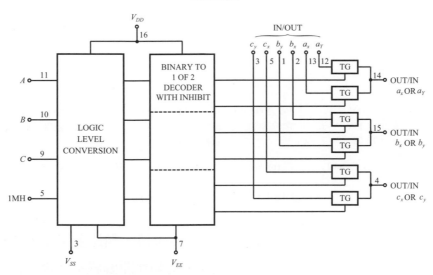

CD4053 系列

圖 18-20　各種類比多工器相關資料

從圖 18-20 可以看到類比多工器的主要架構爲：

(1) MOS 類比開關 TG：當多工器的切換開關。

(2) 邏輯位準轉換器：該轉換器的目的，乃使類比多工器的選擇線，能夠接受不同的數位信號，例如 10V 系統，5V 系統……等的數位信號，都可因不同的設定而使用相同的類比開關。

(3) 解碼器：依選擇線所加的數碼，加以解碼，產生解碼輸出控制其相對應的類比開關導通。

類比多工器的使用情形

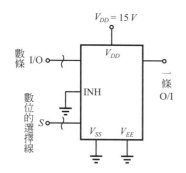
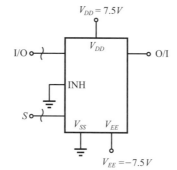
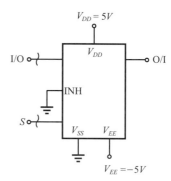

I/O 及 O/I 操作範圍：0~15V
數位選擇信號：邏輯 1：15V
邏輯 0：0V

(a) $V_{DD}=15V$，$V_{SS}=0V$，$V_{EE}=0V$

I/O 及 O/I 操作範圍：－7.5V~+7.5V
數位選擇信號：邏輯 1：7.5V
邏輯 0：0V

(b) $V_{DD}=+7.5V$，$V_{SS}=0V$，$V_{EE}=-7.5V$

I/O 及 O/I 操作範圍：－5V~+5V
數位選擇信號：邏輯 1：5V
邏輯 0：0V

(c) $V_{DD}=+5V$，$V_{SS}=0V$，$V_{EE}=-5V$

圖 18-21 類比多工器使用情形

從 CD4051、52、53 的功能表得知，當 INH ＝ 0 時，類比多工器才能正常使用。而在 INH ＝ 1 的情況下，則爲禁能狀況，表示所有類比開關將不受選擇信號控制，且所有類比開關都處於 OFF 的狀態。而圖 18-21 中 V_{DD} 和 V_{EE} 加不同的電壓，乃決定了

(1)　數位信號的電壓：由V_{DD}和V_{SS}所決定。

(2)　類比信號的電壓：由V_{DD}和V_{EE}所決定。

18-5　類比多工器應用實驗……鍵控音量大小

實驗目的

(1)　了解類比多工器的使用方法。

(2)　類比多工器實用情形量測。

原理說明

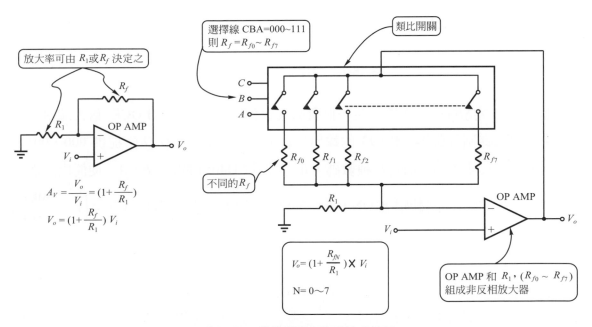

放大率可由R_1或R_f決定之

$$A_V = \frac{V_o}{V_i} = (1+\frac{R_f}{R_1})$$

$$V_o = (1+\frac{R_f}{R_1})\ V_i$$

選擇線 CBA=000~111
則 $R_f = R_{f0} \sim R_{f7}$

類比開關

不同的R_f

$$V_o = (1+\frac{R_{fN}}{R_1})\times V_i$$

N= 0~7

OP AMP 和 R_1，$(R_{f0} \sim R_{f7})$
組成非反相放大器

圖 18-22　鍵控音量大小系統方塊圖

　　從圖 18-22 我們知道，只要改變 R_f 的大小，便能改變非反相放大器的放大率，因而得到不同的輸出電壓。所以我們可以把類比多工器用來切換不同的 $R_f(R_{f_0} \sim R_{f_7})$，便能由數位碼($C$，$B$，$A$)選擇不同的 R_f，進而得到不同的 v_o。

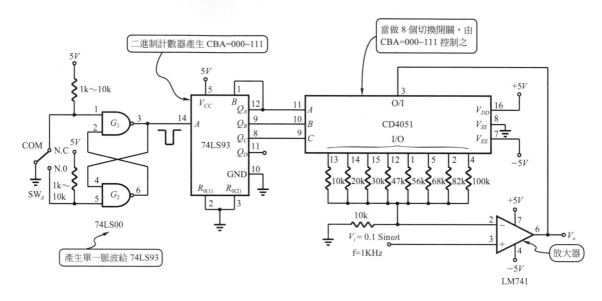

圖 18-23　鍵控音量大小線路圖

　　圖 18-23 當 SW_A 按一次則產生一個負脈波送到 74LS93 的 CLOCK 輸入端(A腳，Pin14)，則二進制計數器 74LS93 的輸出會自動加 1。便能由 $Q_C Q_B Q_A$ 提供 000，001，……，111 共八種數碼。而這八種數碼，正好加到 CD4051 的 C、B、A。便能由該數碼的狀態，決定其類比開關是由誰 ON，進而選到不同的 R_f。若 $R_f = 30k$，則 $v_o = \left(1 + \dfrac{30k}{10k}\right) v_i$ $= 4v_i = 0.4\sin\omega t$。

實驗接線

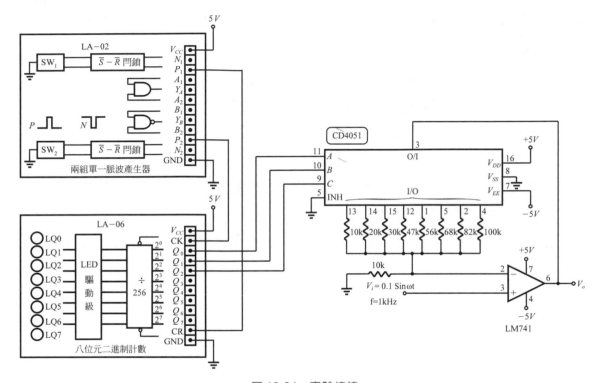

圖 18-24　實驗接線

(1) 按一下 LA-02 的 SW_1，由 N_1 提供負脈波加到 LA-06 的 CR，則 LA-06 的 $Q_2Q_1Q_0 =$ 000。相對於 CD4051 的 $CBA = 000$，則選到 10kΩ當回授電阻，此時放大率為 $(1+\dfrac{10k}{10k}) = 2$ 倍，$v_o = +0.2\sin\omega t$。

(2) 按 LA-02 的 SW_2，則由 N_2 提供負脈波加到 LA-06 的 CK，則 LA-06 的 $Q_2Q_1Q_0 =$ 000，001，……，111。相對於 CD4051 則相繼選擇 10k、20k、30k、……為回授電阻，其放大率則分別為 2 倍，3 倍，4 倍，5.7 倍，6.6 倍……。

(3) 用示波器記錄 CBA = 000～111 時，其相對的 v_o 波形。

實驗討論

(1) 類比多工器導通時的內阻愈小愈好，試問$V_{DD} = 5V$ 和$V_{DD} = 15V$ 時，哪種情況下的內阻會比較小？

(2) 圖 18-24 中，若 INH 不小心斷掉了，則 INH = 1，試問在 INH = 1 的情況下，OP Amp 當做電壓放大或電壓比較器使用？為什麼？

(3) 若希望能控制的類比信號為 0V～15V，則其中V_{DD}和V_{EE}應如何處理，即V_{DD}和V_{EE}的電壓必須怎麼加？

(4) 如果(C，B，A)所接收的數位碼，邏輯 1 的電壓為 10V，邏輯 0 的電壓為 0.8V，則V_{DD}和V_{SS}應怎麼加電壓？$V_{DD} = $ _____ ，$V_{SS} = $ _____ 。

(5) 今有 8 個類比信號，想透過一個 A/D C(把類比電壓轉換成數位值的轉換器)做轉換，即完成 "分時處理" 的動作，試問該控制線路應如何設計。

(6) 想得到如下的波形，請您設計之。

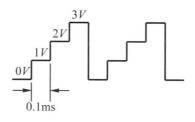

圖 18-25　波形產生設計

18-6　資料選擇器／多工器

1-Of-16-Data Selectors/Multiplexers

150

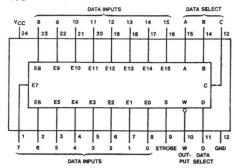

151　1-Of-8 Data Selectors/Multiplexers

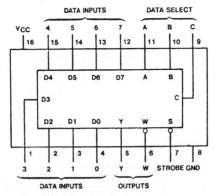

Dual 4-Line To 1-Line Date Selectors/Multiplexers

153

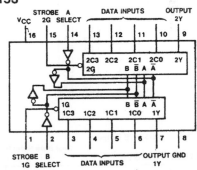

Decoders/Demultiplexers

Dual 2- to 4-line decoder
Dual 1- to 4-line demultiplexer
3- to 8-line decoder
1- to 8-line demultiplexer

155　Totem-pole outputs

156　Open-collector outputs

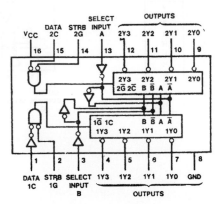

157 Noninverted data outputs

158 Inverted data outputs

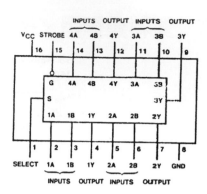

251 True and Inverted TRI-STATE® Outputs

Truth Table

Data Selectors/Multiplexers

Inputs				Outputs	
Select			Strobe		
C	B	A	S	Y	W
X	X	X	H	Z	Z
L	L	L	L	D0	$\overline{D0}$
L	L	H	L	D1	$\overline{D1}$
L	H	L	L	D2	$\overline{D2}$
L	H	H	L	D3	$\overline{D3}$
H	L	L	L	D4	$\overline{D4}$
H	L	H	L	D5	$\overline{D5}$
H	H	L	L	D6	$\overline{D6}$
H	H	H	L	D7	$\overline{D7}$

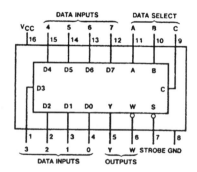

253 TRI-STATE Outputs

Dual Data Selectors/Multiplexers

Truth Table

Select Inputs		Data Inputs				Output Control	Output
B	A	C0	C1	C2	C3	G	Y
X	X	X	X	X	X	H	Z
L	L	L	X	X	X	L	L
L	L	H	X	X	X	L	H
L	H	X	L	X	X	L	L
L	H	X	H	X	X	L	H
H	L	X	X	L	X	L	L
H	L	X	X	H	X	L	H
H	H	X	X	X	L	L	L
H	H	X	X	X	H	L	H

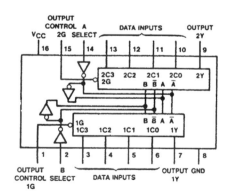

Quad Data Selectors/Multiplexers

257 Noninverted TRI-STATE Outputs

Truth Table

Inputs				Output Y
Output Control	Select	A	B	'LS257A 'S257
H	X	X	X	Z
L	L	L	X	L
L	L	H	X	H
L	H	X	L	L
L	H	X	H	H

Quad Data Selectors/Multiplexers

258 Inverted TRI-STATE® Outputs

Truth Table

Inputs				Output Y
Output Control	Select	A	B	'LS258A 'S258
H	X	X	X	Z
L	L	L	X	H
L	L	H	X	L
L	H	X	L	H
L	H	X	H	L

H = high level, L = low level, X = irrelevant, Z = high impedance. (off)

Quad 2-Input Multiplexers With Storage

298

Truth Table

Inputs		Outputs			
Word Select	Clock	Q_A	Q_B	Q_C	Q_D
L	↓	a1	b1	c1	d1
H	↓	a2	b2	c2	d2
X	H	Q_{A0}	Q_{B0}	Q_{C0}	Q_{D0}

H = high level (steady state)
L = low level (steady state)
X = irrelevant (any input, including transitions)
↓ = transition from high to low level
a1, a2, etc. = the level of steady-state input at A1, A2, etc.
Q_{A0}, Q_{B0}, etc. = the level of Q_A, Q_B, etc. entered on the most-recent ↓ transition of the clock input.

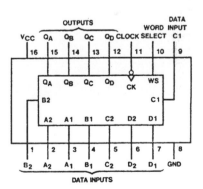

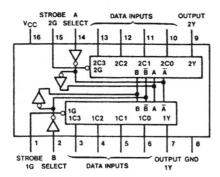

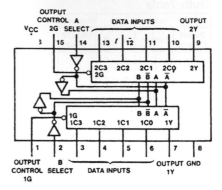

Dual 4-Line-to-1-Line Data Selectors/Multiplexers

352 Inverting Version of 'LS153

Dual 4-Line-to-1-Line Data Selectors/Multiplexers

353 TRI-STATE® Outputs
Inverting Version of 'LS253

第19章

A/D C 的認識與應用實驗

(1) 了解為什麼要學會 A/D C 的使用。

(2) 認識 A/D C 的基本原理和特性。

(3) A/D C 的應用。

　　雖然我們已談了很多數位 IC 的使用和應用線路分析，但若少了 A/D C (類比對數位的轉換器)，則許多應用系統，如溫度量測與控制、距離長短、重量多少、照度多強、……等感測應用，將無法和數位系統或微電腦系統相互配合。

　　因一般感測應用系統所得到的信號，為連續式的類比電量，例如：我們可以用 0～5V 代表 0℃～100℃，也可以用 4mA～20mA 代表 0℃～100℃。

但對微電腦而言，它只認識 0 與 1 所組成的資料(微電腦把 0.8V 以下看成是邏輯 0，2.4V 以上看成是邏輯 1)。所以我們必須設法把類比電壓(0～5V)轉換成數位資料。此時把類比電壓轉換成數位資料的電路就稱之為 A/D C。

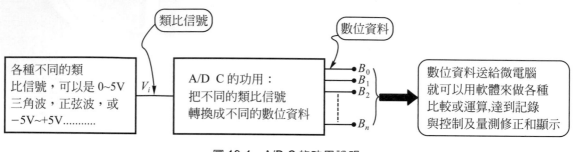

圖 19-1　A/D C 的功用說明

19-1　A/D C 的基本原理：取樣與保持

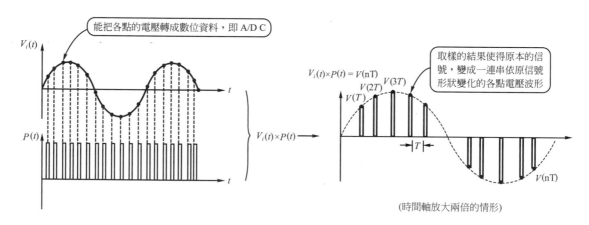

圖 19-2　取樣的原理

　　若能把 $v_i(t)$ 各點的電壓，在 T 的時間內轉換成數位資料，便是成功的類比對數位的轉換。而首先必須把原信號 $v_i(t)$ 加以取樣。而取樣的基本原理，乃每隔 T 的時間得

知 $v(nT)$ 的電壓大小是多少，即把 $v_i(t)$ 先取樣成 $v(T)$，$v(2T)$，$v(3T)$，……$v(nT)$，$v((n+1)T)$，……。若以數學式表示時，即 $v_i(t) \times p(t)$。若在下一個電壓還沒取樣之前，必須把該點的電壓保持不變，才能正確地計算出該點的電壓是多少？然後依各 A/D C 電路的轉換技術，換算成其相對的數位值。

依上述分析，我們可以繪出 A/D C 的基本架構為：

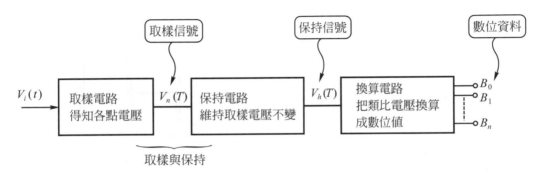

圖 19-3　A/D C 基本架構

取樣電路相當於以 $p(t)$ 去控制一個開關的 ON 和 OFF 如圖(19-4)，而保持發生於 SW OFF 的時候，C_h 所保有的電壓幾乎不變，因 OP_2 "＋端" 的輸入阻抗幾乎為 $\infty\Omega$，則 C_h 沒有放電路徑，C_h 兩端的電壓幾乎沒有下降，因而把取樣所得到的電壓保持住，這就是 "保持" 的動作情形。只要在 T_h 的期間內完成換算的工作(因此時 $v_h(t)$ 沒有改變，所以能得到精確的換算結果)便完成 A to D 的轉換。

從上面的分析與說明得知，若取樣愈密，則所得的結果愈接近原來的信號。理論上，取樣信號的頻率一定要大於 2 倍 $v_i(t)$ 的頻率。整理取樣極限如下

$$f_s \geq 2f_m$$

取樣脈波 $p(t)$ 的頻率 ≥ 2 倍 被取樣信號 $v_i(t)$ 的最大頻率

例如某一樂器發聲的頻率為 60Hz～3kHz，想把它轉換成數位值時，所用的 $p(t)$ 其頻率必須為 $2\times 3k = 6kHz$ 以上。一般最好能有 5 倍以上。當然 $p(t)$ 的頻率愈高愈好，

但價格會貴很多，所以如何取捨就必須加以考慮。選用A/D C第一件事就是依被取樣信號$v_i(t)$的最高頻率決定要用多快A/D C。

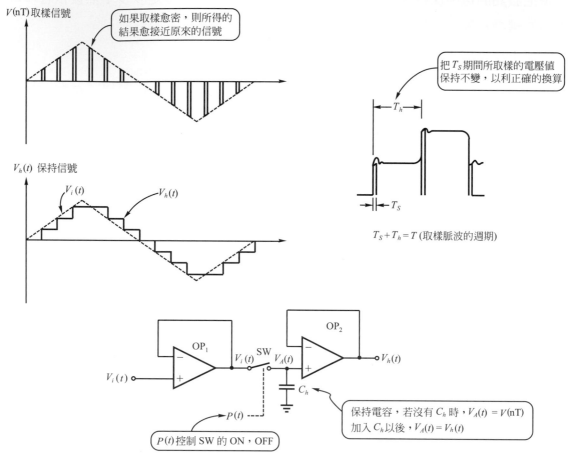

圖 19-4　取樣與保持之波形分析與電路架構

一般我們以轉換時間(Conversion Time)T_C，代表 A/D C 每完成一次把類比電壓換算成相對數位值，所必須花用的時間。而T_C的倒數就是取樣脈波$p(t)$的頻率。而一般A/D C 產品所標示的規格，幾乎都是提供其T_C的大小，則

$$\frac{1}{T_C} \geq 2f_m \cdots\cdots \text{最好是} \frac{1}{T_C} \geq (5\sim10)f_m$$

若 $f_m = 10\text{kHz}$，則所選用的 A/D C，其 T_C 值的極限為 $\frac{1}{2f_m} = \frac{1}{20\text{k}} = 50\mu\text{s}$。但盡量能選用 $\frac{1}{5f_m} = \frac{1}{100\text{k}} = 10\mu\text{s}$ 以下的產品。

19-2　A/D C 的解析度和必要的誤差

把電壓大小轉換成相對應的數位值的方法很多，有追隨式 A/D C(Tracking A/D C)、連續近似法 A/D C(Successive Approximation A/D C)、積分型 A/D C(Intergrating A/D C)、電壓對頻率轉換 A/D C(Voltage ot Frequency Converting A/D C)、單斜率和雙斜率 A/D C(Single-Dual slope A/D C)、比較型 A/D C(Comparating A/D C)、……等等。(各 A/D C 的基本原理，請參閱拙著，全華圖書 02470，OP Amp 應用＋實驗模擬乙書，第十三章)。

然不管用的是哪一種方法，都必須考慮到轉換時的最小單位電壓，即要以多少 "mV" 代表數位值加 1。接著必須考慮是以多少位元來表示該類比電壓的大小，反過來說就是要把輸入電壓分成多少等份來表示。

事實上所有 A/D C 都會要求一個標準的參考電壓 V_{REF}，然後把 V_{REF} 分成 $\frac{V_{\text{REF}}}{2^N}$ 等份，再以輸入電壓 $v_i(t)$ 做比對，而得到最相近的結果。並以 N 位元的數位值表示該點的電壓。所以

$$\frac{V_{\text{REF}}}{2^N} : \text{Step Size}(步級大小)＝(最低位元所代表的電壓值)$$

例如若 $V_{\text{ref}} = 2.56\text{V}$，而採用 8 位元 A/D C 時

$$\text{Step Size(步級大小)} = \frac{2.56\text{V}}{2^8} = 10\text{mV}$$

即 00000000 代表 0V，00000001 代表 10mV，00000010 代表 20mV，……。

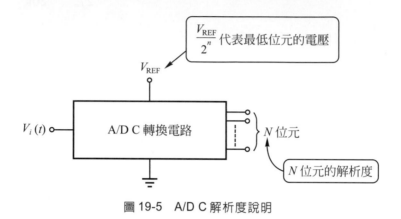

圖 19-5　A/D C 解析度說明

V_{REF} 對 A/D C 而言，有內建 V_{REF} 和外加 V_{REF} 兩種，但不管內建或外加，V_{REF} 的大小限制了輸入電壓 $v_i(t)$ 的大小，必須 $v_i(t) \le V_{REF}$，否則超過 V_{REF} 的電壓都被轉換成 11111111，$(FF)_{16}$。而 V_{REF} 如何提供給 A/D C，是由各 A/D C 的規格而訂定。

茲整理 A/D C 重要參數如下，以供參考：

19-2-1　A/D C 名詞定義及誤差種類

1.　轉換時間：Conversion Time

這個名詞指的是完成一次類比對數位轉換所需花費的時間，它代表了該 A/D C 的轉換速率，例如 ADC0800、ADC0801 及 ADC1210 的轉換時間，分別為 $50\mu s$、$32\mu s$ 及 $200\mu s$。

2. 解析度：Resolution

　　它表示最低位元 LSB 的變化量有多少？而目前習慣以多少位元表示解析度的大小。例如編號 ADC1210 的 A/D C，我們說它的解析度為 12 位元，或是說它的解析度達到滿刻度的 $1/2^{12} = 0.0244$ ％。若滿刻度為 10V，則該 12 位元的解析度達 $\dfrac{10V}{2^{12}} = \dfrac{10V}{4096}$ = 2.44mV。即位元數愈多的 A/D C，能分得愈細，其解析度愈高。

3. 量化誤差：Quantizing Error

　　因 A/D C 的位元數有限，即 A/D C 的解析度並非無限，假設某一 A/D C 的解析度達到 1mV 的情況，即 0.5mV 以下被視為 0，0.5mV～1.5mV 視為 1，1.5mV～2.5mV 視為 2。有如算術中的四捨五入。當輸入類比電壓為 2.3mV 時，並沒有相對應的數位值可以表示，只能表示為 2。最低位元 LSB，其量化誤差為 $\pm\dfrac{1}{2}$LSB，如圖 19-6。

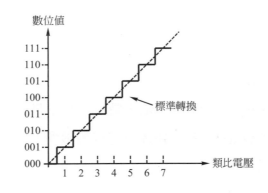

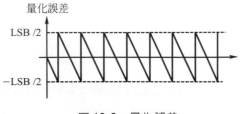

圖 19-6　量化誤差

4. 滿刻度誤差：Full Scale Error

　　由於參考電壓的變動，階梯電阻的精確度不同及放大器本身的誤差，使得最大類比輸入時，並非得到最高的數位值，這種現象我們稱之為滿刻度誤差。可經由參考電壓的調整及放大率的校準，以克服該項誤差的影響，如圖 19-7。

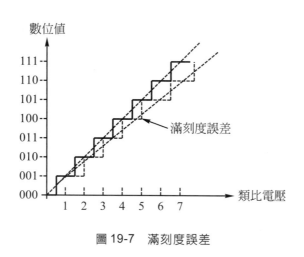

圖 19-7　滿刻度誤差

5. 抵補誤差：Offset Error

　　對 A/D C 而言，當輸入為 0V 時，輸出數位值卻不是為 0 這是由於其內部放大器誤差，或比較器輸入抵補電壓，抵補電流所造成的影響。一般我們採用外加抵補調整的方式，以克服該項誤差。

　　至於其它如非線性誤差、失落碼、……等名詞，不再一一說明，請參閱資料手冊的定義。而我們所提出的各項誤差會造成 A/D C 的總誤差增加，所以許多資料手冊均詳列各誤差的大小，甚至提供總誤差的可能範圍。所以當您用 A/D C 的時候，千萬不要說沒有任何誤差。而是依資料手冊規定再加減 $\frac{1}{2}$LSB～1LSB 比較恰當。也就是說，原資料手冊提供的誤差為±1LSB 時，您給人家的數據最好寬裕一點，約±2LSB。若 LSB = 1mV，而數位值是 1236 時，最好規格訂在 1234～1238，為 1234mV～1238mV，即 1236mV±2mV，如圖 19-8。

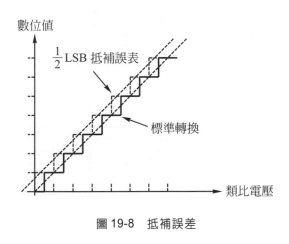

圖 19-8　抵補誤差

19-3　A/D C 產品介紹……ADC0801～ADC0805

ADC0801～ADC0805 是 CMOS 8 位元連續近似法的 A/D C。它最大的優點是能夠和許多微處理機直接配合起來用。圖 19-9 是 ADC0801～ADC0805 的內部方塊圖。

為了多談 ADC0801～ADC0805 的應用，我們將不再一一說明其內部方塊圖的動作情形，僅就其接腳及特殊功能加以說明，並就其時序圖逐點分析。

(1)　Pin1($\overline{CS}$)：

該腳為晶片選擇腳，想讓 ADC0801 動作，並完成類比對數位的轉換或讓數位值能夠從三態閂鎖輸出，都必須在 $\overline{CS}$ = 0 的情況才能完成這些工作。簡言之，ADC0801 想正常工作，首先要讓 $\overline{CS}$ = 0。

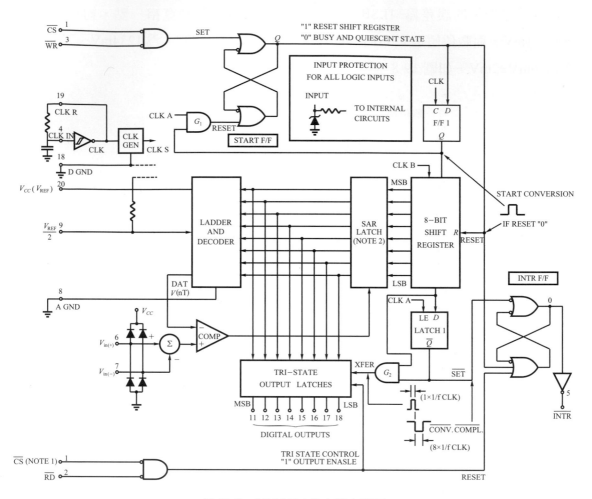

圖 19-9　ADC0801 的內部方塊圖

(2)　Pin3($\overline{\text{WR}}$)：

在 $\overline{\text{CS}} = 0$ 的期間，若 $\overline{\text{WR}} = 0$，則代表已經下了一道命令，要A/D C開始做類比對數位轉換的工作。則經過約 70 個時脈(clock)以後，才完成類比對數位轉換的動作。所以 $\overline{\text{WR}}$ 是啟始命令。

(3) Pin5($\overline{\text{INTR}}$)：

當 $\overline{\text{WR}} = 0$ 時，不管原來 $\overline{\text{INTR}}$ 為 1 或 0，都會使 $\overline{\text{INTR}} = 1$。而當完成轉換時，$\overline{\text{INTR}}$ 會從邏輯 1 降為邏輯 0。也就是說當 $\overline{\text{INTR}} = 0$ 時，表示上一次的轉換工作已經完成了。在輸出閂鎖有正確的轉換值等待輸出。所以 $\overline{\text{INTR}}$ 相當於告訴我們轉換已經完成，所以我們可以用 ADC0801 上的 $\overline{\text{INTR}}$ 做為微處理機的中斷要求，告訴微處理機：我 ADC0801 已經做好轉換，把數位值放在閂鎖器裡面，請你(微處理機)可以來拿去用了。

(4) Pin2($\overline{\text{RD}}$)：

在完成轉換的時候 $\overline{\text{INTR}} = 0$，則向微處理機提出中斷之類的要求，若 CPU 對該中斷認可，便送出一個 $\overline{\text{CS}} = 0$，及一個 $\overline{\text{RD}} = 0$，當 $\overline{\text{RD}} = 0$ 時，輸出閂鎖便把資料送進匯流排，傳給微處理機，即 $\overline{\text{RD}}$ 為輸出閂鎖的致能。

(5) $\overline{\text{CS}}$、$\overline{\text{WR}}$、$\overline{\text{INTR}}$、$\overline{\text{RD}}$ 的時序說明：

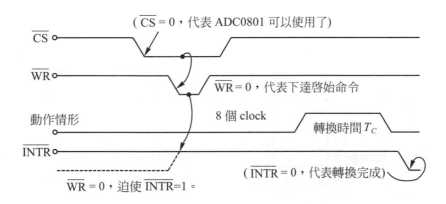

圖 19-10 ADC0801 完成轉換時序

(6) ADC0801 與微處理機配合情形

只要知道完成轉換和資料輸出的時序圖，就可以把 ADC0801 和各種不同的微處理機配合起來使用。圖 19-12 及圖 19-13 說明其與微處理機配合的接線圖。至於微處理機的程式依各不同系統而不同。

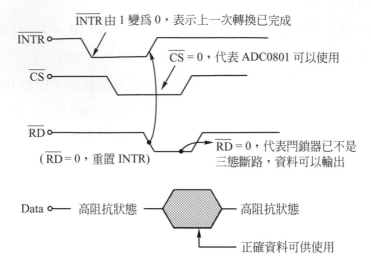

圖 19-11　ADC0801 輸出資料時序

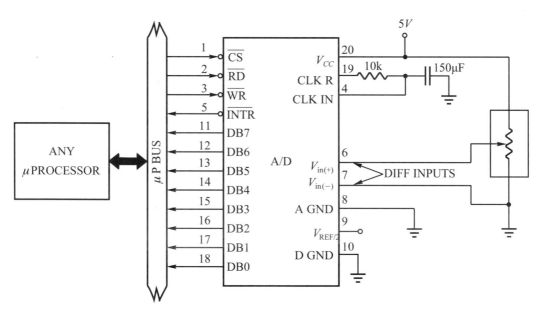

圖 19-12　接線示意圖

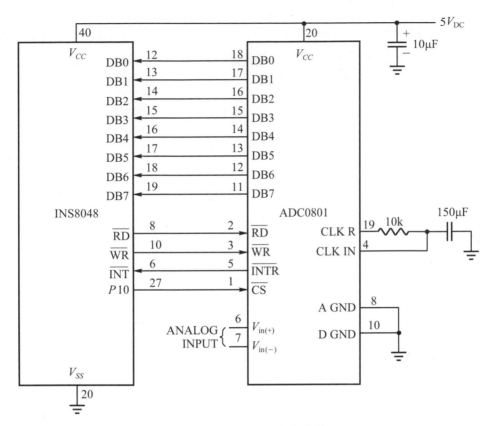

圖 19-13　與 8048 配合情形

(7)　Pin4 及 Pin19(CLK IN)，(CLK R)

因 ADC0801 其內部已內建一組時脈產生電路，只要在 Pin19 及 Pin4 之間接一個電阻 R，且於 Pin4 上再接一個電容 C 對地，就能產生時脈供 ADC0801 使用。而其頻率的大小約為

$$f_{CLK} \approx \frac{1}{1.1RC}，且 R \approx 10\text{k}\Omega$$

若想由外部提供時脈，只要把電阻 R 及電容 C 拿掉，由 Pin4 加時脈，亦能使用。

(8) Pin10 及 Pin8(D GND)，(A GND)

Pin10 是數位的接地，Pin8 是類比的接地。至於數位和類比接地問題的處理必須各自獨立，最後才接到電源的接地端。

(9) Pin20 $(V_{CC})(V_{REF})$

Pin20 是整個電路的電源接腳(V_{CC})。若 Pin9 空接，則以V_{CC}當V_{REF}使用。

(10) Pin9$\left(\dfrac{1}{2}V_{REF}\right)$

這是一支很重要的輸入腳，標示$V_{REF}/2$，表示只要輸入V_{REF}的一半到Pin9，就能得到

$$步階的大小 = \frac{V_{REF}}{2^N} = \frac{V_{REF}}{2^8} = \frac{V_{REF}}{256}$$

(11) Pin6 及 Pin7 $(V_{IN(+)})$，$(V_{IN(-)})$

ADC0801 有另外一個好處，它提供差動輸入，相當於說，ADC0801 會把 Pin6 和 Pin7 的電壓相減，然後再把相減的差值轉換成數位值，我們將於實例中發現差動輸入的好處。

練習一

(1) 請查閱資料手冊，找到 ADC0801～ADC0805，並影印其資料，分析如下各參數①CR，②T_c，③t_{ACC}，④輸入電壓的大小？⑤V_{CC}標準值是多少？

(2) 怎樣透過 8255 和 ADC0801 配合使用？

(3) Pin9 加 128mV 時，步階的大小是多少？類比輸入信號的範圍是多少，才足以保證 ADC0801 正常使用？

實例 19-1

　　圖 19-14 及圖 19-15 的輸入電壓範圍各是多少？其步階的大小又分別為多少？

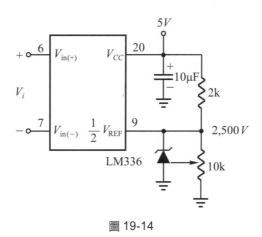

圖 19-14

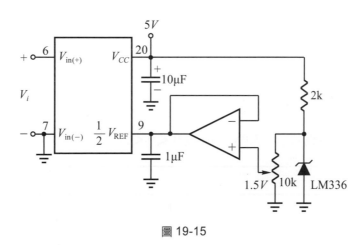

圖 19-15

解析：圖 19-14 及圖 19-15 沒有畫出來的接腳都依 ADC0801 的規定使用，而目前所看
　　　　到的電路圖，只強調標準電源 $V_{CC}=5V$，及加不同電壓給 Pin9，會對 v_i 造成不
　　　　同的限制。

1. 分析圖 19-14

   此圖 Pin6 和 Pin7 是以差動輸入的方式處理 v_i，Pin9 加的是由 LM336 參考電壓 IC 經 10kΩ 可變電阻調整而得到 2.500V 的電壓，$V_{\text{Pin9}} = 2.500\text{V}$，所以

   $$\frac{V_{\text{REF}}}{2} = 2.500\text{V} \text{，} V_{\text{REF}} = 2 \times 2.500\text{V} = 5.000\text{V}$$

   步階大小 $= \dfrac{V_{\text{REF}}}{2^N} = \dfrac{5.000\text{V}}{256} \approx 20\text{mV}$

   v_i 的最大電壓為 $V_{\text{REF}} = 5.000\text{V}$，所以 $0 < v_i < 5\text{V}$，電路中的 $10\mu\text{F}$ 電容是當濾波電容使用，以防電源變動太大及防止高頻干擾。

   2kΩ 的電阻目的在提供適當的電流給 LM336，使該參考電壓 IC 能夠穩定地工作，得到極穩定的參考電壓。

2. 分析圖 19-15

   圖 19-15 和圖 19-14 非常類似，只是此時 $V_{\text{in}(-)} = 0$，而 Pin9 所加的電壓是由 LM336 分壓得到 1.5V，再經電壓隨耦器加到 Pin9，$V_{\text{Pin9}} = 1.5\text{V}$

   $$\frac{V_{\text{REF}}}{2} = 1.5\text{V} \text{，} V_{\text{REF}} = 2 \times 1.5\text{V} = 3.0\text{V}$$

   步階大小 $= \dfrac{V_{\text{REF}}}{2^N} = \dfrac{3.0\text{V}}{256} \approx 12\text{mV}$

   v_i 的最大電壓為 $V_{\text{REF}} = 3.0\text{V}$，所以 $0 < v_i < 3\text{V}$

實例 19-2

請設計一個 A/D C 電路以處理 $2\text{V} < v_i < 5\text{V}$ 的類比信號，讓 $v_i = 2\text{V}$ 時，數位輸出值為 00000000，$v_i = 5\text{V}$ 時，輸出為 11111111。

解析： 1. 因 $2\text{V} < v_i < 5\text{V}$，所以要處理的電壓範圍為 3V。故必須選用 $V_{\text{REF}} = 3\text{V}$，此時 Pin9 就得加 1.5V，因 $V_{\text{Pin9}} = \dfrac{V_{\text{REF}}}{2}$。

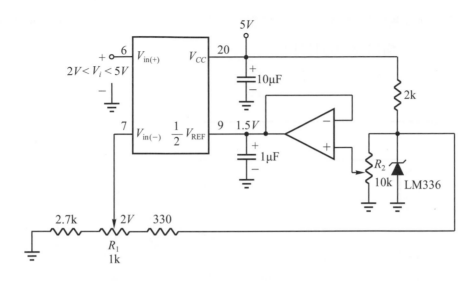

圖 19-16　2V < v_i < 5V 的 A/D C 電路

2. 因 ADC0801 是針對($V_{in(+)} - V_{in(-)}$)的差值電壓加以處理，所以在$V_{in(-)}$的地方必須加 2V。則當v_i = 2V 時，A/D C 處理的電壓是 2V － 2V = 0V。當v_i = 5V 時，A/D C 處理的電壓是 5V － 2V = 3V，正是題意所要求。所以 Pin7 必須輸入固定電壓 2V。若把圖 19-16 加以修改就能符合目前的需要了。

圖 19-16 中的(330Ω、1k 可變電阻、2.7k)，是把 LM336 的穩定電壓由 1k 可變電阻調整，經分壓而得到 2V 的固定電壓給$V_{in(-)}$，即V_{Pin7} = 2V。所以電路中的R_1為零點調整，使v_i = 2V 時，數位值為 00000000。R_2為滿刻度調整，使v_i = 5V 時，數位值為 11111111。

練習二

(1)　請設計一個 A/D C 電路，以處理 0 < v_i < 512mV 的類比電壓。

　　※ Pin9 應該加多少電壓，電路如何設計？

※必須包含歸零調整及滿刻度調整。以便$v_i = $ 0V 時，輸出為 00000000。$v_i = $ 512mV 時，輸出為 11111111。

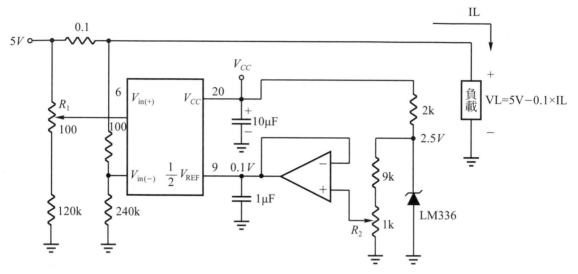

圖 19-17　電流之數位值轉換電路

(2)　圖 19-17 是一個把電流量的大小，轉換成數位值表示的電路，請分析當$I_L = $ 0A，$I_L = $ 1A，$I_L = $ 2A 時的數位值各是多少？

解析：(1)當$I_L = $ 0A 時，$V_{in(-)} = \dfrac{240k}{240k + 100\Omega + 0.1\Omega} \times 5V = 4.998V$，並且調$R_1$，使

$V_{in(+)} = V_{in(-)}$，則數位輸出為 00000000，所以R_1是歸零調整。把$V_{in(+)}$調在 4.998V 的電壓。

(2)當$I_L = $ 2A 時，

$V_L = 5V - 0.1\Omega \times 2A = 4.8V$

$V_{in(-)} = \dfrac{240k}{240k + 100\Omega} \times 4.8V = 4.798V$

$V_{in(+)} - V_{in(-)} = 4.998V - 4.798V = 0.2V$

(3)調 R_2 使 $\dfrac{V_{REF}}{2} = V_{Pin9} = 0.1V$，則當 $I_L = 2A$ 時，數位輸出就是 11111111。當 I_L ＝ 0A 時，數位值為 00000000。

(4)所以當 $I_L = 1A$ 時，數位值應該是 10000000。

即把 ADC0801 用來指示電流 I_L 的大小。

19-3-1　不同輸入電壓的處理

對 ADC0801～ADC0805 而言，它的好處是使用單電源 $V_{cc} = 5V$。但同時也限制了，其類比輸入電壓必須在 0～5V 之間。但當必須處理±5V 或±10V 範圍的類比輸入信號時，我們必須在輸入的地方做適當的處理，設法把 $(-5V < v_i < 5V)$ 變成 $(0 < v_i < 5V)$，或 $(-10 < v_i < 10V)$ 變成 $(0 < v_i < 5V)$，圖 19-18 及圖 19-19 正好可以完成這項任務，茲分析於下：

對圖 19-18 的分析

$$V_{in(+)} = \frac{R_a}{R_a + R_b} V_{CC} + \frac{R_b}{R_a + R_b} v_i = \frac{1}{2} V_{CC} + \frac{1}{2} v_i$$

(1)　$v_i = -5V$ 時：

$$V_{in(+)} = \frac{1}{2} \times 5V + \frac{1}{2} \times (-5V) = 0V$$

(2)　$v_i = +5V$ 時：

$$V_{in(+)} = \frac{1}{2} \times 5V + \frac{1}{2} \times 5V = 5V$$

所以如圖 19-18 就能把原本不適合 ADC0801 使用的電壓 $(-5V < v_i < 5V)$ 變成 0V $< V_{in(+)} < 5V$，以符合 ADC0801 的要求。

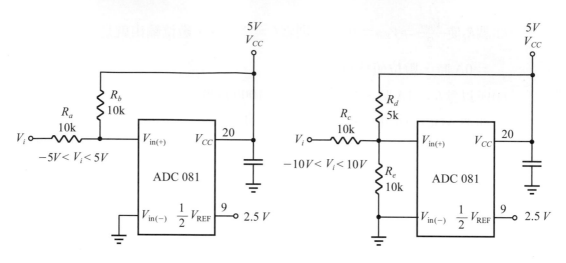

圖 19-18　－5V < v_i < 5V 的處理　　　圖 19-19　－10V < v_i < 10V 的處理

對圖 19-19 的分析

$$V_{in(+)} = \frac{R_d /\!/ R_e}{R_c + R_d /\!/ R_e} \times v_i + \frac{R_c /\!/ R_e}{R_c /\!/ R_e + R_d} \times V_{CC}$$

$$= \frac{1}{4} v_i + \frac{1}{2} V_{CC}$$

(1)　$v_i = -10V$ 時

$$V_{in(+)} = \frac{1}{4} \times (-10V) + \frac{1}{2} \times 5V = 0V$$

(2)　$v_i = +10V$ 時

$$V_{in(+)} = \frac{1}{4} \times (10V) + \frac{1}{2} \times 5V = 5V$$

　　相當於圖 19-19 中，把 v_i 經 R_c、R_d、R_e 的分壓處理後，使得 $V_{in(+)}$ 位於 0V～5V 之間。如此一來 ADC0801 就能處理，－10V～＋10V 的輸入信號了。

19-4 ADC0801～ADC0805……使用與實驗

從 19-3 節中有關 A/D C 的說明，我們再次整理如下。

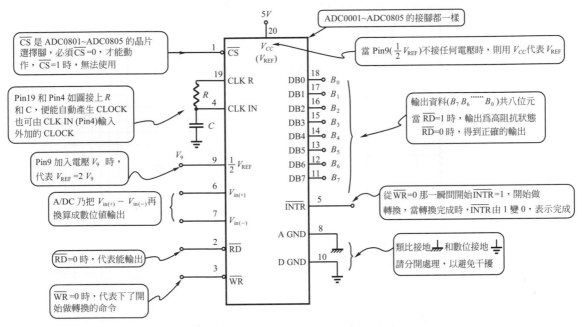

圖 19-20 ADC0801～0805 接腳功能總整理

圖中文字說明：

$\overline{CS}$ 是 ADC0801~ADC0805 的晶片選擇腳，必須 $\overline{CS}=0$，才能動作，$\overline{CS}=1$ 時，無法使用

Pin19 和 Pin4 如圖接上 R 和 C，便能自動產生 CLOCK 也可由 CLK IN (Pin4)輸入外加的 CLOCK

Pin9 加入電壓 V_9 時，代表 V_{REF} 為 $2\,V_9$

A/DC 乃把 $V_{in(+)} - V_{in(-)}$ 再換算成數位值輸出

$\overline{RD}=0$ 時，代表能輸出

$\overline{WR}=0$ 時，代表下了開始做轉換的命令

ADC0001~ADC0805 的接腳都一樣

當 Pin9($\frac{1}{2}V_{REF}$)不接任何電壓時，則用 V_{CC} 代表 V_{REF}

輸出資料($B_7, B_6 \cdots B_0$)共八位元 當 $\overline{RD}=1$ 時，輸出為高阻抗狀態 $\overline{RD}=0$ 時，得到正確的輸出

從 $\overline{WR}=0$ 那一瞬間開始 $\overline{INTR}=1$，開始做轉換，當轉換完成時，$\overline{INTR}$ 由 1 變 0，表示完成

類比接地 和數位接地 請分開處理，以避免干擾

實驗接線

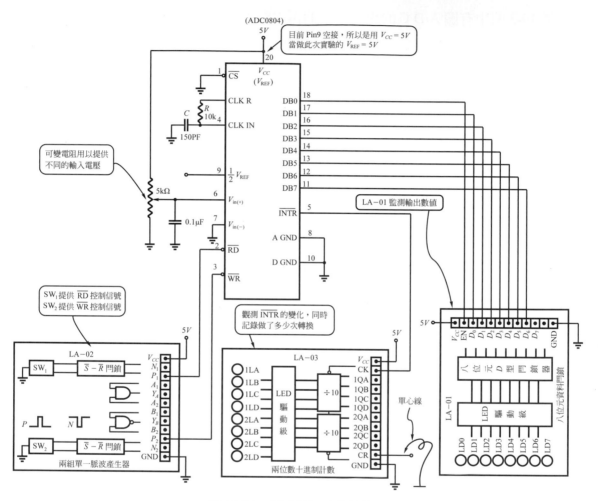

圖 19-21　ADC0804 實驗接線圖

實驗步驟與記錄

(1) 因 $\overline{\text{CS}}$ 接地，$\overline{\text{CS}} = 0$……ADC0804 可以正常動作。

(2) 振盪部份 $R = 10\text{k}$，$C = 150\text{pF}$，振盪頻率 $f_{\text{CLK}} \approx \dfrac{1}{1.1 \times RC} \approx 600\text{kHz}$，請用示波器觀測 Pin4(LCK IN) 和 Pin19(CLK R) 的波形。(若沒有振盪信號，則無法動作)

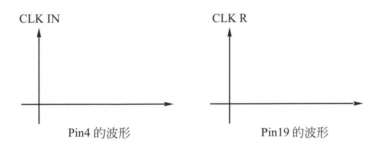

圖 19-22　記錄 ADC0804 振盪器的輸出波形

(3) 依目前的接線，請問

　① 電路的參考電壓 $V_{\text{REF}} = $ _____ ，則 Step Size $= \dfrac{V_{\text{REF}}}{2^8} = $ _____ 。

　② $v_{\text{in}(+)} - v_{\text{in}(-)}$ 的最大值是多少？ _____ 。

(4) 用一條單心線當開關，碰一下 LA-03 的 CR 腳，使 LA-03 計數值為 0。

(5) 把可變電阻調到最小，則 $v_{\text{in}(+)} = 0\text{V}$。

(6) 按一下 LA-02 的 SW_2，則 $N_2 = \overline{\text{WR}} = $ ⎍ ……(相當於下了開始轉換的命令)。

(7) 接著看 LA-03 的計數值是否加 1……(代表已做完一次轉換了)
LA-03 的計數值是否加 1： _____ 。(即 $\overline{\text{INTR}}$ 由 1 變成 0)

(8) 按住 LA-02 的 SW_1，則 $N_1 = \overline{\text{RD}} = 0$……(表示 $DB_7 \sim DB_0$ 可以正常輸出)。
此時 $v_{\text{in}(+)} = 0\text{V}$，$DB_7 DB_6 \sim DB_0 = $ _____ 。(理論上，$DB_7 DB_6 \sim DB_0 = 00000000$)

(9) 放開 LA-02 的 SW_1，則 $N_1 = \overline{RD} = 1$……(表示：_____)

此時 $DB_7DB_6 \sim DB_0 =$ _____ 。

(10) 調整可變電阻，使 $v_{in(+)} = 2.00V$。再按住 LA-02 的 SW_1，使 $N_1 = \overline{RD} = 0$，則 $DB_7DB_6 \sim DB_0 =$ _____ (似乎和 $v_{in(+)} = 0V$ 的情形一樣)，為什麼？

【Ans】：_____ 。

(11) 放開 LA-02 的 SW_1，然後再按一下 SW_2，使 $N_2 = \overline{WR} = \overline{\bigsqcup}$，於 LA-03 的計數值加 1 後，再按住 LA-02 的 SW_1，使 $N_1 = \overline{RD} = 0$，並觀測其輸出 $DB_DB_6 \sim DB_0 =$ _____ 。而理論值是：_____ 。

$$\left(\frac{256}{5V}\right) \times 2V = (\qquad)_2 \cdots\cdots (注意您用的 V_{CC} 是否真的為 5V)$$

記錄完畢可以把 $\overline{RD}$ 改成接地(就省掉每次輸出都要按 SW_1 的動作)。

(12) 接著連續按 5 次 LA-02 的 SW_2，使 $N_2 = \overline{WR}$ 產生 5 個負脈波，LA-03 的值也增加 5，然後，再看當 $v_{in(+)} = 2V$ 時，$DB_7DB_6 \sim DB_0 =$ _____ 。

※若每次所看到的值都一樣，則表示該 A/D C 轉換非常穩定。

(13) 若調整可變電阻使電阻值最大，則 $v_{in(+)} = V_{CC} = 5V$，則所得到的結果 $DB_7DB_6 \sim DB_0 =$ _____ 。……理論上為(11111111)。

(14) 此時把 $\overline{INTR}$(Pin5)改接到 $\overline{WR}$(Pin3)(即 $\overline{INTR}$ 和 $\overline{WR}$ 接在一起)，且 $\overline{RD}$ 接地($\overline{RD} = 0$)，並把 $\overline{WR}$ 接到 LA-02 N_2 的接線拆掉。接著用一條單心線碰一下 $\overline{WR}$。使 $\overline{WR}$ 和 $\overline{INTR}$ 同時為 0。

然後調整可變電阻，您會看到什麼結果？是不是 $DB_7DB_6 \sim DB_0$ 的數值，一直隨 $v_{in(+)}$ 的不同而改變呢？_____ 。

這種接線方式，我們稱之為自由轉換模式。

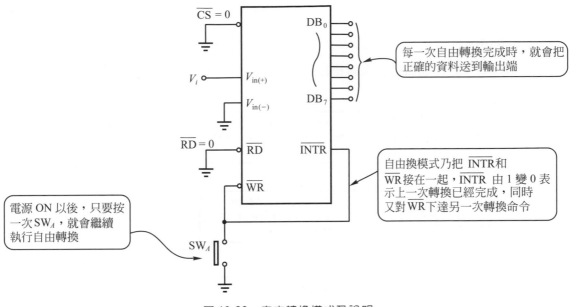

（框圖文字：）

每一次自由轉換完成時，就會把正確的資料送到輸出端

自由換模式乃把 $\overline{\text{INTR}}$ 和 $\overline{\text{WR}}$ 接在一起，$\overline{\text{INTR}}$ 由 1 變 0 表示上一次轉換已經完成，同時又對 $\overline{\text{WR}}$ 下達另一次轉換命令

電源 ON 以後，只要按一次 SW_A，就會繼續執行自由轉換

實驗討論

(1) $\overline{\text{CS}}$ 的主要功用是什麼？當 $\overline{\text{CS}} = 1$ 時，除了 ADC0804 無法動作外，數位輸出端 $DB_7 DB_6 \sim DB_0$ 是處於什麼狀況？

(2) 當 $\overline{\text{RD}} = 0$，表示 $DB_7 DB_6 \sim DB_0$ 可以對外輸出資料，但 $\overline{\text{RD}} = 1$ 時，是何種狀態？

(3) $\overline{\text{WR}}$ 由 1 變 0(⎤⎣)，代表下達開始轉換的命令，約經過多少個 CLOCK 脈波，會完成轉換的動作？

(4) $\overline{\text{WR}}$ 由 1 變 0 時，$\overline{\text{INTR}}$ 一定會被設定為 $\overline{\text{INTR}} = 1$，那什麼時候 $\overline{\text{INTR}}$ 會由 1 變成 0？

(5) 若在 Pin9$\left(\dfrac{1}{2}V_{\text{REF}}\right)$接腳加入 1.28V 時，試問

Step Size＝_____。若$DB_7DB_6{\sim}DB_0 = 10010100$ 時，代表$v_i(t)＝$_____。

(6) ADC0804怎樣和微電腦系統搭配使用？(即怎樣由微電腦控制ADC0804的動作？)

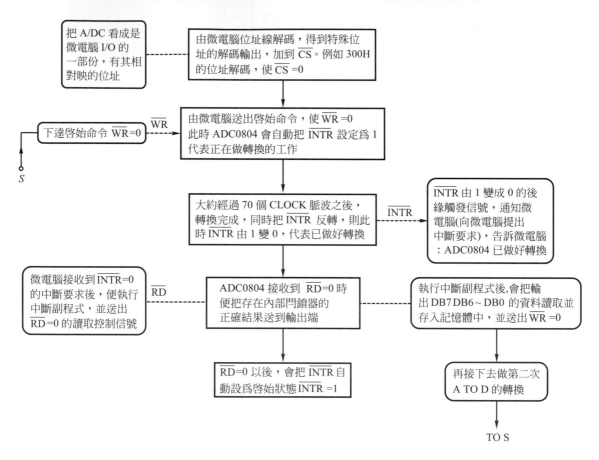

圖 19-24　ADC0804 和微電腦的握手式交談

19-5　ADC0804 應用線路分析⋯⋯數字顯示之溫度計

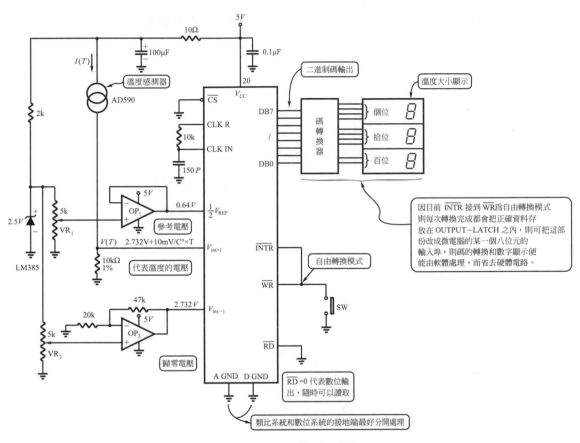

圖 19-25　數字顯示型的溫度計

線路分析

(1) AD590 溫度感測器

AD590 是一個隨溫度大小而改變其端電流 $I(T)$ 的感溫元件。

$$I(T) = 273.2\mu A + 1\mu A/°C \times T°C$$

※ 0°C 時 $I(0°C) = 273.2\mu A$，溫度係數為 $1\mu A/°C$(每 1°C 改變 $1\mu A$)

$$V(T) = I(T) \times 10k\Omega = (273.2\mu A + 1\mu A/°C \times T°C) \times 10k\Omega$$

$$= \underline{2.732V} + \underline{10mV/°C} \times T°C$$

↳ 代表每 1°C 增加 10mV

↳ 代表 0°C 時的電壓為 2.732V

(2) $2k\Omega$ 和 LM385-2.5

LM385-2.5 是一顆參考電壓 IC，其端電壓為 2.50V，而 $2k\Omega$ 電阻為限流與降壓電阻。

(3) VR_1 和 OP_1

OP_1 是組成電壓隨耦器，調 VR_1 使 OP_1 的輸出得到 0.64V，則代表目前所加的 $V_{REF} = 2 \times 0.64V = 1.28V$，則

$$\text{Step Size} = \frac{1.28V}{2^8} = \frac{1.28V}{256} = 5mV$$

則數位輸出 $DB_7DB_6 \sim DB_0 = 11111111$ 時，代表

$11111111 = (255)_{10}$，$(255 \times 5mV) \div 10mV/°C = 127.5°C$

$11111110 = (254)_{10}$，$(254 \times 5mV) \div 10mV/°C = 127°C$

$\wr$

$00000001 = (1)_{10}$，$(1 \times 5mV) \div 10mV/°C = 0.5°C$

$00000000 = (0)_{10}$，$(0 \times 5mV) \div 10mV/°C = 0°C$

(4)　VR_2，OP_2，20k，47k

　　　OP_2、20k、47k組成非反相放大器，由VR_2調整輸入電壓，使OP_2的輸出為 2.732V。則 ADC0804 所轉換的電壓值為：

$$v_{in(+)} - v_{in(-)} = [2.732V + 10mV/^{\circ}C \times T^{\circ}C] - 2.732V$$
$$= 10mV/^{\circ}C \times T^{\circ}C$$

$T = 0^{\circ}C$ 時，$v_{in(+)} - v_{in(-)} = 0V \rightarrow DB_7DB_6 \sim DB_0 = 00000000$

$T = 0.5^{\circ}C$ 時，$v_{in(+)} - v_{in(-)} = 5mV \rightarrow DB_7DB_6 \sim DB_0 = 00000001$

$\vdots$

$T = 100^{\circ}C$ 時，$v_{in(+)} - v_{in(-)} = 1000mV \rightarrow DB_7DB_6 \sim DB_0 = 11001000$

(5)　VR_1和VR_2所擔任的角色

　　VR_1得到 0.64V 以設定$V_{REF} = 1.28V$。相當於用VR_1調整，使最大輸入電壓($v_{in(+)} - v_{in(-)}$)必須限制在 1.28V 以下，且使 Step Size = 5mV。

　　VR_2調整使$v_{in(-)} = 2.732V$，目的在於 $0^{\circ}C$ 時使$v_{in(+)} - v_{in(-)} = 0V$，即使用$VR_2$做為歸零校正。

(6)　因 ADC0804 是二進制輸出，所以必須有一組碼的轉換器，把二進制轉換成十進制，才能做(0～9)十進制的顯示。或改用微電腦時，則碼的轉換，便能由軟體程式完成之。

第20章

D/A C 的認識和應用實驗

(1) 了解 D/A C 的功用。

(2) 知道怎樣使用 D/A C。

(3) D/A C 的實用線路分析。

顧名思義 D/A C 就是把數位值轉換成類比電壓的電路。它是數位控制中不可或缺的元件。而 D/A C 經常和微電腦搭配使用，便能由軟體的運算產生許多不同的應用。例如可程式信號產生器，可程式電源供應器。

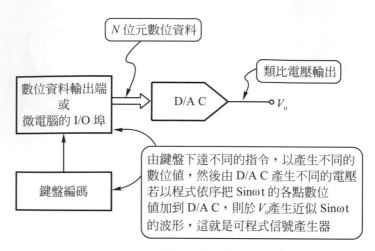

圖 20-1　D/A C 基本功能說明

有關 D/A C 的基本架構有二進制加權型 D/A C、R-$2R$ D/A C、……。詳細資料請參閱全華圖書 02470 書號，第十三章。本單元將只著重於目前現有 D/A C IC 的使用和應用。又 D/A C 的種類(廠商不同，位元數不同，……)實在太多，且價格不一。我們將以八位元的 D/A C 做說明，只要會一種 D/A C，其它的 D/A C 使用上幾乎是大同小異。

20-1　D/A C 產品介紹……DAC0800～DAC0802

DAC0800 系列是數位對類比轉換 IC，是一種以數位值當輸入而改變輸出電流大小的 D/A C。即加不同的數位值於輸入時，輸出電流的大小會因數位值的不同而改變。所以對像 DAC0800 系列的 D/A C，只要在輸出加上電阻或 OP Amp 電路，便能把電流的變化換成電壓的變化。則最後便能得到，加不同數位值於輸入時，可以得到不同的電壓輸出。

　　若數位值是 m，則必有相對應的輸出電流 I_m，那麼當數位值是 $m+1$ 時，其相對的輸出電流應該增加或減少多少呢？也就是說數位值的最低位元改變時，輸出電流的變化量是多少呢？即數位值從 00000000～11111111 的變化，輸出電流的變化應該是多少呢？這些疑問引伸出，像 DAC0800 系列的 D/A C IC 應該有一個參考電流 I_{REF}，以滿足最低位元的電流變化量。

$$最低位元的電流變化量 = \frac{I_{REF}}{2^N}，N：位元數(bits)$$

　　一般我們並非提供定電流源 I_{REF} 給 DAC0800，而是提供一個固定電壓源 V_{REF} 給 DAC0800，然後用一個電阻 R_{REF} 以得到

$$I_{REF} = \frac{V_{REF}}{R_{REF}}$$

　　且在 DAC0800 中，它一共有兩支參考電壓輸入腳 $V_{REF(+)}$ 及 $V_{REF(-)}$，及兩支電流輸出腳 I_{out} 及 $\overline{I_{out}}$，8 支數位值輸入腳 $B_1 \sim B_8$。剩下的接腳為 V^+ 及 V^- 的電源供應腳和補償腳及臨界電壓控制腳共 16 支接腳。如圖 20-2 為 DAC0800 系列的內部方塊圖和接腳圖，我們將分類說明各接腳的功用及使用情形。

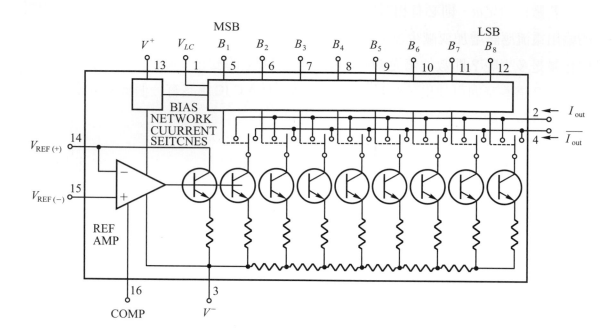

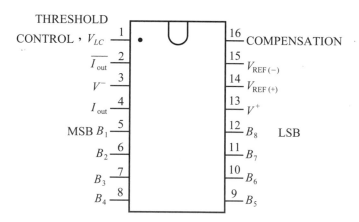

圖 20-2　DAC0800～DAC0802 內部方塊圖

20-2　接腳使用說明

(1)　V^+(Pin13)，V^-(Pin3)

　　　　該兩支接腳分別加$+V_{CC}$和$-V_{CC}$，對 DAC0800 而言，可加±4.5V 到±18V 的電源電壓。

(2)　I_{out}(Pin4)，$\overline{I_{out}}$(Pin2)

　　　　該兩支接腳是輸出腳，以電流的形式輸出。但必須注意其電流的方向，並非由D/A C 流出去，而是從外面流進 Pin4 和 Pin2。並且$I_{out}+\overline{I_{out}}=I_{REF}$，其關係式如下：

$$\frac{m}{2^N}I_{REF}=I_{out}\ ,\ \frac{2^N-m}{2^N}I_{REF}=\overline{I_{out}}$$

也就是說I_{out}增加的量，等於$\overline{I_{out}}$減少的量，才能使I_{out}和$\overline{I_{out}}$的總和一直等於I_{REF}。若以圖 20-3 來說明I_{out}和$\overline{I_{out}}$的關係，將更容易了解。

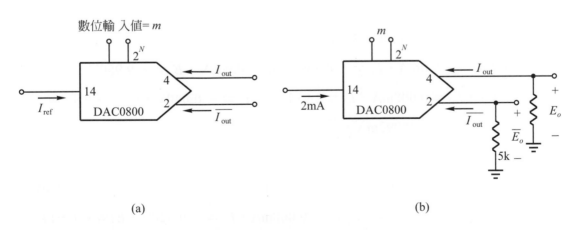

(a)　　　　　　　　　　　　　　(b)

圖 20-3　DAC0800 三大信號關係

I_{out}和$\overline{I_{\text{out}}}$都是由外部流入 D/A C。而$I_{\text{REF}}$是由外部提供給 D/A C。數位輸入值$m$也是由外部提供，因 DAC0800～DAC0802 都是 8 位元的 D/A C，$2^N = 2^8 = 256$。所以

$$最低位元的電流變化量 = \frac{I_{\text{REF}}}{256} = \frac{2\text{mA}}{256}$$

若當$m = 00000000$ 會得到$I_{\text{out}} = 0\text{mA}$，則$m = 11111111$ 時，只有 255 個狀態，$I_{\text{out}} = \left(\frac{2\text{mA}}{256}\right) \times 255$，$\overline{I_{\text{out}}} = 0\text{mA}$，必須重新修正

$$I_{\text{out}} = \frac{m}{2^N} I_{\text{REF}} \ , \ \overline{I_{\text{out}}} = \frac{2^N - m - 1}{2^N} I_{\text{REF}} \ , \ 0 \le m \le 2^N - 1$$

實例 20-1

求圖 20-3 圖(b)，當$m = 0,1,127,128,129,254,255$ 時的I_{out}，$\overline{I_{\text{out}}}$，$E_o$ 及$\overline{E_o}$。

解析：(1)注意I_{out}及$\overline{I_{\text{out}}}$電流的方向，始終由外部流入 D/A C。

(2)$I_{\text{out}} = \dfrac{1}{2^N} I_{\text{REF}} \times m$，$\overline{I_{\text{out}}} = \dfrac{1}{2^N} I_{\text{REF}} \times (2^N - m - 1)$

(3)$E_o = -I_{\text{out}} \times (5\text{k})$，$\overline{E_o} = -\overline{I_{\text{out}}} \times (5\text{k})$

$m = 0$，$I_{\text{out}} = 0\text{mA}$，$\overline{I_{\text{out}}} = 1.992\text{mA}$，$E_o = 0.000\text{V}$，$\overline{E_o} = -9.960\text{V}$

$m = 1$，$I_{\text{out}} = 0.008\text{mA}$，$\overline{I_{\text{out}}} = 1.984\text{mA}$，$E_o = -0.040\text{V}$，$\overline{E_o} = -9.920\text{V}$

$m = 127$，$I_{\text{out}} = 0.992\text{mA}$，$\overline{I_{\text{out}}} = 1.000\text{mA}$，$E_o = -4.960\text{V}$，$\overline{E_o} = -5.000\text{V}$

$m = 128$，$I_{\text{out}} = 1.000\text{mA}$，$\overline{I_{\text{out}}} = 0.992\text{mA}$，$E_o = -5.000\text{V}$，$\overline{E_o} = -4.960\text{V}$

$m = 129$，$I_{\text{out}} = 1.008\text{mA}$，$\overline{I_{\text{out}}} = 0.984\text{mA}$，$E_o = -5.040\text{V}$，$\overline{E_o} = -4.920\text{V}$

$m = 254$，$I_{\text{out}} = 1.984\text{mA}$，$\overline{I_{\text{out}}} = 0.008\text{mA}$，$E_o = -9.920\text{V}$，$\overline{E_o} = -0.040\text{V}$

$m = 255$，$I_{\text{out}} = 1.992\text{mA}$，$\overline{I_{\text{out}}} = 0.000\text{mA}$，$E_o = -9.960\text{V}$，$\overline{E_o} = -0.000\text{V}$

從分析的結果不難發現I_{out}和$\overline{I_{out}}$的關係始終保持

$$I_{out} = \frac{m}{256} \times 2\text{mA} \text{ , } \overline{I_{out}} = \frac{256 - m - 1}{256} \times 2\text{mA} = \frac{255 - m}{256} \times 2\text{mA}$$

而輸出電壓始終是負電壓，表示I_{out}及$\overline{I_{out}}$永遠是由外部流入 Pin4 和 Pin2。

練 習

(1)　求圖 20-4，當$m = 0,1,127,128,129,254,255$ 時的I_{out}，$\overline{I_{out}}$與E_o及$\overline{E_o}$。

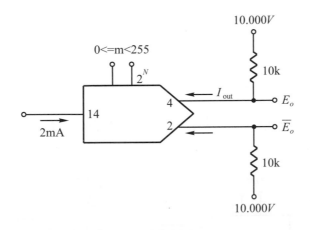

圖 20-4

提示：$E_o = 10.000\text{V} - I_{out} \times 10\text{k}\Omega$，$\overline{E_o} = 10.000\text{V} - \overline{I_{out}} \times 10\text{k}\Omega$

解析：將計算結果填入表 20-1 中。

表 20-1

	I_{out}	$\overline{I_{out}}$	E_o	$\overline{E_o}$	$B_1\ B_2\ B_3\ B_4\ B_5\ B_6\ B_7\ B_8$
m					0 0 0 0 0 0 0 0
0					
1					
127					1 0 0 0 0 0 0 0
128					
129					
254					
255					1 1 1 1 1 1 1 1

(2) 求圖 20-5，當 $m = 0,1,127,128,129,254,255$ 時的 I_{out}，$\overline{I_{out}}$ 及 V_o。

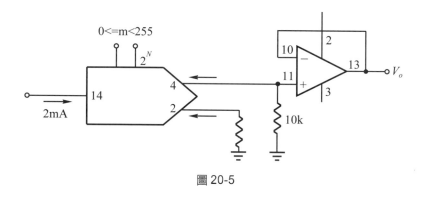

圖 20-5

(3) $V_{REF(+)}$(Pin14)，$V_{REF(-)}$(Pin15)

　　這兩支腳是參考電流的輸入腳，由外部提供一個穩定的固定電壓V_{REF}，並經過一個精密的固定電阻R_{REF}，再接到$V_{REF(+)}$，便能得到一個固定的參考電流

I_{REF}，如圖 20-6 所示。而其中 $V_{\text{REF}(-)}$(Pin15)所接的電阻 R_{15} 是為了抵消偏壓電流所造成的不良影響。其電阻值選用 $R_{15} \approx R_{\text{REF}}$，但若如圖 20-7 加的是負參考電壓時，其電流的方向請特別注意，以免誤用而不自知。一般習慣上都使用正的參考電壓 $+V_{\text{REF}}$。

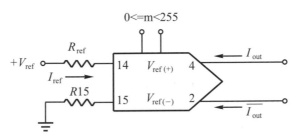

圖 20-6　正參考電壓

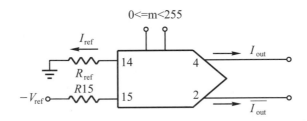

圖 20-7　負參考電壓

當 $m = 255$ 時，代表最高數位值，也應該有最大的 I_{out}，我們稱之為最大刻度電流 I_{FS}。則

$$I_{FS} = \frac{V_{\text{REF}}}{R_{\text{REF}}} \times \frac{255}{256} = I_{\text{REF}} \times \frac{255}{256} \text{ , } I_{\text{REF}} = \frac{V_{\text{REF}}}{R_{\text{REF}}}$$

$$I_{\text{out}} + \overline{I_{\text{out}}} = I_{FS}$$

$$I_{\text{out}} = \frac{I_{\text{REF}}}{256} \times m \text{ , } \overline{I_{\text{out}}} = \frac{I_{\text{REF}}}{256} \times (256 - m - 1)$$

在一般正常的使用時，R_{REF}、V_{REF}的典型值為

$$\left.\begin{array}{l} R_{\text{REF}} = 5.000\text{k}\Omega \\ V_{\text{REF}} = 10.000\text{V} \end{array}\right\}$$ 表示兩者都必須使用精密且穩定的值。

實例 20-2

(1)$I_{\text{REF}} = ?$

(2)v_o的最大值是多少？

(3)輸入最低位元變化一次，輸出的步階大小是多少？

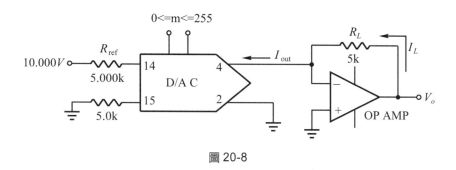

圖 20-8

解析：(1)$I_{\text{REF}} = \dfrac{V_{\text{REF}}}{R_{\text{REF}}} = \dfrac{10.000\text{V}}{5.000\text{k}} = 2.000\text{mA}$

I_{out}的最大值

$$I_{FS} = \frac{I_{\text{REF}}}{2^N} \times 255 = 2.000\text{mA} \times \frac{255}{256} = 1.992\text{mA}$$

選用高輸入阻抗的 OP Amp，則$I_L = I_{\text{out}}$，又因 OP Amp 的輸出有一個R_L接回 OP Amp 的"$-$"端，所以 OP Amp 輸入有虛接地的特性存在，則

(2)$v_o = I_L \times R_L = I_{\text{out}} \times R_L = I_{\text{out}} \times 5\text{k}\Omega$

$\qquad = \left(\dfrac{I_{\text{REF}}}{256} \times m\right) \times 5\text{k}$，當$m = 255$，$v_o$最大，所以$v_o$的最大值

$$v_{o(\max)} = \left(\frac{2\text{mA}}{256} \times 255\right) \times 5\text{k} = 9.960\text{V}$$

(3)輸出的步階大小 $= \left(\frac{I_{\text{REF}}}{256} \times 1\right) \times 5\text{k} = 39.06\text{mV} \approx 40\text{mA}$

即數位值增加 1 時，輸出電壓就增加 40mV

當 $m = 128$ 時，$v_o = \left(\frac{2\text{mA}}{256} \times 128\right) \times 5\text{k}\Omega = 5.000\text{V}$

從這個實例的分析，我們得到了一個很重要的結果和特點。結果是圖 20-8 提供了一個能由數位值控制輸出電壓的電路，當數位值由 00000000 遞增到 11111111 的時候，輸出電壓由 0V 開始，以 40mV 的步階大小升到 9.960V。我們稱圖 20-8 是單極性正電壓輸出的 D/A C 電路。

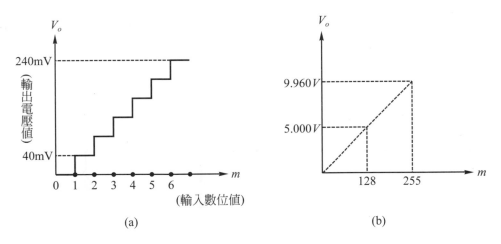

圖 20-9　為圖 20-8 的轉換特性曲線

從圖 20-9(a)看到微量變化時的 v_o，其結果就好像樓梯一階一階往上升，也就是說當把數位值依序連續送到 D/A C 的數位輸入腳時，D/A C 電路所得到的電壓並非連續的波形，而是依數位值的大小做不同步階的跳動。所以在真正D/AC電路的使用時，必須再將跳動的步階，做平滑的處理。一般均使用低通濾波器的方式，以除去高頻的諧波，則得到連續變化的波形。

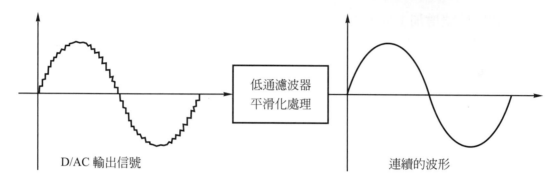

圖 20-10　低通濾波器在 D/A C 所擔任的角色

(4)　V_{LC}(Pin1)

這是一支比較特殊的接腳，可由這支接腳加不同的電壓，以適合不同的數位系統，圖 20-11 乃針對不同的數位系統提供不同的 V_{LC}。

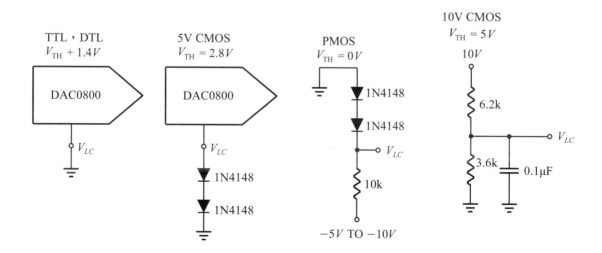

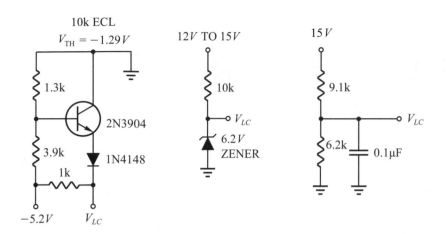

圖 20-11　不同數位系統的 V_{LC}

(5)　$B_1B_2B_3B_4B_5B_6B_7B_8$(Pin5～Pin12)

這些接腳是數位輸入接腳B_1是 MSB(最高位元)，B_8是 LSB(最低位元)，不同廠商有不同的排法，有$B_7B_6\cdots\cdots B_0$的排法，請留意資料手冊的規定。

(6)　COMP(Pin16)

這是一支頻率補償腳，在(Pin16)接一個小電容到地。能使電路更穩定。一般這個電容為 $0.01\mu F$，其功用就如一般 OP Amp 的頻率補償腳。

實例 20-3

設計一個 D/AC 電路，輸出步階的大小為 40mV，當數位輸入$m=00000000$ 時，$v_o=-9.960V$，$m=11111111$ 時，$v_o=+9.960V$。

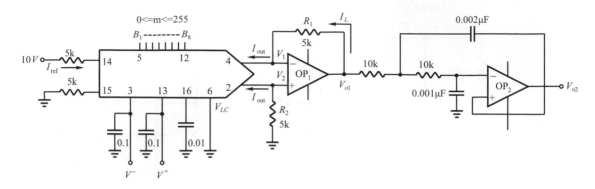

圖 20-12　完整的 D/A C 電路

解析：(1)Pin3 及 Pin13 所接的 $0.1\mu F$ 電容爲電源上的濾波電容。Pin1 所接的 $0.01\mu F$ 爲
頻率補償。Pin16 $V_{LC}=0V$，代表它的數位輸入信號來自 TTL 5V 系統。

(2)$I_{REF}=\dfrac{V_{REF}}{R_{REF}}=\dfrac{10V}{5k}=2mA$

$v_{o_1}=I_L\times R_1+v_1$，$I_L=I_{out}$，$v_1=v_2$

$v_2=-\overline{I_{out}}\times R_2$，$I_{out}=\dfrac{2mA}{256}\times m$，$\overline{I_{out}}=\dfrac{2mA}{256}(255-m)$

$v_{o_1}=I_{out}\times R_1-\overline{I_{out}}\times R_2$

$\quad=\left(\dfrac{I_{REF}}{256}\right)\times m\times R_1-\dfrac{I_{REF}}{256}(255-m)\times R_2$，$R_1=R_2=5k$

$\quad=5k\left[2\times\dfrac{I_{REF}}{256}\times m-\dfrac{I_{REF}}{256}\times255\right]$，$I_{REF}=\dfrac{V_{REF}}{5k}$

$\quad=V_{REF}\left[\dfrac{2\times m}{256}-\dfrac{255}{256}\right]$

$m=00000000$，$m=0$

$v_{o_1}=-\dfrac{255}{256}\times10V=-9.960V$

$$m = 01111111，m = 127$$

$$v_{o_1} = -\frac{1}{256} \times 10V = -39.06mV \approx -0.040V$$

$$m = 10000000，m = 128$$

$$v_{o_1} = +\frac{1}{256} \times 10V = +39.06mV \approx +0.040V$$

$$m = 11111111，m = 255$$

$$v_{o_1} = +\frac{255}{256} \times 10V = +9.960V$$

(3)OP_2的電路是二階低通濾波器，其截止頻率目前約為 10kHz，可依您的需要而調整其截止頻率。在v_{o_2}會得到比v_{o_1}還要平滑的波形。此時必須知道您所輸入的數位值變化有多快，以決定OP_2低通濾波的截止頻率要選擇在多少Hz。

20-3　D/A C 名詞定義及誤差種類

持穩時間(Settling Time)

當把數位值加到D/A C的輸入時，開始做數位對類比的轉換，直到輸出類比電壓能保持穩定在$\pm\frac{1}{2}$LSB的變化範圍內，所需的時間，稱之為持穩時間。因當數位值輸入時，相當於在控制 D/A C 內部電子開關的切換，會導致輸出類比電壓有振鈴(ring)的現象。必須經過一段時間，才能得到該數位值的相對類比電壓，如圖 20-13 所示。

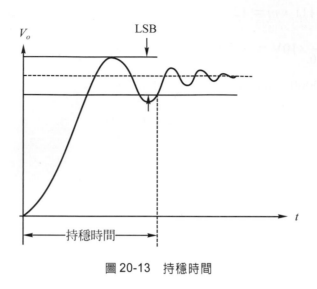

圖 20-13　持穩時間

　　也就是說，在經過持穩時間以後所得到的類比電壓，最為正確，其誤差保證在±$\frac{1}{2}$LSB 的範圍以內。所以持穩時間的長短決定了該 D/A C 能以多快的速度把數位轉成類比。

　　至於其它的名詞及誤差，如解析度、量化誤差、滿刻度誤差、抵補誤差、……，與A/D C的定義幾乎一樣，只是對D/A C而言，輸入是數位值，輸出是類比電壓或類比電流，與A/D C正好相反。不再重複說明。若您真的需要用到A/D C 或 D/A C時，這些名詞及誤差請多加注意。

20-4　DAC0800 的應用實驗……模擬可程式電源供應器

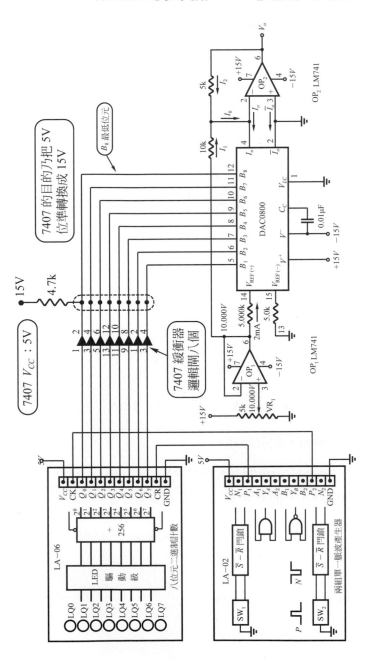

圖 20-14　DAC0800 之可程式電源供應器

實驗線路說明

(1) 由VR_1調整使OP_1的輸出為10.000V，經參考電阻5.000kΩ，得到標準的參考電流

$$I_{REF} = \frac{10.000V}{5.000k} = 2.000mA \cdots\cdots 意思是說 10.000V 和 5.000kΩ 必須很精確(一般$$

實驗較難達到此要求)

若想得到很準確的電壓，則必須使用"參考電壓IC"，如AD580-10便能得到10.000V，且要用精密可調電阻，設定 5.000kΩ的阻值。目前只用VR_1和OP_1取代之，故您所做的實驗，誤差會大一些。

(2) $I_{REF} = 2mA = \frac{255}{256} \times \frac{V_{REF}}{R_{REF}} = I_o + \overline{I_o}$

$I_o = \frac{M}{2^N} I_{REF}$，$\overline{I_o} = \frac{(2^N - 1) - M}{2^N}$，$0 \le M \le 2^N - 1$，$N = 8$

$v_o = I_2 \times 5k\Omega - v_{(-)}$，$v_{(-)} = v_{(+)} = 0V$，

$I_1 + I_2 = I_o$，$I_2 = I_o - I_1$，$I_1 = \frac{10.000V}{10k} = 1mA$

$I_2 = I_o - 1mA = \frac{M}{2^N} \times 2mA - 1mA = \frac{2mA}{256} \times M - 1mA$

$B_1 B_2 \cdots\cdots B_8 = 00000000$，則$M = 0$，

$\quad I_2 = -1mA$，$v_o = (-1mA) \times 5k = -5V$

$B_1 B_2 \cdots\cdots B_8 = 00000001$，則$M = 1$

$\quad I_2 = \frac{2mA}{256} \times 1 - 1mA$，$v_o = \left(-\frac{254}{256}mA\right) \times 5k = -4.96V$

$\vdots$

$B_1 B_2 \cdots\cdots B_8 = 10000000$，則$M = 128$

$$I_2 = \frac{2\text{mA}}{256} \times 128 - 1\text{mA} = 0\text{mA} , \ v_o = 0\text{mA} \times 5\text{k} = 0\text{V}$$

$B_1 B_2 \cdots\cdots B_8 = 10000001$，則 $M = 129$

$$I_2 = \frac{2\text{mA}}{256} \times 129 - 1\text{mA} = \frac{1}{128}\text{mA} , \ v_o = \frac{1}{128}\text{mA} \times 5\text{k} \approx 0.039\text{V}$$

$B_1 B_2 \cdots\cdots B_8 = 11111111$，則 $M = 255$

$$I_2 = \frac{2\text{mA}}{256} \times 255 - 1\text{mA} = \frac{254}{256}\text{mA} , \ v_o = \frac{254}{256}\text{mA} \times 5\text{k} = + 4.96\text{V}$$

由上述的分析我們得到數位資料由 00000000～11111111 改變時，v_o 得到 -5V～$+4.96\text{V}$，相當於是雙極性的輸出電壓。當然您也可以參閱我們所提供的實例完成 0～10V 單極性的轉換，或改變 I_{REF} 的大小而得到不同的輸出電壓。於此我們以不同的數位值得到相對的輸出電壓，稱之為可程式電源供應。

實驗步驟與記錄

(1) 準備一個數字型的電壓錶，接在 v_o 的地方，以測量 v_o 的大小。

(2) 調 VR_1 使 OP_1 的輸出電壓為 10.000V(至少也要有 10.0V)，所有電阻盡量用精密型，以增加實驗結果的正確性。

(3) 檢查所有接線是否接對了。而電源的提供可由實驗室中的雙電源提供±15V，而 5V 可由固定電壓端提供。

(4) 按一下 LA-02 的 SW_1，使 N_1 得到一個負脈波，則把 LA-06 的輸出全部清除為 0，相當於 $B_1 B_2 \sim B_8 = 00000000$，此時 $v_o = ?$

　【Ans】：$v_o = $ _____，理論值 $v_o = $ _____。

(5) 按一下 LA-02 的 SW_2，則 LA-06 加一次脈波到 CK，其值為 00000001，

　$v_o = $ _____，理論值 $v_o = $ _____。

(6) 連續按 SW_2，看看 v_o 是否一直改變？

(7) 當 $B_1B_2B_3B_4B_5B_6B_7B_8 = 10000000$ 時，$v_o =$ _____ ，理論值 $v_o =$ _____ 。

(8) 當 $B_1B_2B_3B_4B_5B_6B_7B_8 = 10000001$ 時，$v_o =$ _____ ，理論值 $v_o =$ _____ 。

(9) 當 $B_1B_2B_3B_4B_5B_6B_7B_8 = 11110000$ 時，$v_o =$ _____ ，理論值 $v_o =$ _____ 。

(10) 當 $B_1B_2B_3B_4B_5B_6B_7B_8 = 11111111$ 時，$v_o =$ _____ ，理論值 $v_o =$ _____ 。

請照實記錄。有誤差，再討論。

實驗討論

(1) 請查閱相關資料，找到可以提供 10.00V 精度以上的參考電壓 IC 三種……留著以後自己用。

(2) 請您重新修改線路，使 $B_1B_2B_3B_4B_5B_6B_7B_8 = 00000000 \sim 11111111$，能得到

① $-9.960V \sim +10.000V$

② $0V \sim +9.960V$

的輸出電壓，請繪出這兩個線路。

(3) 依這個實驗線路，若 $B_1B_2B_3B_4B_5B_6B_7B_8$ 輸入 $10000000 \sim 10001010$，10000000，……(即從 $128 \sim 138$ 連續循環的數字)，請您繪出 v_o 的波形，並標示電壓之最低與最高值。

(4) 若輸出電壓為最高 $+1.28V$、最低 $-1.28V$ 的三角波，則 $B_1B_2 \sim B_8$ 的數位值，應該怎樣提供呢？

(5)

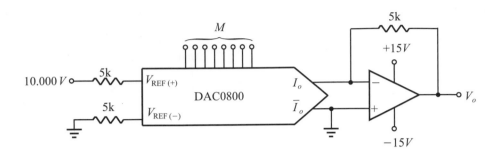

圖 20-15　DAC0800 的應用

① 圖 20-15 的 $I_{REF} = ?$

② 寫出 v_o 和 M 的關係式。

③ $M = 00000000$ 時，$v_o = ?$

④ $M = 00000001$ 時，$v_o = ?$

⑤ $M = 10000000$ 時，$v_o = ?$

⑥ $M = 11111111$ 時，$v_o = ?$

(6) 幾乎所有 DAC 的輸出電路，都會再接一個低通濾波器，其目的何在？

相關應用

(1) 由鍵盤設定 M 的大小，便能得到所需要的 v_o，只要再加上提供大電流的元件，便能完成可程式電源供應器的設計。

(2) 由電腦軟體計算出各波形每一點的電壓值(數位值)，然後透過電腦的 I/O 埠加到 D/A C 的 $B_1 B_2 \sim B_8$，便能產生任意由軟體所設計的波形，此即可程式信號產生器。

(3) 事實上所有存在光碟中的聲音資料，乃數位值的儲存，當要放出音效之前，都必須透過 D to A(D/A C)的轉換。

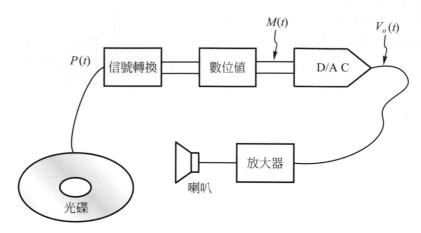

圖 20-16　D/A C 最實在的應用

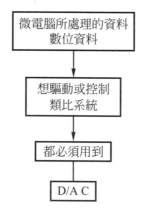

圖 20-17　D/A C 功用總結

第 **2** 篇

製作篇

第 1 章

數位實驗模板功能介紹

1-1 與老師的共識

　　我們所開發的這套數位實驗輔助工具，前後共經三年多的試用和修改，最後以六片模板定案，其編號為LA-01～LA-06。它們的產出，實際上已是數位課程一項完整的訓練和學習，老師針對模板上的所有線路做詳實的分析和講解，其實已是數位原理的授課。而學生自己出錢去購買材料，也是一種訓練，從中學習零件的認識和測試，並由學生自己焊接，自己測試及做故障的排除，而完成一套完整的訓練。

　　雖然現在有邏輯模擬的程式可供使用，但大都礙於設備經費和時間有限而無法實現以軟體模擬取代硬體實習，更則數位線路的設計千變萬化，各依所好,也不是一般模擬軟體能輕易完成。而數位邏輯進階課程中,PLA、PLD、FPGA……的先修課程,應說是'怎樣把一般數位 IC 做系統應用整合'。然於系統應用整合的練習中,光是簡單的計時器或計頻器,就要用到六～十個數位 IC(含數字顯示),將使接線非常繁雜,經常做不出來,使學生喪失信心,或一學期做不到幾個系統應用線路,而使所學的項目有限。

綜上所述,心有所感,才有這六塊'小'模板的誕生,多年下來我們發現這些模板卻有'大'功用。首先把模板當工具使用,只要會焊接,就能完成模板的製作,則所有數位實驗得以進行。而模板製作的過程就是一項數位電路設計的訓練。由學生自己出錢買零件,則能到材料店認識各種零件和相關的知識,於焊接後的故障排除,若輔之以模板的線路分析,則能感受到數位電路其實不難,只不過是在做 0 與 1 的判斷。

1-2 數位模板介紹

1. LA-01 邏輯狀態指示器

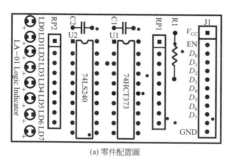

(a) 零件配置圖

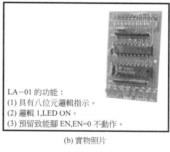

LA-01 的功能:
(1) 具有八位元邏輯指示。
(2) 邏輯 1,LED ON。
(3) 預留致能腳 EN,EN=0 不動作。

(b) 實物照片

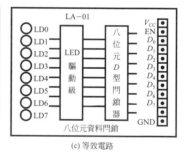

(c) 等效電路

圖 1-1 LA-01 相關資料

2. LA-02 單一脈波產生器

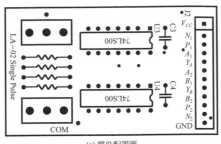

(a) 零件配置圖

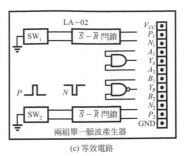

(b) 實物照片

LA-02 的功能：
(1) 兩組單一脈波產生器。
(2) 有一個 NAND 閘，$\overline{B_1}$, $\overline{B_2} = Y_B$。
(3) 有一個 AND 閘，A_1 , $A_2 = \cdot Y_A$

(c) 等效電路

兩組單一脈波產生器

圖 1-2　LA-02 相關資料

3. LA-03 十進制計數器

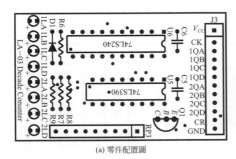

(a) 零件配置圖

(b) 實物照片

LA-03 的功能：
(1) 擁有兩個十進制計數器。
(2) 兩組 LED 指示個位和拾位。
(3) 預留清除腳供您使用。

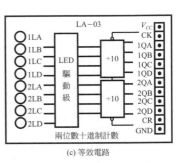

(c) 等效電路

兩位數十進制計數

圖 1-3　LA-03 相關資料

4. LA-04 時脈產生器

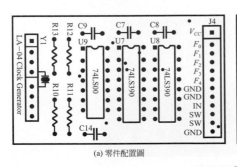

(a) 零件配置圖

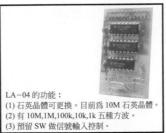

(b) 實物照片

LA-04 的功能：
(1) 石英晶體可更換。目前為 10M 石英晶體。
(2) 有 10M,1M,100k,10k,1k 五種方波。
(3) 預留 SW 做信號輸入控制。

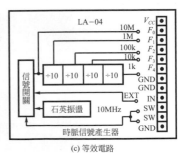

(c) 等效電路

時脈信號產生器

圖 1-4　LA-04 相關資料

5. LA-05 七線段顯示器

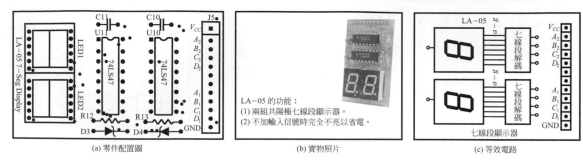

(a) 零件配置圖

LA-05 的功能：
(1) 兩組共陽極七線段顯示器。
(2) 不加輸入信號時完全不亮以省電。

(b) 實物照片

(c) 等效電路

圖 1-5　LA-05 相關資料

6. LA-06 二進制計數器

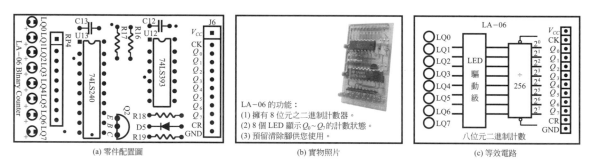

(a) 零件配置圖

LA-06 的功能：
(1) 擁有 8 位元之二進制計數器。
(2) 8 個 LED 顯示 Q_0~Q_7 的計數狀態。
(3) 預留清除腳供您使用。

(b) 實物照片

(c) 等效電路

圖 1-6　LA-06 相關資料

圖 1-7　實驗模板插在麵包板上的情形

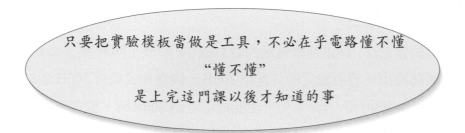

只要把實驗模板當做是工具，不必在乎電路懂不懂

"懂不懂"

是上完這門課以後才知道的事

1-3　數位模板使用參考接線

1.　同時觀測 8 位元的邏輯狀態

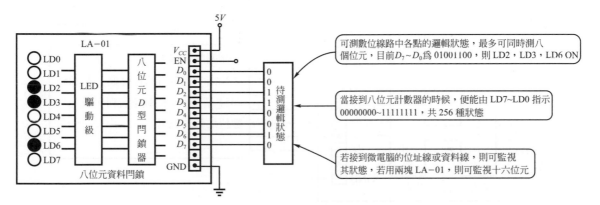

可測數位線路中各點的邏輯狀態，最多可同時測八個位元，目前 $D_7 \sim D_0$ 為 01001100，則 LD2，LD3，LD6 ON

當接到八位元計數器的時候，便能由 LD7~LD0 指示 00000000~11111111，共 256 種狀態

若接到微電腦的位址線或資料線，則可監視其狀態，若用兩塊 LA−01，則可監視十六位元

圖 1-8　8 位元邏輯狀態的顯示

2. 8位元資料的鎖定

　　例如當把$D_7 \sim D_0$接到微電腦的資料線(或8255、8051某一埠)，而 EN 接到位址解碼輸出。若所設定的位址為300H，則當程式執行300H的時候，使 EN ＝1(位址≠300H時，EN＝0)，便能把位址為300H時，放在資料線(或某一埠)的資料鎖住，並由 LD7～LD0 指示其數據狀態。若所用的解碼器為低態動作(解到位址時 O/P＝0)，則只要加一個反相器，然後再接到EN。所以LA-01也可以支授微電腦實習，或各種必須做判斷再鎖資料的各種實驗中，所以LA-01可以看成是簡易式的邏輯分析卡，或是當做專門觀測數位信號的示波器。

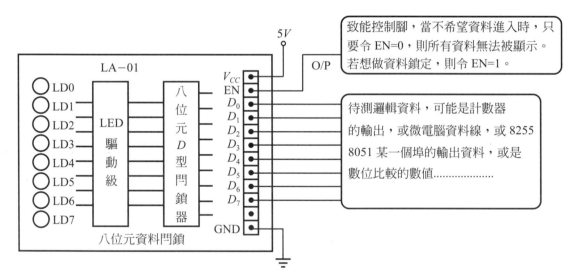

圖1-9　8位元資料鎖定

3. 時脈信號的產生(一)

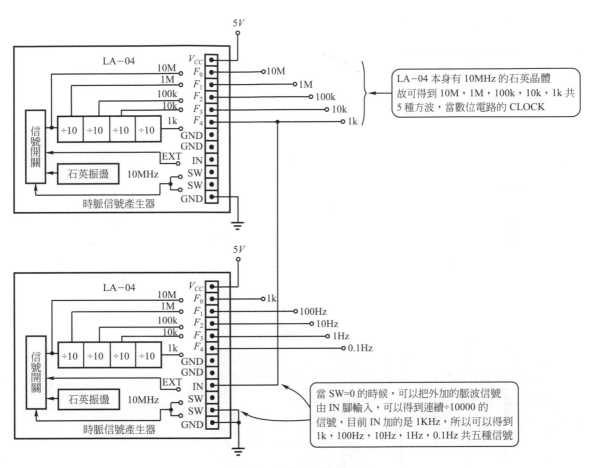

圖 1-10 時脈信號產生(一)

LA-04 本身有 10MHz 的石英晶體故可得到 10M，1M，100k，10k，1k 共5 種方波，當數位電路的 CLOCK

當 SW=0 的時候，可以把外加的脈波信號由 IN 腳輸入，可以得到連續÷10000 的信號，目前 IN 加的是 1KHz，所以可以得到 1k，100Hz，10Hz，1Hz，0.1Hz 共五種信號

4. 時脈信號產生(二)

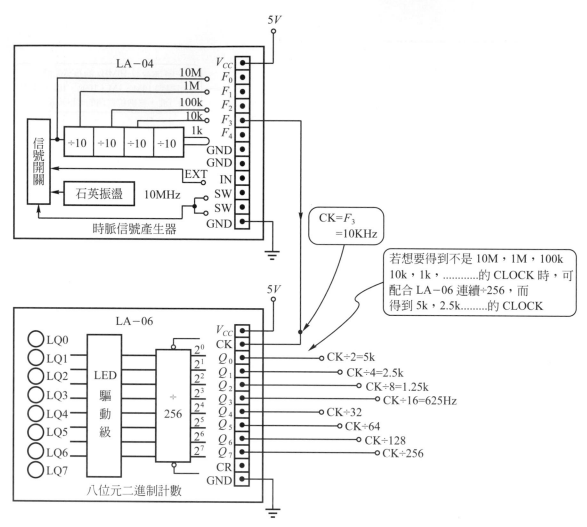

圖 1-11 產生不同的 CLOCK

5. 單一脈波產生與信號控制

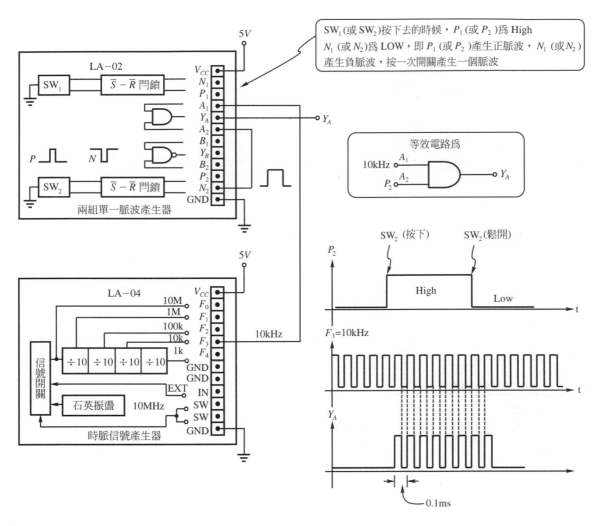

圖 1-12　單一脈波產生與信號控制

6. 數字的產生……取代鍵盤的方法

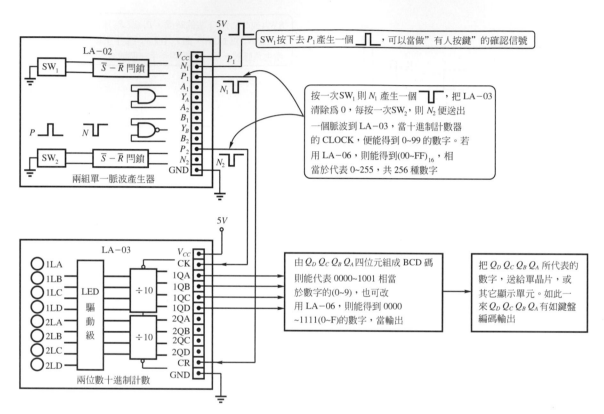

圖 1-13　取代鍵盤的方法

7. 計數器與顯示……0～9999 十進制計數

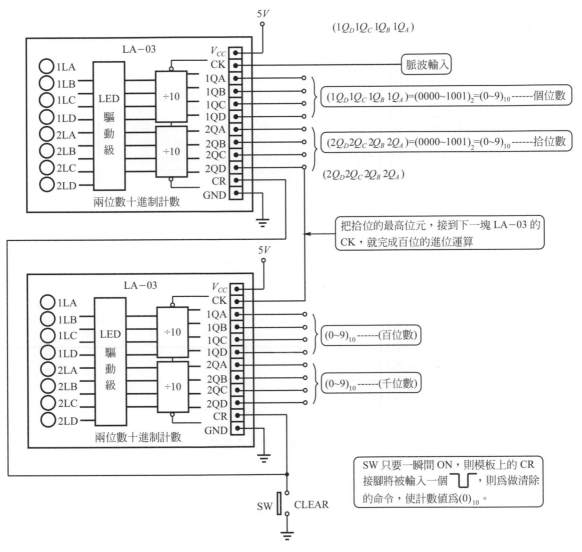

$$(1Q_D 1Q_C 1Q_B 1Q_A)$$

脈波輸入

$(1Q_D 1Q_C 1Q_B 1Q_A) = (0000～1001)_2 = (0～9)_{10}$ ------個位數

$(2Q_D 2Q_C 2Q_B 2Q_A) = (0000～1001)_2 = (0～9)_{10}$ ------拾位數

$(2Q_D 2Q_C 2Q_B 2Q_A)$

把拾位的最高位元，接到下一塊 LA–03 的 CK，就完成百位的進位運算

$(0～9)_{10}$ ------(百位數)

$(0～9)_{10}$ ------(千位數)

SW 只要一瞬間 ON，則模板上的 CR 接腳將被輸入一個 ⎍，則爲做清除 的命令，使計數值爲$(0)_{10}$。

圖 1-14　0～9999 的計數安排

8. 計時器的應用……0～99.99 秒電子碼錶

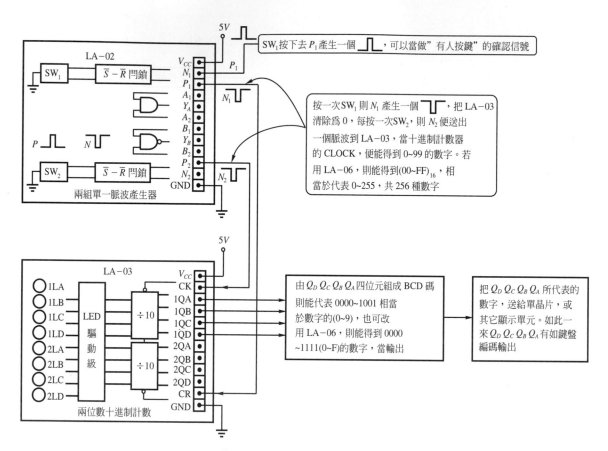

SW₁按下去 P_1 產生一個 ⊓，可以當做" 有人按鍵" 的確認信號

按一次SW₁ 則 N_1 產生一個 ⊓，把 LA-03 清除為 0，每按一次SW₂，則 N_2 便送出一個脈波到 LA-03，當十進制計數器的 CLOCK，便能得到 0~99 的數字。若用 LA-06，則能得到 $(00~FF)_{16}$，相當於代表 0~255，共 256 種數字

由 $Q_D Q_C Q_B Q_A$ 四位元組成 BCD 碼則能代表 0000~1001 相當於數字的(0~9)，也可改用 LA-06，則能得到 0000 ~1111(0~F)的數字，當輸出

把 $Q_D Q_C Q_B Q_A$ 所代表的數字，送給單晶片，或其它顯示單元。如此一來 $Q_D Q_C Q_B Q_A$ 有如鍵盤編碼輸出

圖 1-15　0～99.99 秒電子碼錶

9. 快慢時脈切換

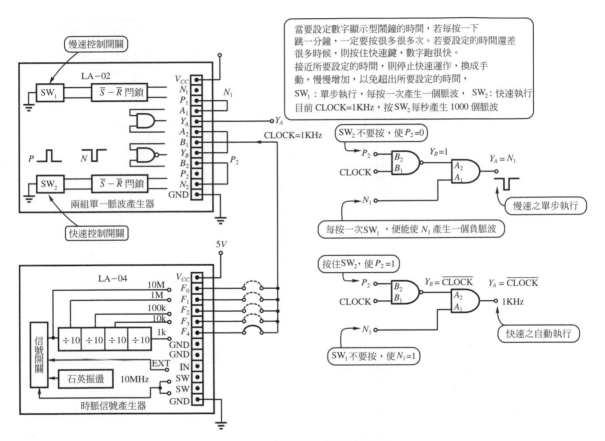

圖 1-16　脈波之快與慢速切換

10. 計數器與顯示……二進制 16 位元計數

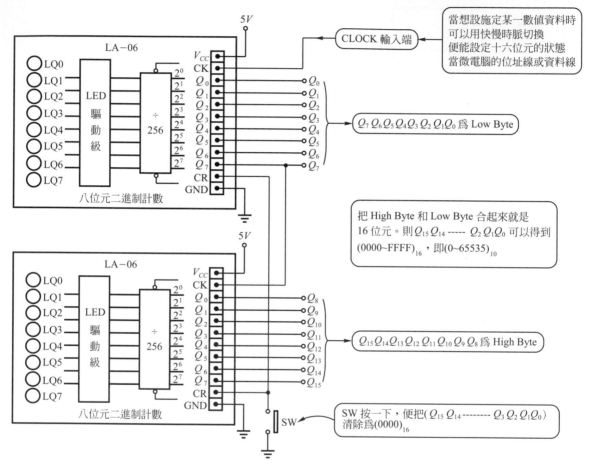

圖 1-17　二進制 16 位元計數器

11. 數字顯示器

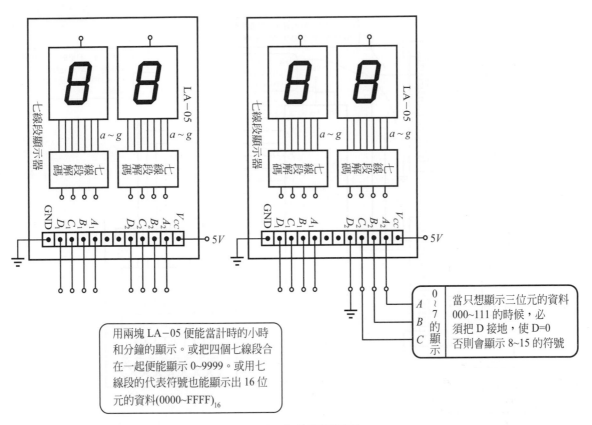

用兩塊 LA–05 便能當計時的小時和分鐘的顯示。或把四個七線段合在一起便能顯示 0~9999。或用七線段的代表符號也能顯示出 16 位元的資料(0000~FFFF)₁₆

當只想顯示三位元的資料 000~111 的時候，必須把 D 接地，使 D=0 否則會顯示 8~15 的符號

圖 1-18　七線段顯示器

12. 實驗範例(一)：狀態設定和結果顯示

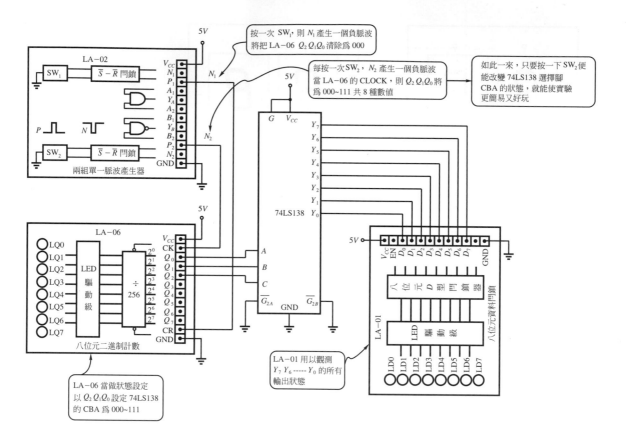

圖 1-19　實驗範例(一)

13. 實驗範例(二):頻率除法器

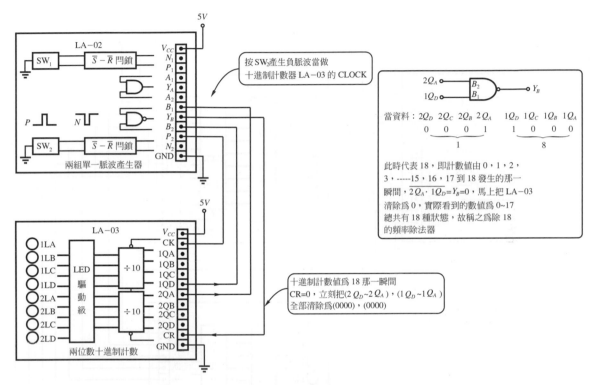

按SW₂產生負脈波當做
十進制計數器 LA-03 的 CLOCK

當資料：2Q_D 2Q_C 2Q_B 2Q_A 1Q_D 1Q_C 1Q_B 1Q_A
　　　　 0　 0　 0　 1　 1　 0　 0　 0
　　　　　＿＿＿＿　　　　＿＿＿＿
　　　　　　 1　　　　　　　 8

此時代表 18，即計數值由 0，1，2，
3，-----15，16，17 到 18 發生的那一
瞬間，$\overline{2Q_A \cdot 1Q_D} = Y_B = 0$，馬上把 LA-03
清除為 0，實際看到的數值為 0~17
總共有 18 種狀態，故稱之為除 18
的頻率除法器

十進制計數值為 18 那一瞬間
CR=0，立刻把(2Q_D~2Q_A)，(1Q_D~1Q_A)
全部清除為(0000)，(0000)

圖 1-20　實驗範例(二)

14. 實驗範例(三)：邊緣觸發正反器

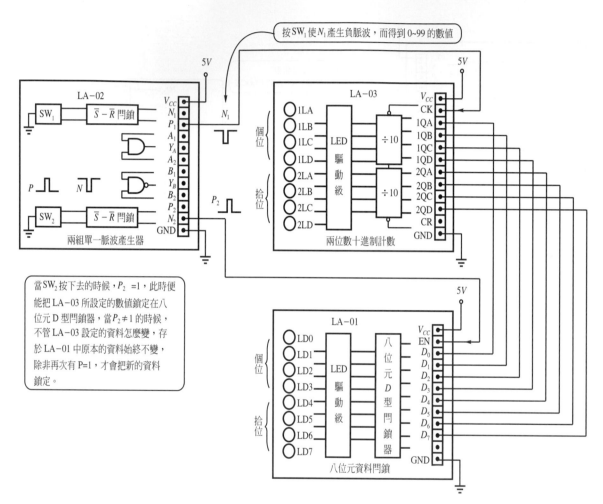

圖 1-21　實驗範例(三)

15. 實驗範例(四)：資料的鎖定

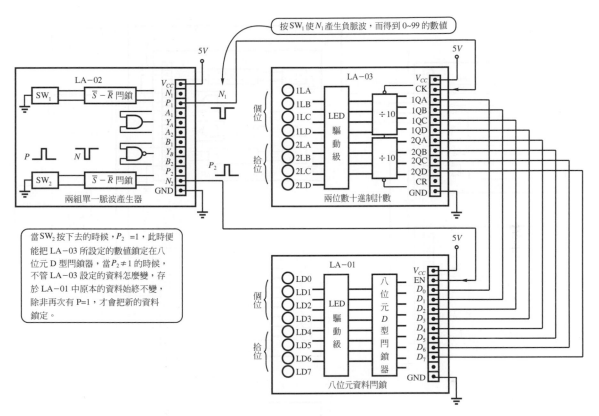

圖 1-22　實驗範例(四)

16. 實驗範例(五):實用電子碼錶

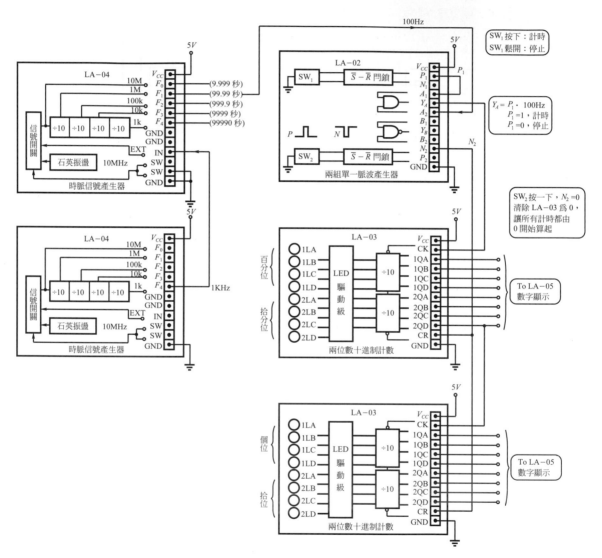

圖 1-23 實驗範例(五)

1-4　數位模板的實用效益

1-4-1　數位實驗模板的主要目的

1. 減少實驗接線，降低錯誤機率。
2. 方便系統設計，達到系統實驗的目的。
3. 進入只要按開關，就能看到實驗結果的境界。
4. 不必儀器設備，讓您在家也能做數位實驗和線路設計。

1-4-2　數位實驗模板的相關功用

1. 可拿來當數位電路的除錯和維修工具。
2. 減少接線就能避免錯誤，以提高學習興趣和信心。
3. 實驗成果驗收和實作設計考試之最佳輔助工具。
4. 來日支援微電腦 I/O 實驗和專題製作，方便無比。
5. 數位實驗模板之系統組合，使數位教學變成 **"積木遊戲"**。

數位實驗模板 LA-01～LA-06 如何支援微電腦實習
請參閱附錄資料………好好保留，功用不少

1-4-3　數位實驗模板組裝技術

　　以手工組裝及焊接電子線路板時應該注意如下事項：

1. PCB 與零件乾不乾淨

　　　　PCB(印刷電路板)及零件接腳是否有氧化腐蝕的現象。若有氧化可用酒精清洗一下，或用細砂紙輕磨兩下。

2. 插件是否正確

⑴ 電容的極性

⑵ 二極體，LED 的極性

⑶ IC 的第一腳在那裡

⑷ 電晶體 E，B，C 三支腳是否正確

3. 先焊低矮的零件

⑴ 較低較矮的零件先插好，然後於零件面上放一塊軟質墊把所有零件壓住(才不會掉出來)。然後再一起翻面放於桌面上。

若需零件或套件或成品請直洽
支援廠商：鉦祥電子 TEL：2586-2897

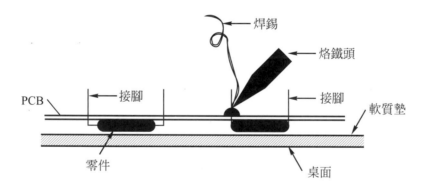

圖 1-24　插件與焊接

⑵ 烙鐵頭與焊點的 PCB 儘量靠近，同時加入焊錫，待焊錫熔入焊點片刻，再移開烙鐵頭。此時焊點應該平滑下垂，而非圓點或尖狀點。

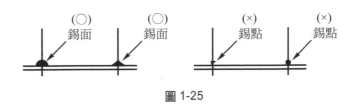

圖 1-25

4. IC 接腳之滑焊

(1) 首先壓緊 PCB 讓 IC 接腳全部浮出焊接面，(即 IC 與零件面儘量貼平)。然後以沾錫的烙鐵頭，把 IC 對角線的兩支接腳先固定。

(2) 然後烙鐵頭從最上面往下滑動，同時一面加錫，則上一焊點多餘的焊錫會流向下一個焊點，並繼續加錫，如此一點一點順著
IC 接腳往下滑。當能把 IC 焊得牢也焊得美。而最後一支腳一定剩下較多(一堆)的錫，再以烙鐵頭沾走。

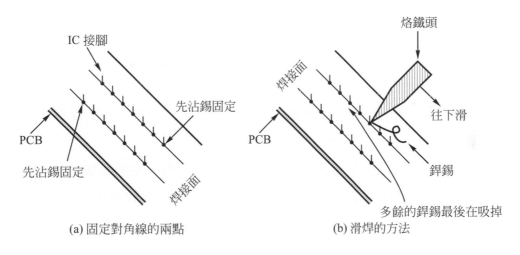

圖 1-26

5. **剪腳要確實**，接腳剪平不要留太長，否則會相互短路，若焊點太大不要硬剪，應重新加錫再焊開，並把多餘的錫沾掉。

6. **若有零件沒有貼平時**，應把該零件的接腳來回加熱，使各腳的錫都溶化，再把零件壓緊，並重焊，且把多餘的接腳再剪掉。

7. **零件焊錯，怎麼拔**

    (1) 一般電阻，可於零件面，先把電阻剪掉，然後於其接點處加熱，並把 PCB 拿取，迅速往桌面敲一下，則剩餘的部份大都會自動掉下。

    (2) 可以剪掉的零件均可用上述方法為之。

    (3) 當無計可投機時，只能依正規手段為之，用吸錫工具把各焊點的錫先熔化再一點一點吸乾淨。以拔除該元件。

8. 焊錫把洞塞住了，怎麼辦？

    (1) 正規處理：吸錫工具吸吧！

    (2) 投機炒作：

        ① 塞住的焊點加熱使錫熔化，拿起 PCB，敲它一下，則洞可通。

        ② 塞住的焊點加熱，使錫熔化，用一支牙籤鑽它一下，洞亦可通(牙籤不沾錫)

9. 烙鐵頭要清潔

    當您的烙鐵頭無法沾住錫的時候(黑黑的一層，焊錫沾不上去)，千萬不要再用了。趕快處理一下。

    (1) 在濕的茶瓜布(耐溫棉)上磨擦，並拿起加錫，往復數次直到焊錫能沾在烙鐵頭為止。

    (2) 若上述方法無效。把烙鐵頭用砂紙或銼刀磨一磨，並拿起加錫，一般都會有效。並記得焊接的時候，必須以有沾錫的那一面去做焊接。

    (3) 拿去材料店，換一支比較好的烙鐵頭，而不是要您整支丟掉重買。記得此頭不好，換個頭就好了。

10. 原理的了解，是維修的捷徑

    (1) 恭祝您依上述方法施工，且全部正常 OK。

(2)　若有故障或其它疑難雜症，請往下看，找一些偏方說不定有效。

(3)　並不難，只要看一、二則，其它如法泡製，您也會的。

1-5　LA-01～LA-06 各模板組裝技巧

1-5-1　LA-01 八位元邏輯指示器組裝技巧

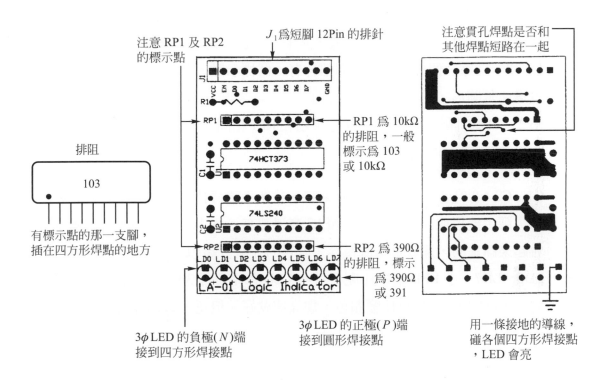

圖 1-27　LA-01 組裝說明

◆ LA-01 零件表

1. U1：74HC373 或 74HCT373 避免使用 74LS373，若使用 74LS373 的時候，請把 RP1改成 1KΩ的排阻。爲了使 LA-01 有較高的輸入阻抗，所以我們使用 74HCT373 系列的 IC。

2. U2：74LS240 或 74HCT240 它只是一個 8 位元的反相器，詳細動作，請參閱後續章節的線路分析。

3. RP1：10KΩ排阻，只要您告訴零件店說您要 9P，10KΩ的排阻，他就知道您是行家。它是由八個電阻組裝而成，其中一支腳爲共用腳，故有 9 支接腳，簡稱爲 9P。且每一個排阻的共用腳都會有一個標示點。該標示點可能爲四方形，也可能是圓形。千萬不要插錯方向。

4. RP2：390Ω排阻，也是 9P。注意事項和 RP1 相同。

5. R1：10KΩ $\frac{1}{4}$ W 的色碼電阻。

6. C1，C2：$0.01\mu F \sim 0.1\mu F$ 的積層電容。若您不曉得什麼是積層電容，只要看一下電腦主機板或介面卡，每一顆 IC 旁邊都有一個小小的零件，只有兩支腳，看起來扁扁的，那就是積層電容，其目的在減少高頻之干擾。

7. LD0~LD7：小 LED 但多小呢？這些 LED 都是直徑 3mm，一般我們都直接叫它爲 3φ的 LED。要用什麼顏色，您高興就好。但正、負極性可不要接反，請注意 LA-01 的組裝說明。

8. J1：12pin 的排針，高度您可自己決定。

U1：74HC373，74HCT373	U2：74HCT240，74LS240
RP1：9P，10KΩ排阻	RP2：9P，390Ω排阻
C1：0.01μF～0.1μF	C2：0.01μF～0.1μF
LD0～LD7：3φLED 共 8 個	J1：12pin 排針
	R1：10KΩ，

※所有 IC 都可以先焊 IC 腳座

1-5-2　LA-02 單一脈波產生器組裝技巧

請勿忘了，此地有
兩個閘可以使用

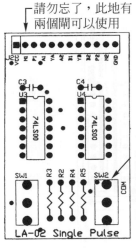

注意一下所用的微動
開關，COM(共用端)
是以在最旁邊，不能
使用 COM 點在中央
的微動開關

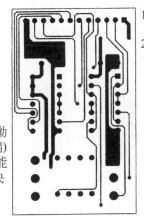

1. 注意焊點是否有短
   路線象，必須排除
2. 若有焊錯零件，請
   用吸錫器一點一點
   耐心的處理，以免
   傷了 PCB 的銅箔。

圖 1-28　LA-02 組裝說明

　　焊接的時候，請依上述所讀過的小技巧施工，您將發現，您所焊的板子，也是屬
於專業級的水準。

◆ **LA-02 零件表**

U3：74LS00	U4：74LS00
C3：$0.01\mu\sim0.1\mu$ 積層電容	C4：$0.01\mu F\sim0.1\mu F$
R2：3K～10K	R3：3K～10K
R4：3K～10K	R5：3K～10K
SW$_1$：小型微動開關	SW$_2$：小型微動開關
J1：12pin 排針	

1-5-3 LA-03 十進制計數器組裝技巧

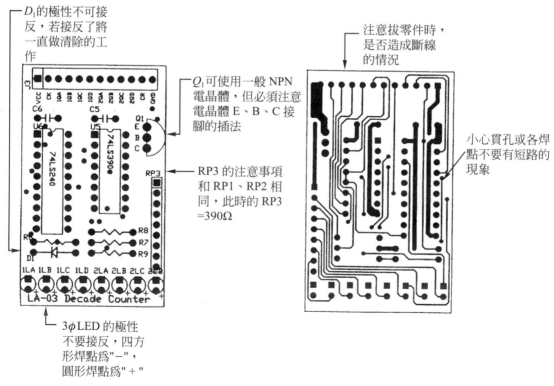

D_1的極性不可接反，若接反了將一直做清除的工作

Q_1可使用一般 NPN 電晶體，但必須注意電晶體 E、B、C 接腳的插法

RP3 的注意事項和 RP1、RP2 相同，此時的 RP3 =390Ω

注意拔零件時，是否造成斷線的情況

小心貫孔或各焊點不要有短路的現象

3ϕ LED 的極性不要接反，四方形焊點爲 "－"，圓形焊點爲 " ＋ "

圖 1-29 LA-03 組裝說明

　　LA-03 是一片可以計數 0～99 的十進制計數器於後續線路分析中，我們有詳細的分析，目前只要注意 Q_1 的接腳 E、C、B 及 D_1 和 LED 不要接錯，那您一定能完成該作品。

◆ LA-03 零件表

U5：74LS390	U6：74LS240
Q1：一般 NPN 電晶體均可	D1：IN4148 或其它二極體均可
C5：0.01μ0F～0.1μF	C6：0.01μF～0.1μF
R6：3K～10K	R7：3K～10K
R8：10K～30K	R9：10K～30K
1LA～2LD：3ϕLED 共 8 個	J3：12pin 排針
	RP3：排阻 3P，390Ω

1-5-4　LA-04 時脈產生器組裝技巧

◆ LA-04 零件表

U7：74LS390	U8：74LS390
U9：74LS00	⊣⊢：石英晶體 100K～20M 均可
C7：0.01μF～0.1μF	C8：0.01μF～0.1μF
C9：0.01μF～0.1μF	C14：0.001μF～0.01μF
R10：680Ω～1KΩ	R11：680Ω～1KΩ
R12：3K～10K	R13：3K～10K
J4：12pin 排針	

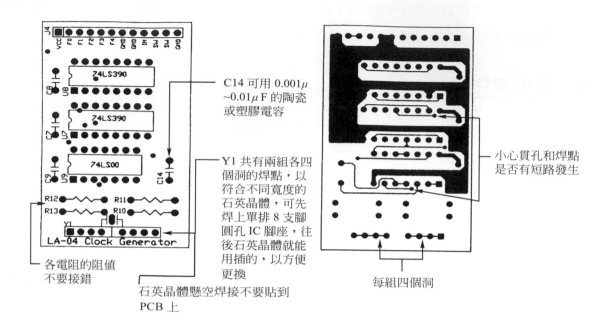

C14 可用 0.001μ ~0.01μF 的陶瓷 或塑膠電容

Y1 共有兩組各四 個洞的焊點，以 符合不同寬度的 石英晶體，可先 焊上單排 8 支腳 圓孔 IC 腳座，往 後石英晶體就能 用插的，以方便 更換

小心貫孔和焊點 是否有短路發生

各電阻的阻值 不要接錯

石英晶體懸空焊接不要貼到 PCB 上

每組四個洞

圖 1-30　LA-04 組裝說明

1-5-5　LA-05 七線段顯示器組裝技巧

◆　LA-05 零件表

U10：74LS47	U11：74LS47
LED1：共陽七線段顯示器	LED2：共陽七線段顯示器
D3：2.1V～2.7V 齊納二極體	D4：2.1V～2.7V 齊納二極體
C10：0.01μF～0.1μF	C11：0.01μF～0.1μF
R14：330Ω～1KΩ	R15：330Ω～1KΩ
J5：12pin 排針	

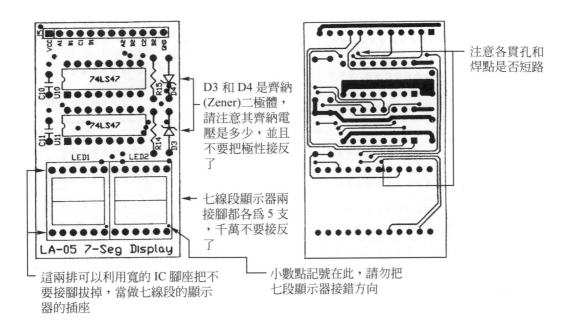

D3 和 D4 是齊納 (Zener)二極體，請注意其齊納電壓是多少，並且不要把極性接反了

七線段顯示器兩接腳都各為 5 支，千萬不要接反了

注意各貫孔和焊點是否短路

這兩排可以利用寬的 IC 腳座把不要接腳拔掉，當做七線段的顯示器的插座

小數點記號在此，請勿把七段顯示器接錯方向

圖 1-31 LA-05 組裝說明

1-5-6 LA-06 二進制計數器組裝技巧

◆ LA-06 零件表

U12：74LS393	U13：74LS240
D5：IN4148 或一般二極體	RP4：9P，390Ω排阻
C12：$0.01\mu F \sim 0.1\mu F$	C13：$0.01\mu F \sim 0.1\mu F$
R16：3K～10K	R17：3K～10K
R18：10K～30K	R19：10K～30K
LQ0～LQ7：3ϕLED 共 8 個	J6：12pin 排針
Q1：一般 NPN 電晶體均可	

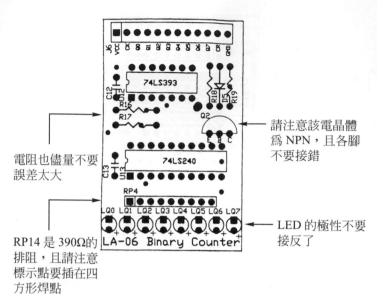

電阻也儘量不要
誤差太大

RP14 是 390Ω的
排阻,且請注意
標示點要插在四
方形焊點

請注意該電晶體
為 NPN,且各腳
不要接錯

LED 的極性不要
接反了

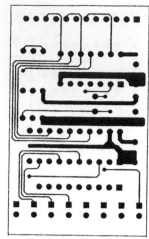

若有接錯零件,
想更換時,請逐
點以吸錫器拆除
,不要硬拔

圖 1-32　LA-06 組裝說明

支援廠商:鈺祥電子
TEL:2586-2897

第 2 章

數位實驗模板線路分析與故障排除

2-1 LA-01 線路分析與故障排除

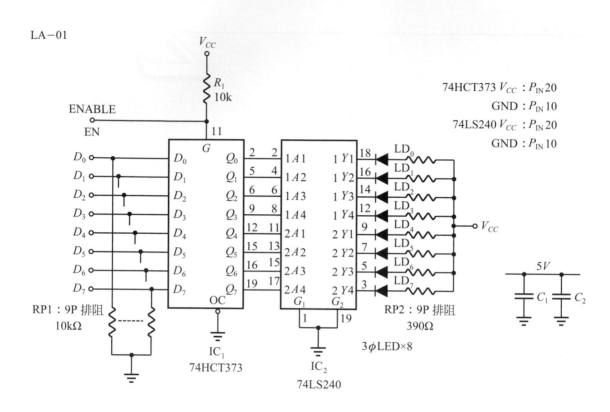

74HCT373 V_{CC} : P_{IN} 20
GND : P_{IN} 10
74LS240 V_{CC} : P_{IN} 20
GND : P_{IN} 10

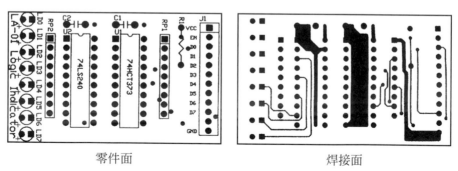

零件面　　　　　　　焊接面

圖 2-1　LA-01 線路圖及 PC 板圖

2-1-1　LA-01 原理說明

　　我們已經知道LA-01是一片 8 位元的邏輯狀態指示器待，待測信號由D_0～D_7加進去，各輸入信號的邏輯狀態由 LD0～LD7 指示出來。LED 亮代表邏輯 1，LED 不亮代表邏輯 0。

　　其中 74HCT373 是一顆 8 位元的閂鎖器，這是一顆CMOS的IC，其輸入電流幾乎為 0mA，故不會對待測信號造成負載效應。而 74LS240 是一顆具有 8 個反相器的IC。能用來同時驅動 8 個 LED。

　　若以單一個位元指示電路來分析時，您將很容易了解，這個電路是如何完成邏輯狀態的指示。

　　LA-01 線路中相當於有 8 個單一位元邏輯指示器，只要了解圖 2-2 的原理，就代表整個線路，您都會了。

D_N：代表D_0～D_7中的一個輸入

EN：74HCT373 的致能控制，當 EN = 1 時，$D_N = Q_N$

Q_N：代表Q_0～Q_7中的一個輸出

A_N和Y_N：代表 74LS240　8 個反相器中的一個，輸入和輸出

LDN：代表 LD0～LD7 中的一個 LED

RP2-N：代表排阻(共 8 個 390Ω的電阻)之中的一個(390Ω電阻)

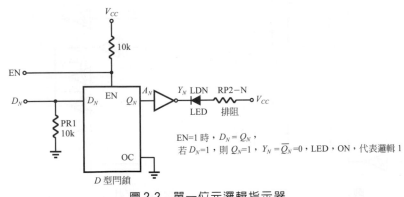

圖 2-2　單一位元邏輯指示器

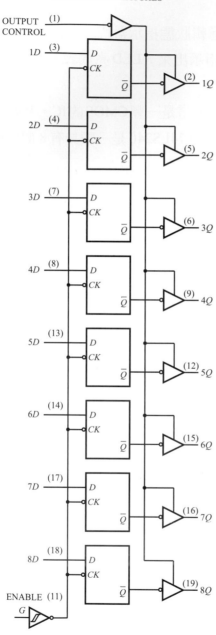

TRANSPARENT LATCHES

OUTPUT CONTROL (1)

1D (3)

1Q (2)

2D (4)

2Q (5)

3D (7)

3Q (6)

4D (8)

4Q (9)

5D (13)

5Q (12)

6D (14)

6Q (15)

7D (17)

7Q (16)

8D (18)

8Q (19)

ENABLE (11) G

'LS240，'S240

$1\overline{G}$ (1)

$1A_1$ (2) (18) $1Y_1$

$1A_2$ (4) (16) $1Y_2$

$1A_3$ (6) (14) $1Y_3$

$1A_4$ (8) (12) $1Y_4$

$2\overline{G}$ (19)

$2A_1$ (11) (9) $2Y_1$

$2A_2$ (13) (7) $2Y_2$

$2A_3$ (15) (5) $2Y_3$

$2A_4$ (17) (3) $2Y_4$

圖 2-3　74HCT373 方塊圖　　　圖 2-4　74LS240 方塊圖

HCT373 'LS373 , 'S373
FUNCTION TABLE

OUTPUT ENABLE	ENABLE LATCH	D	OUTPUT
L	H	H	H
L	H	L	L
L	L	X	Q_0
H	X	X	Z

圖 2-5　74HCT373 功能表

$\overline{1G}$, $\overline{2G}$	INPUT A	OUTPUT Y
0	0	1
0	1	0
1	X	Hi-z

圖 2-6　74LS240 功能表

從74HCT373 方塊圖，我們清楚地看，74HCT373 共有 8 個 D 型閂鎖器，而 74LS240 中有 8 個反相器。

從各功能表中也看到了，74HCT373 當 OC＝1的時候，Q_0～Q_7會變成高阻抗，所以不能把 OC 接邏輯 1。故電路圖中，把 OC 接地使 OC＝0。而對致能控制 EN 而言，當 EN＝0時，$D_N \neq Q_N$，為使$D_N = Q_N$，所以要把 EN 接到邏輯 1。

目前用R_1(10KΩ)的電阻接到V_{CC}，使得 74HCT373 輸入，可以接到外面使用，當 EN＝0時，則 G＝0，$D_N \neq Q_N$，導致無法把D_0～D_7的輸入狀態存進Q_0～Q_7。

若 以D_3 為 例：若$D_3＝1$，則$Q_3＝D_3＝1$，Q_3 接 到 1A4，即 1A4＝Q_3。又 1Y4 ＝$\overline{1A4}＝\overline{Q_3}＝\overline{1}＝0$，1Y4＝0，則 LD3 ON。

2-1-2　LA-01 故障排除

1.　(D_0～D_7)都沒有輸入信號，卻是 LD3 一直亮著，故障何在？

　　　　(D_0～D_7)沒有輸入信號的時候，因 74HCT373 輸入已經用一個排阻，把所有輸入都設定為 0。即$D_3＝0$，$Q_3＝0$，1A4＝0，1Y4＝1，照理說，LD3 不會亮，但若：

(1)　74LS240 的 pin12(1Y4)若對地短路的話，LD3 一定會亮。

(2)　74HCT7373 pin9 (Q_3)和 74LS240 pin(8)之間斷線的話，將使得 74LS240 的 1A4

被看成邏輯 1，則 1Y4 $= \overline{1A4} = 0$，LD3 也會亮。

(3) 若 74HCT373 的 pin 1 (OC)空接的話，導致 OC＝1，表示 74HCT373 的輸出 Q_0 ～Q_7為空接，將使得所有 LED(LD0～LD7)都會亮起來。

(4) 當 74HCT373 的 pin8 (D_3)上的排阻空接的時候，$D_3 = 1$，將使得 $Q_3 = 1$，1A4 ＝1，1Y4＝0，則 LD3 也會亮。

由上述的分析，您只要依其相對的接腳，一腳一腳順著查下去，您一定能把故障排除。

2. 若(D_0～D_7)都加邏輯 1，理應(LD0～LD7)都亮，卻是 LD5 不亮，則該故障何在？

(1) (D_0～D_7)若 D_5被對地短路，當然只有 LD5 不亮。

(2) LD5 的 LED 被接反了，或 LED 本來就是壞的。

(3) 可能排阻 RP2(390Ω)被錯用成 39K 或 390K，將因電阻太大使得 LED 不亮。

(4) 接 LD5 的排阻斷線，造成 74LS240 pin7(2Y2)空接也會使 LD5 不亮

3. 排阻是什麼東西，阻值怎麼看？

　　排阻：顧名思義就是一排電阻，為了減少線路的接線，電阻廠商已經把許多阻值相同的電阻並排組裝

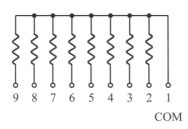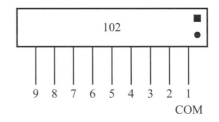

圖 2-7　排阻線路結構

　　8 個電阻並排組合，而留出第 1 腳當共用腳(COM)。我們稱之為 9P 的排阻。於其包裝上，大都 3 位數表示電阻的大小。例如 102 表示 $10 \times 10^2 = 1000\Omega$。390 表示 390Ω，473 代表 $47 \times 10^3 = 47$ KΩ。

使用排阻時，必須注意共用(COM)是那一支，一般共用腳都會於該腳上方打一個小圓點或四方點，或寫一個(1)，代表該腳為共用腳(COM)。

2-2　LA-02 線路分析與故障排除

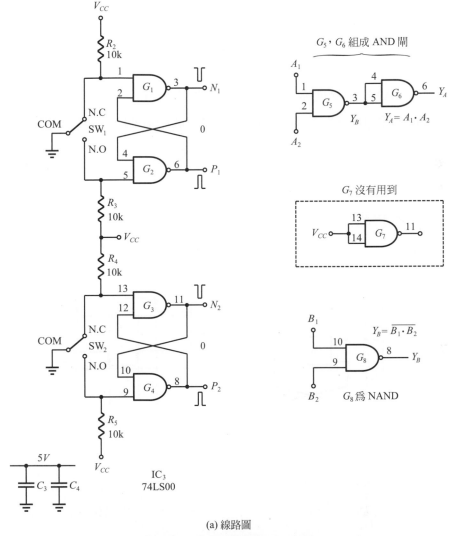

(a) 線路圖

圖 2-8　LA-02 線路圖與 PC 板圖

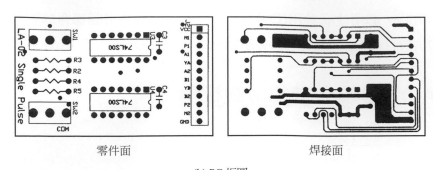

零件面　　　　　　　　　焊接面

(b) PC 板圖

圖 2-8　LA-02 線路圖與 PC 板圖 (續)

　　LA-02 是由 NAND 閘構成兩組單一脈波產生器，分別由 SW1 和 SW2 控制單一脈波的產生。其中我們也預留了一個 NAND 閘和一個由兩個 NAND 所組成的 AND 閘，這樣的安排會使我們的應用更加方便。一切的好處在您把 6 片板子做好後，將從應用範例中，發現真的是好處多多。

2-2-1　LA-02 原理說明

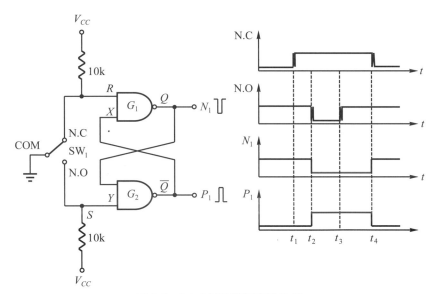

圖 2-9　LA-02 線路與波形分析

　　若把波形上的t_1，t_2，t_3，t_4和開關的動作的情形配合起來，去說明G_1和G_2所組成的 R－S正反器，您將很容易了解為什麼能夠得到單一脈波的原因。對R－S正反器而言，它的功能表為

R	S	Q	$\overline{Q}$	說　　　　明
0	0	無法確認		避免讓 R 和 S 同時為 0，當 R=S=0 時狀態不明
0	1	1	0	重置狀態，R=0，使 Q=1，$\overline{Q}$=0
1	0	0	1	設定狀態 S=0，將使 $\overline{Q}$=1，Q=0
1	1	狀態不變		即 RS=01 或 RS=10 變到 =11 時，結果不變

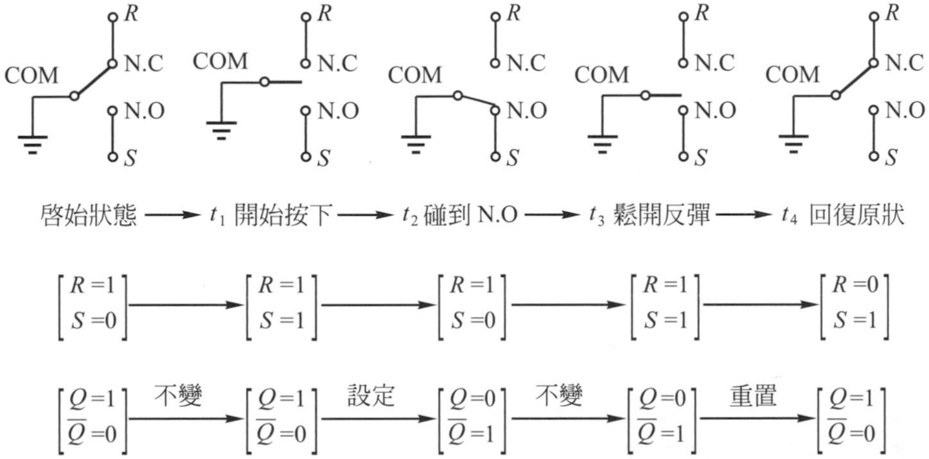

啟始狀態 ⟶ t_1 開始按下 ⟶ t_2 碰到 N.O ⟶ t_3 鬆開反彈 ⟶ t_4 回復原狀

$$\begin{bmatrix} R=1 \\ S=0 \end{bmatrix} \longrightarrow \begin{bmatrix} R=1 \\ S=1 \end{bmatrix} \longrightarrow \begin{bmatrix} R=1 \\ S=0 \end{bmatrix} \longrightarrow \begin{bmatrix} R=1 \\ S=1 \end{bmatrix} \longrightarrow \begin{bmatrix} R=0 \\ S=1 \end{bmatrix}$$

$$\begin{bmatrix} Q=1 \\ \overline{Q}=0 \end{bmatrix} \xrightarrow{\text{不變}} \begin{bmatrix} Q=1 \\ \overline{Q}=0 \end{bmatrix} \xrightarrow{\text{設定}} \begin{bmatrix} Q=0 \\ \overline{Q}=1 \end{bmatrix} \xrightarrow{\text{不變}} \begin{bmatrix} Q=0 \\ \overline{Q}=1 \end{bmatrix} \xrightarrow{\text{重置}} \begin{bmatrix} Q=1 \\ \overline{Q}=0 \end{bmatrix}$$

圖 2-10　開關動作分析與其結果

　　不管t_1，t_2，t_3，t_4都有開關彈跳的現象，但由於R－S正反器的閂鎖動作，使得這些彈跳現象都不會對輸出造成影響。例如在t_2的時候；就在那一瞬間COM碰到NO接點，使得S＝0對G_2而言$\overline{Q}=\overline{Q \cdot S}$，在S＝0的這一瞬間不管Q是什麼，一定馬上使$\overline{Q}$＝1，$\overline{Q}$＝1的狀態又被拉回$G_1$，使得$Q=\overline{R \cdot \overline{Q}}$，($t_2$時R＝1)，則$Q=\overline{1 \cdot 1}=0$，說時遲那時快，

Q的 0 又馬上拉回G_2，使得$\overline{Q}=\overline{Q \cdot S}=\overline{0 \cdot S}=1$即在$t_2$這一瞬間之後，不管 S 怎麼跳動，都是$\overline{Q}=1$此乃閂鎖作用也。所以波形分析中的彈跳現象，並不會影響最後結果。每按一次開關，就只會產生一個脈波。

2-2-2　LA-02 故障排除

1.　不按開關的時候，先確定起始狀態對不對。起始狀態為R＝0，S＝1，且Q＝1，$\overline{Q}$＝0才是正確。若……。

　　別忘了！您有 LA-01 可用來測 R，S，Q 和$\overline{Q}$的狀態。

　　(1)　R≠0，可能在那裡出錯？

　　　　答：＿＿＿＿＿＿＿＿＿＿＿＿＿

　　(2)　S≠1，可能那裡不對？

　　　　答：＿＿＿＿＿＿＿＿＿＿＿＿＿

　　(3)　如果R＝0，S＝1，卻是Q＝0，$\overline{Q}$＝0，錯在那裡？

　　　　答：＿＿＿＿＿＿＿＿＿＿＿＿＿

2.　SW 按下去(不要鬆開)，則R＝1，S＝0，應該是Q＝0，$\overline{Q}$＝1，但………

　　(1)　RS＝10，卻是Q＝1，$\overline{Q}$＝1，則故障何在？

　　　　答：＿＿＿＿＿＿＿＿＿＿＿＿＿

　　(2)　若X和$\overline{Q}$斷線，則有何情況發生？

　　　　答：＿＿＿＿＿＿＿＿＿＿＿＿＿

　　(3)　若Y和 Q 斷線，則有何情況發生？

　　　　答：＿＿＿＿＿＿＿＿＿＿＿＿＿

　　(4)　若 Q 一直為 1，則錯會在那裡？

　　　　答：＿＿＿＿＿＿＿＿＿＿＿＿＿

2-3　LA-03 線路分析與故障排除

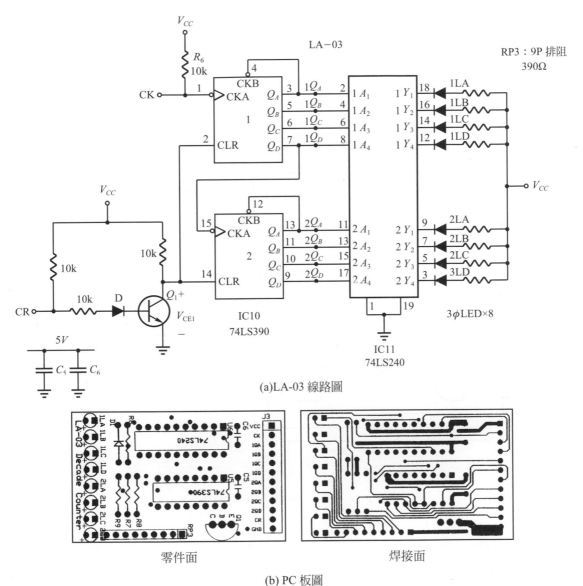

(a)LA-03 線路圖

(b) PC 板圖

圖 2-11　LA-03 線路圖與 PC 板圖

2-3-1 LA-03 原理說明

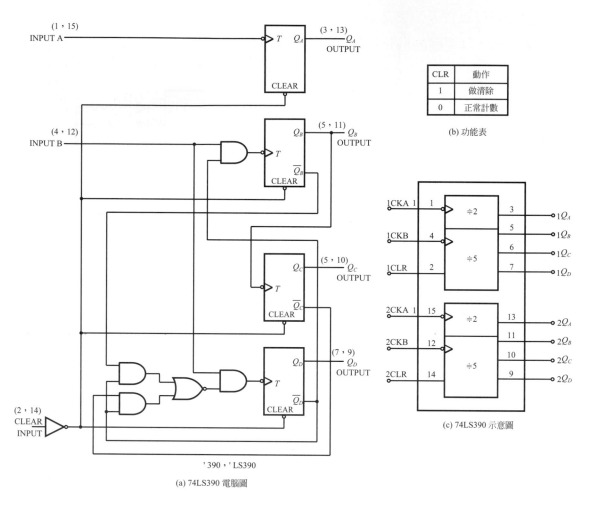

CLR	動作
1	做清除
0	正常計數

(b) 功能表

(a) 74LS390 電腦圖

(c) 74LS390 示意圖

圖 2-12 74LS390 電路圖與示意圖

　　LA-03 是由一顆 74LS390 為主的十進制計數器，因 74LS390 內部有兩個十進制計數器，所以 LA-03 可計數 0～99，共 100 個狀態。74LS240 我們已經在 LA-01 中介紹過，它內部有 8 個反相器，分別驅動(1LA～2LD)八個 LED。輸出信號(1QD，1QC，

1QB，1QA)代表個位數，(2QD，2QC，2QB，2QA)，而(1LD，1LC，1LB，1LA)顯示個位數，(2LD，2LC，2LB，2LA)顯示拾位數。

對這個電路而言，只要了解 74LS390 是一個怎樣的 IC，及其使用方法，您就可以很容易了解整個電路的動作情形，進而由原理的認知及推導，您就可以幫其它人修理故障的板子。

從圖 2-12 我們很清楚地了解 74LS390 是由兩組除 2 和除 5 的電路，組成兩個除拾的計數器。圖 2-13 中，我們把 1QA 接到 1CKB，2QA 接到 2CKB，而形成了(除 2 再除 5)＝(除$(10)_{10}$)的結果。接著把 1QD 接到 2CKA，就完成(除$(10)_{10}$再除$(10)_{10}$)＝(除$(100)_{10}$)的目的。

所以只要把 CLOCK 加到 1CKA，就可以使用這個電路。對 74LS390 而言，當 CLR＝1 的時候，是做清除的動作。而 74LS390 的 CLR 是接到Q_1的 C(集極)，當 CR 不接任何信號時，CR＝1，Q_1 ON 則V_{CE1}＝0.2V 表示 74LS390 的 CLR＝0，則可正常計數，若 CR＝0，Q_1 OFF，則V_{CE1}＝5V。表示 74LS390 的 CLR＝1，則是做清除的工作，整埋 LA-03 之清除如下：

CR	CLK	動作說明	結果
1	↓	是後緣觸發，可正常計數	從 00～99
0	×	只要 CR＝0，則$Q_DQ_CQ_BQ_A$＝0000	做清除動作

※ LA-03 控制功能說明

2-3-2　LA-03 故障排除

為了方便故障排除的進行，我們再把 LA-03 的線路圖，以另外一種畫法表現出來，讓您更容易看懂。請看圖 2-13。

1. 若 CR＝0(表示清除動作)(2QD～1QA)＝(0000 0000)所有 LED 都不應該亮，但若依然有 LED 亮著，假設 2LB 亮著，應如何排除故障？

   ⑴ 測 74LS390(pin11)，看看 2QB 是否為 0，若 2QB＝1，則代表 74LS390 無法清除換個 74lS390。

   ⑵ 若 2QB＝0，代表 74LS390 可以清除，再往下測量，74LS240(pin 13)看看 2A2 是否等於 2QB，則 2A2＝2QB＝0。若 2A2≠0，則表示 2QB 和 2A2 之間斷線。則 2A2 被看成邏輯 1，則 2Y2＝$\overline{2A2}$＝0，當然 2LB 就會亮起來。找一下 74LS390 (pin 11)和 74LS240(pin 13)之間是否斷掉了，或 IC 接腳斷掉了。

2. 在 CR＝1 的時候，即 CR 不加任何信號，因 CR 已經有 R_8 接到 V_{CC} 將使得 Q_1 有 I_B 的電流，由 V_{CC} 經 R_8，R_9，D_1 到 Q_1 的 B 極(基極)使得 Q_1 導通，則 V_{CE1}≈0.2V。相當於 74LS390 的 1CLR＝2CLR＝0，則 74LS390 可正常計數。

3. 在計數的時候，發現 1QC 和 1QB 變化一樣，應如何排除故障？即 1LC 和 1LB 有著相同的亮法。

   ⑴ 測 74LS240(pin16)和(pin14)看看兩者是否短路了？

   ⑵ 測 1QC 和 1QB(即 1A3 和 1A2)是否短路？

   ⑶ 74LS390 死掉了，換一顆又起死回生了。

4. 若 2QD，2QC，2QB，2QA(即拾位數)，不管 CLOCK 怎麼加，都不會變化，應如何排除這種故障？

   ⑴ 量 74LS390 pin7(1QD)和 pin15(2CKA)的信號是否相同。若 2CKA 沒有信號，表示 1QD 到 2CKA 之間的接線斷了，所以拾位數將沒有計數脈波，而無法動作。

   ⑵ 也可能 2QD，2QC，2QB，2QA 一直為 0，表示拾位數一直被清除，而無法計數。檢 2CLR，74LS390 pin14 是否空接，斷線、斷腳或冷焊。

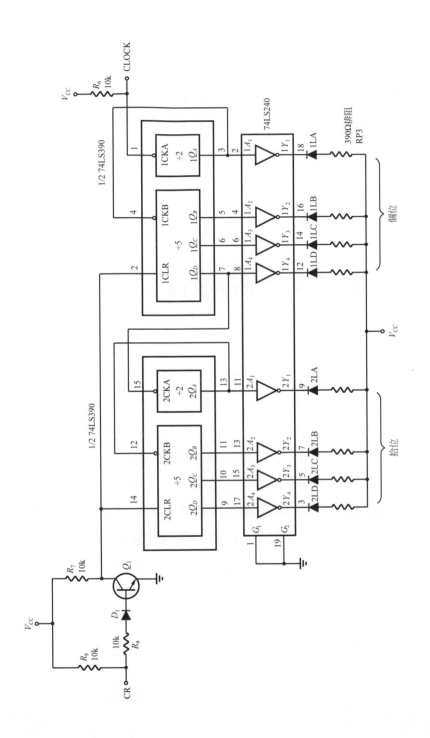

圖 2-13　LA-03 另一種畫法

5. 若R_8(10KΩ)錯接成較大的電阻(100KΩ)會有何結果？爲什麼？

　　74LS390做清除的時候，必須於1CLR，2CLR上加邏輯1。不做清除的時候只要讓1CLR＝2CLR＝0。照理說應該把1CLR和2CLR直接接地。但爲了使LA-03也能預留清除控制。所以才把1CLR和2CLR接在一起，並接到Q_1的C極(集極)，便能由Q_1的B極(基極)，控制LA-03的清除。

　　若R_8太大時，將造成Q_1的I_B太小，使得Q_1無法導通，則Q_1的C極(集極)將得到一個高電壓加到74LS390的1CLR和2CLR，使得74LS390的1CLR＝2CLR＝1，將使74LS390永遠清除，$2Q_D$～$1Q_A$都爲0，而無法計數。茲分析其結果如下：

　　CR＝1，Q_1 ON，V_{CE1}＝0.2V，1CLR＝2CLR＝0。

　　對74LS390而言，1CLR＝2CLR＝0，代表可以正常計數。

　　CR空接，可視爲CR＝1，但因R_8太大，將使得I_B太小，Q_1無法完全導通，甚致Q_1 OFF，則V_{CE1}＝V_{CC}，相當於74LS390的1CLR和2CLR被加上邏輯1，將使74LS390永遠是處於清除的狀態，而無法計數。

　　綜合上述分析得知，若R_8太大，或R_8，R_9有斷線或D_1接反的時候，Q_1一直OFF，將永遠使74LS390處於清除的狀態，而無法計數。

6. 若R_8用的太小，將有何後果？

　　驅動級是某個數位IC的輸出部份，當想把LA-03清除爲0的時候，驅動級的Q_4一定要ON，使得V_{CE4}＝0.2V，則CR＝0，Q_1 OFF，V_{CE1}＝V_{CC}，則74LS390的1CLR＝2CLR＝1是做清除工作，沒有錯。但若R_8太小，則流入Q_4的電流I_{OL}將變得很大。表示Q_4的扇出量太大而使V_{CE4}上升，若V_{CE4}＞V_{D1}＋V_{BE1}時，將使Q_1 ON，導致本來要做清除的工作卻變成做計數的工作。再則R_8太小，I_{OL}太大，也可能把驅動級的Q_4燒掉。所以R_8也不能太小。想想看，D_1的目的何在？

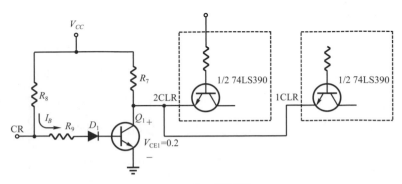

(a) CR=1 時，正常計數

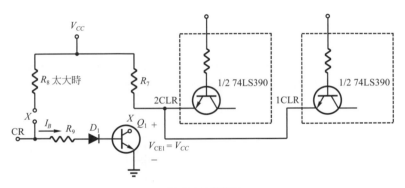

(b) R_8 太大的後果

圖 2-14

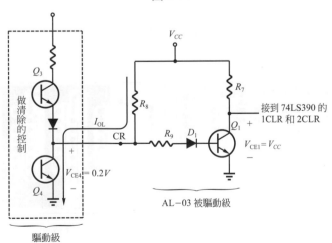

圖 2-15　R_8 太小的後果

2-4 LA-04 線路分析與故障排除

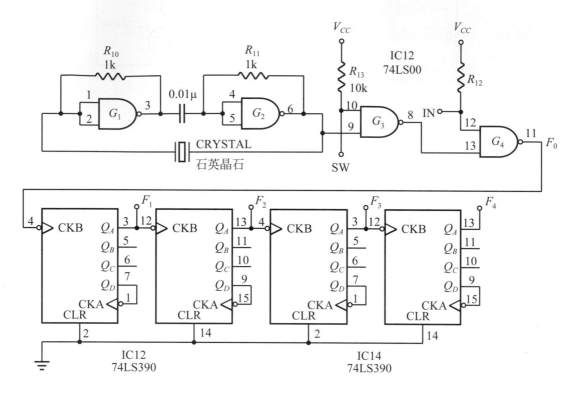

圖 2-16 LA-04 線路圖

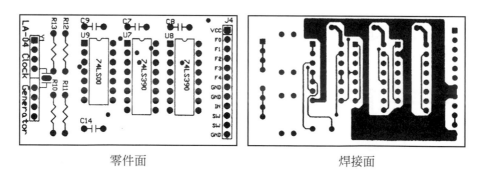

零件面　　　　　　　　焊接面

圖 2-17 LA-04 PC 板圖

2-4-1 LA-04 原理說明

LA-04 是由 G_1，G_2 配合石英晶體而組成脈波(方波)振盪電路，然後所得到的方波加到兩顆 74LS390 做四次除 $(10)_{10}$ 的演算。若石英晶體的振盪頻率為 10MHz 的時候，四次除 $(10)_{10}$ 的演算，就得到 1M，100K，10K，1KHz 的方波。其方塊圖如下：

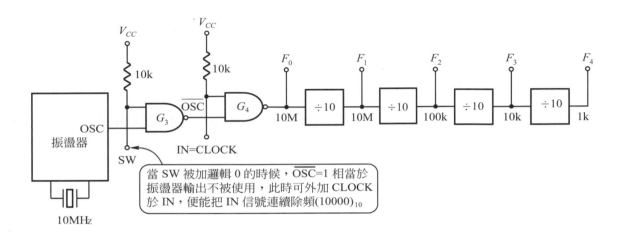

圖 2-18 LA-04 方塊圖

我們在 LA-03 十進制計數器中已經說明 74LS390 是一顆怎麼樣的 IC。它是一顆內含兩個除 $(10)_{10}$ 計數器的IC。目前LA-04是先做除 5 再做除 2，所以可以得到除 $(10)_{10}$ 的方波。有關除 5 再除 2 能夠得到除 $(10)_{10}$ 方波的說明，請參閱漣波計數器中，有關 74LS90 的說明。因事實上一顆 74LS390，實際上是具有兩個 74LS90 的功能。

若 SW＝0，則 $\overline{OSC}=1$，$F_0=\overline{\overline{OSC}\cdot IN}=\overline{1\cdot IN}=\overline{IN}=\overline{CLOCK}$。故此時若在 IN 腳從外面加一個 CLOCK 時，則 F_0 的頻率將和 CLOCK 的頻率相同。接著除四次 $(10)_{10}$，分別得到各點的頻率為 $F_0=CLOCK$，$F_1=\frac{1}{10}CLOCK$，$F_2=\frac{1}{100}CLOCK$，$F_3=\frac{1}{1000}CLOCK$，$F_4=\frac{1}{10000}CLOCK$，有了 G_3 和 G_4，將使 LA-04 的應用更加靈活。

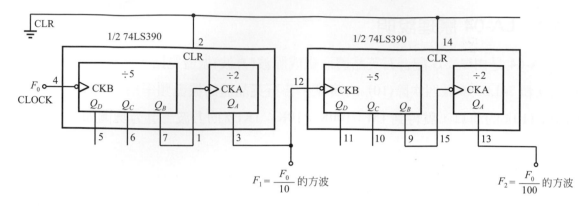

圖 2-19　74LS390 除 5 再除 2 的接法

　　圖 2-19 很清楚地看到 74LS390 是兩組÷5 和÷2 的電路，為先達到÷5 的目的，CLOCK (F_0)乃由 CKB 輸入，然後才由Q_D(除 5 的最高位元，000，001，……，101，000，……)加到 CKA 做除 2，如此接線便能於Q_A得到除$(10)_{10}$的方波。

2-4-2　LA-04 故障排除

1.　沒有振盪信號F_0時，故障何在？(用示波器看，F_0的波形)

⑴　先檢查G_1和G_2是否有短路或冷焊的現象。(不妨再滑焊一次)

⑵　看看R_{10}，R_{11}是否用錯了，使得R_{10}，R_{11}太大。把R_{10}，R_{11}換小一點，如 910Ω，820Ω，686Ω之類的電阻。

⑶　0.01μF 的電容器，是否短路了？

⑷　石英晶體或 74LS00 故障，換一下別人的試試看。

2.　量F_1，F_2，F_3，F_4是否有方波輸出？

⑴　測量各級的Q_D和 CKA(pin7 和 pin1)是否相同？

⑵　前一級的Q_A和下一級的 CKB 是否相同？

⑶　如果F_1和F_2波形相同，故障何在？

　　這種現象一定是F_1和F_2短路，查一下該級的 pin12 和 pin13 是否短路。

3. 如果F_0，F_1，F_2，F_3都有正確的方波，卻是F_4沒有波形，故障何在？

(1) 可能該級的Q_4(pin3)和CKB(pin12)斷線。

(2) 也可能該級的清除腳CLR(pin14)空接或冷焊，使得該級處於清除狀態，則$F_4 = 0$。

2-5　LA-05 線路分析與故障排除

LA-05 是由 74LS47 和共陽極七線段所組成的顯示電路，其中 74LS47 是七線段解碼器，把 DCBA 輸入的數值轉換成相對應的數字符號顯示出來。而七線段顯示器有兩種，其一是共陽極七線段顯示器，其二為共陰極七線段顯示器。

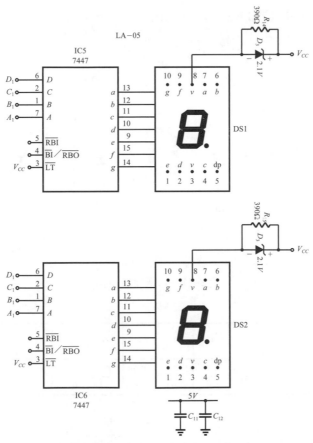

圖 2-20　LA-05 線路圖與 PC 板圖

2-5-1　LA-05 原理說明

七線段顯示器總共把 8 個 LED 包裝在一起，並且排列成一個 $\boldsymbol{B}$ 和一個小數點。其代號分別是 a，b，c，d，e，f，g 和 dp。若把陽極接在一起就形成共陽極，若把陰極接在一起就是共陰極。

如果我們要顯示的數值為(0011)=3，則必須讓a，b，c，d，g 這 5 個 LED 亮起，而看到的是 $\boldsymbol{\exists}$ 這個數字。74LS47 就是負責把 0000～1111 變成 $\boldsymbol{0.1.2.3.}$ 的解碼IC，我們只要把七線顯示器的(a，b，c，d，e，f，g)接到 74LS47 的(a，b，c，d，e，f，g)，然後由 DCBA 的數值決定要顯示，那一個數字。

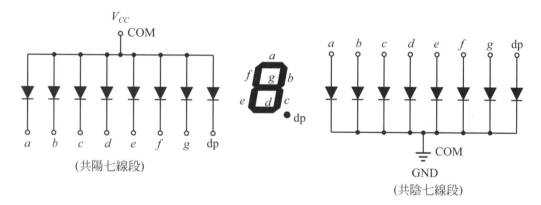

圖 2-21　七線段顯示器

0	1	2	3	4	5	6	7	8	9	A	C	B	D	E	F
$\boldsymbol{0}$	$\boldsymbol{1}$	$\boldsymbol{2}$	$\boldsymbol{3}$	$\boldsymbol{4}$	$\boldsymbol{5}$	$\boldsymbol{6}$	$\boldsymbol{7}$	$\boldsymbol{8}$	$\boldsymbol{9}$	$\boldsymbol{c}$	$\boldsymbol{\jmath}$	$\boldsymbol{c}$	$\boldsymbol{\sqcup}$	$\boldsymbol{E}$	$\boldsymbol{t}$

圖 2-22　數字顯示的情況

各接腳功用說明如下：

1. DCBA：數值輸入腳代表 0000～1111，即 0～F。

2. (a，b，c，d，e，f，g)：接七線段顯示器的(a，b，c，d，e，f，g)。

3. $\overline{LT}$：燈泡測試腳。當$\overline{LT}$＝0時，所有(a～g)七線段都會亮。

4. $\overline{BI}/\overline{RBO}$：這是一支比較特殊的接腳，可以當輸入也可以當輸出。當輸入使用時，若強迫$\overline{BI}/\overline{RBO}$＝0，則所有七線段都會滅掉(全部不會亮)。

5. $\overline{RBI}$：這支是漣波遮末輸入。當$\overline{RBI}$＝0，且 DCBA＝0000的時候，本來應該亮 $\boxed{0}$ 會被遮末掉而變成什麼都不亮。

有關 74LS47 更詳細的參考資料和使用方法，請您參閱解碼器那個單元，會有更深入的介紹和說明。對於七線段顯示器和74LS47 之間的連接方式，請您比較下面三圖：圖(a)，圖(b)，圖(c)的接法都能讓七線段顯示器的 LED 亮起來，但圖(a)的方式會因 LED的電流太大，而超夠 74LS47 的負荷，使 74LS47 過份發熱而終至造成顯示錯誤。圖(b)是標準接法，照著接保證能動作。若亮度太暗則把330Ω換成 270Ω，220Ω。若太亮了，則換成 390Ω或470Ω。圖(c)我們稱之為投機的接法，使用一個約2.1V～2.7V 的齊納二極體(Zener Diode)並聯一個約270Ω～680Ω的電阻，也能達到相同的效果。如此接唯一的好處是少插 5 個電阻的麻煩。至於共陰極七線段顯示器的接法則如圖 2-25，圖 2-26 所示。

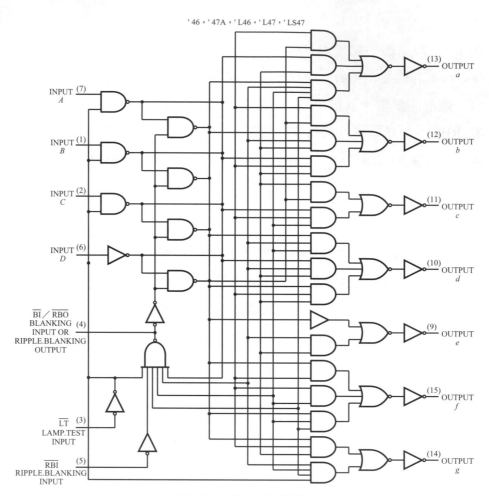

圖 2-23　74LS47 的電路圖

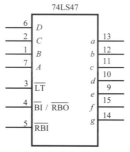

圖 2-24　74LS47 示意圖

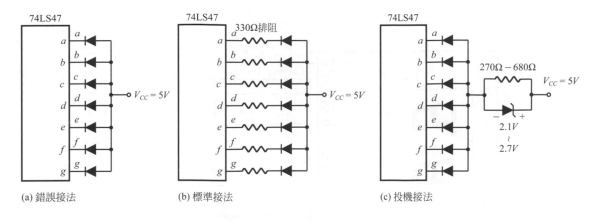

圖 2-25　七線段顯示器之限流(共陽)

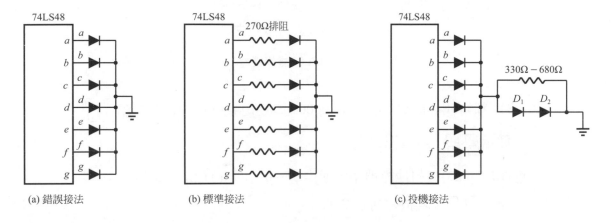

圖 2-26　七線段顯示器之限流(共陰)

2-5-2　LA-05 故障排除

1.　(A1，B1，C1，D1)，(A2，B2，C2，D2)都各接一個 1KΩ的電阻到地(GND)。

2.　用一個指撥開關控制A_1～D_1，A_2～D_2的輸入狀況。

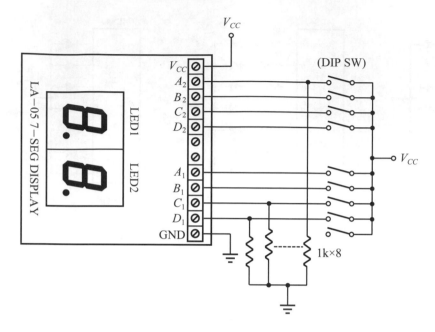

圖 2-27　LA-05 維修接線

1. DIP SW 都 OFF。即讓$D_1C_1B_1A_1 = 0000$，$D_2C_2B_2A_2 = 0000$理應顯示 ⸤⸥ ⸤⸥。

(1) 若顯示 ⸤⸥ ⸤⸥，其故障何在？

可能$\overline{LT}$(pin3)被對地短地了，使得$\overline{LT} = 0$，則所有 LED ON。

(2) 若顯示 ⸤⸥ ⸤⸥，其故障何在？

① 七線段顯示器 LED d 壞掉了，使得 d 不顯示。

② 74LS47 的 d(pin10)和七線段的 d(pin2)之間的線斷掉了。

(3) 若顯示 ⸤⸥ ⸤⸥，其故障何在？

① 此時多亮了一個 LED g。可能D_2斷線，使得 0000 變成 1000，當然會顯示成 ⸤⸥。

② 74LS74 的 g(pin14)到七線 g(pin10)之間有短路現象,將使 g 一直亮著。

(4) 若全部 LED 都不亮,故障可能在那裡?

① 用錯電阻把 330Ω 誤用成 33K 或 330K,當然 LED 亮不起來。

② V_{cc} 沒有接好,或 GND 沒有接好。

③ $\overline{BI}/\overline{RBO}$(pin4)被對地短路,則 $\overline{BI}/\overline{RBO}=0$,完全遮末,LED 都 OFF。

④ $\overline{RBI}$(pin5)=0,因此時 DCBA=0000,若 $\overline{RBI}$ 也同時等於 0,則將把零遮末掉(這是正確的動作,不要誤以為是故障)。

2. 把指撥開關(DIP SW)全部 ON,則輸入 DCBA 都為 1111。照理說也應該是所有 LED 都不亮。

(1) 若有 LED 亮起來,則故障何在?

① 先確定 $D_2C_2B_2A_2$, $D_1C_1B_1A_1$ 各腳是否有對地短路的現象?

若 D_2 被短路了,則 $D_2=0$, $D_2C_2B_2A_2=0111$,將顯示出 7。而不是都不亮的情形。

② 若 DCBA 輸入沒問題則檢查輸出(a～g)是否有短路。

③ 若一直都亮 88 無法改變,您說它故障在那裡?

答:_____

④ 七線故顯示器的接腳到底是怎麼排列?

答:_____

圖 2-28 七線段顯示器的接腳排列

2-6 LA-06 線路分析與故障排除

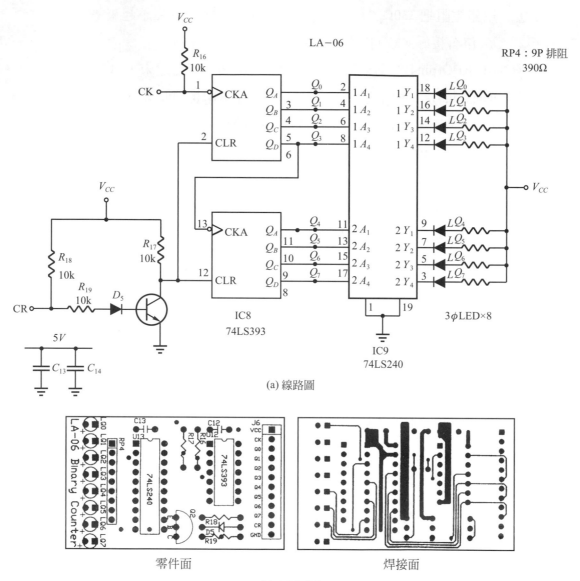

(a) 線路圖

(b) PC 板圖

圖 2-29 LA-06 線路圖與 PC 板圖

　　LA-06 二進制計數器的電路結構和LA-03 十進制計數器的電路結構完全一樣，只是 LA-06 用的計數 IC 是 74LS393，而 LA-03 用的是 74LS390。所以兩者的原理也可以說是完全一樣。

　　LA-06 的輸出 Q_7，Q_6，………Q_0 都是二進制的數目。也就是說 Q_0 的頻率是 Q_1 的兩倍，Q_1 的頻率是 Q_2 的兩倍……。有關 74LS393 的資料。可參考漣波計數器 74LS393 的資料手冊。

CR	CK	動作說明	結果
1	↓	是後緣觸發，可正常計數	從 $(00)_{16}$～$(FF)_{16}$
0	X	只要 CLR＝1，則 Q_0～Q_7＝0	做清除動作

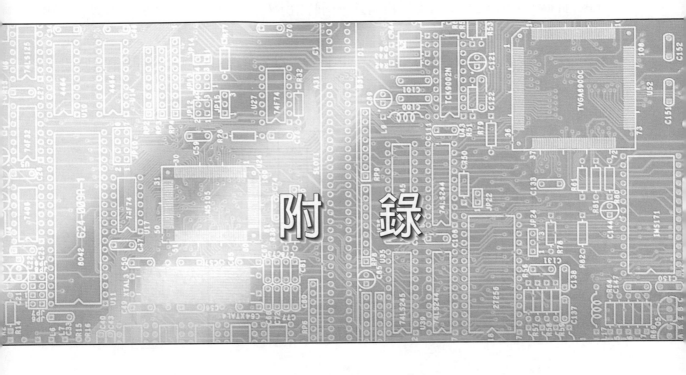

附　錄

附錄 A　數位模板如何支援微電腦實習

1.　資料顯示(LA-01)

(1)　目前使用 LA-01 測量 $PA_0 \sim PA_7$ 的輸出狀態。並由 $LD_0 \sim LD_7$ 指示 $PA_0 \sim PA_7$ 的邏輯狀態。

(2)　如果把 EN 接到 PB_0，則能由 PB_0 控制是否要把目前 $PA_0 \sim PA_7$ 的狀態鎖住，並由 $LD_0 \sim LD_7$ 顯示出來。

若 $EN = 1$，則 $PA_0 \sim PA_7$ 的狀態鎖入八位元 D 型閂鎖器並顯示出來。

……($PB_0 = 1 = EN$，看到目前的資料)

若$EN = 0$，則目前的$PA_0 \sim PA_7$不會鎖住，則 LED 所看到指示，是以前已存入的資料。……($PB_0 = 0 = EN$，看到以前的資料)

(3) 此時 LA-01 就充當八支邏輯測針，同時指示$PA_0 \sim PA_7$的邏輯狀態，所以LA-01有如專看數位狀態的示波器。

(4) $D_0 \sim D_7$與$PA_0 \sim PA_7$之間的接線，可用排針線以省接線的麻煩，也不會浪費時間。

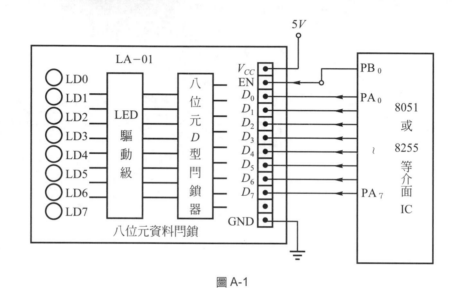

圖 A-1

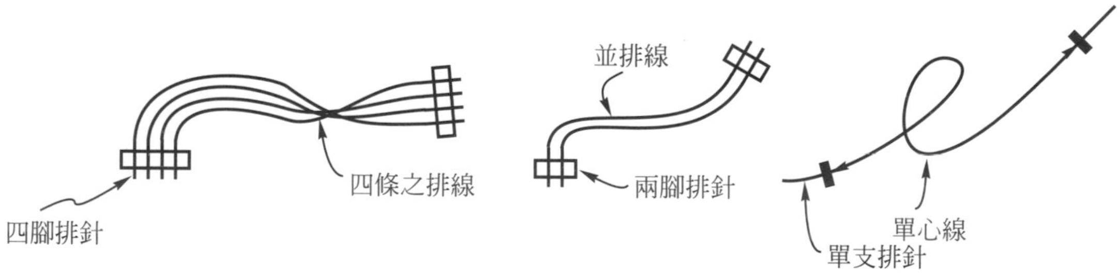

圖 A-2　做幾條排線

2. 資料顯示(LA-05)

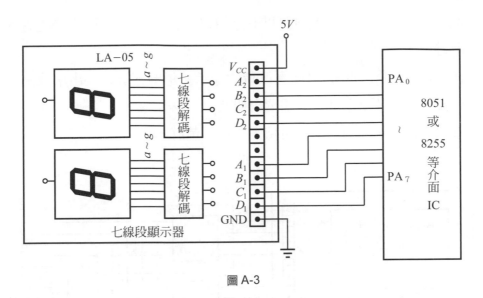

圖 A-3

(1) 由LA-05 提供已含解碼器的七線段顯示，則許多要看數目的各項實驗，目前只要插兩組4P的排針就 OK 了。

(2) 依圖 A-4 所示，若想顯示 2856 的數字，其動作流程為

① $(PA_3，PA_2，PA_1，PA_0)=(0,0,1,0)\rightarrow PA_7$產一瞬間的邏輯 0→2 存入千位

② $(PA_3，PA_2，PA_1，PA_0)=(1,0,0,0)\rightarrow PA_6$產一瞬間的邏輯 0→8 存入百位

③ $(PA_3，PA_2，PA_1，PA_0)=(0,1,0,1)\rightarrow PA_5$產一瞬間的邏輯 0→5 存入拾位

④ $(PA_3，PA_2，PA_1，PA_0)=(0,1,1,0)\rightarrow PA_4$產一瞬間的邏輯 0→6 存入個位

⑤ 只要$PA_7\sim PA_4$都為邏輯 1，則 74116 將禁止閂鎖的功能，則往後$(PA_3，PA_2，PA_1，PA_0)$怎麼改變，其資料都不會被存入 74116 之中，則數目顯示一直保持 2856。

⑥ 這種多位數顯示的好處，在於必須做顯示資料更改的時候，才依序擺好資料內容$(PA_3，PA_2，PA_1，PA_0)$，然後送其所對應的控制信號$(PA_7，PA_6，PA_5，$

PA_4)。但不改資料時，它會一直顯示已設定好的數據，便能達到不佔用太多 I/O(目前只用八個位元，$PA_0 \sim PA_7$)就能顯示四位數。

⑦ 設定好顯示的數目後，程式可以不管它(CPU不必再爲"顯示"問題佔用時間)。
簡言之：

你(程式)要我(CPU)處理，更改新的顯示。那麼把資料丟出來設定，設定完成後，可以不必管我。有需要再叫我。

⑧ 當然有好多顯示方法，您可依需要自行選訂。

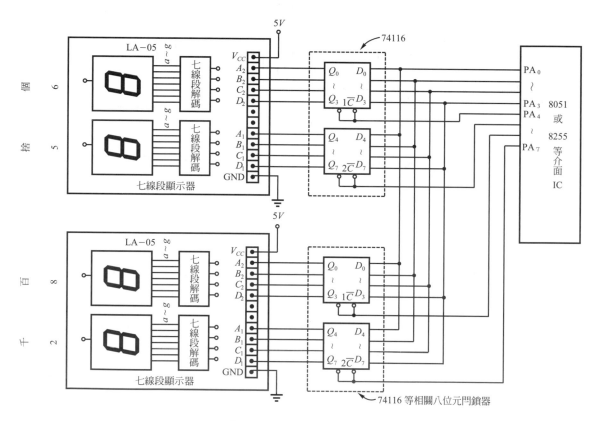

圖 A-4 另類之資料顯示

3. 資料設定(一)LA-02 與 LA-06(取代鍵盤的方法之一)

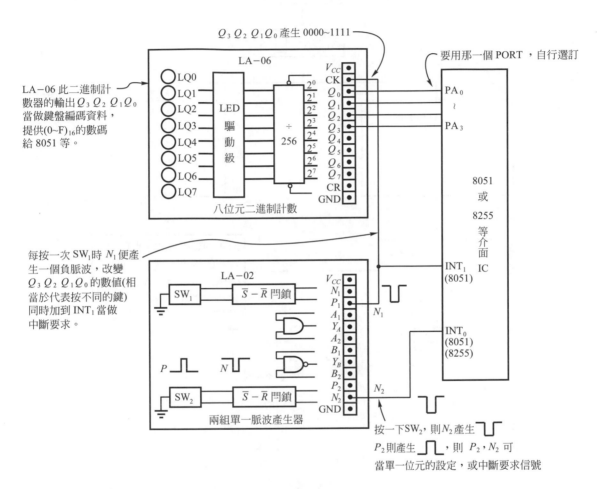

圖 A-5　鍵盤取代法

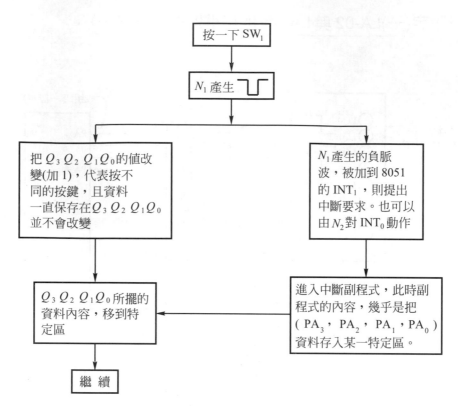

圖 A-6 動作情形說明

4. 資料設定(二)LA-03 與 LA-06(提供兩組八位元資料)

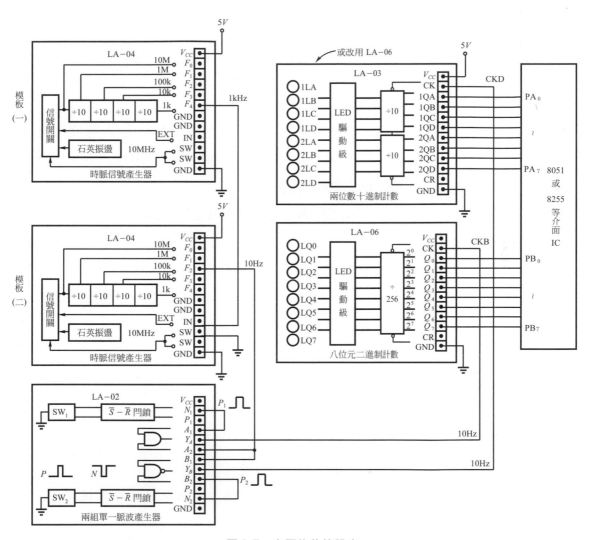

圖 A-7　方便的數值設定

⑴ 模板(一)產生 1kHz($F_4 =$ 1kHz)，再加到模板(二)，繼續($\div 10$，$\div 10$，$\div 10$，$\div 10$)，所以模板(二)的F_2得到 10Hz。

⑵ 然後由LA-02 的SW_1控制 10Hz 是否要加到LA-06 當輸入脈波(即改變LA-06 Q_0Q_1……Q_7的數值，$(00)_{16}$～$(FF)_{16}$)。

⑶ LA-02 的SW_2控制 10Hz 是否要加到 LA-03 當輸入脈波(即改變 LA-03 $(1Q_A1Q_B1Q_C1Q_D$，$2Q_A2Q_B2Q_C2Q_D)$的數值$(00～99)_{10}$)。

⑷ 若所用的脈波頻率太快，則所設定的數目到底是多少看不清楚(速度太快時，一閃就消失)。但若用LA-02 單一脈波當時脈信號，想設$(200)_{10}$，則必須按 200 下，實在太慢了，所以用 10Hz 當時脈。

⑸ 已經設定$(PA_0～PA_7)(00～99)_{10}$和$(PB_0～PB_7)(00～FF)_{16}$的數值了，接下來您可以做程式撰寫練習了。

   ① 比較：$(PA_7～PA_0)$和$(PB_7～PB_0)$各 8 位元比較其大小。

   ② 碼轉換：把十進制的$(PA_7PA_6PA_5PA_4$，$PA_3PA_2PA_1PA_0)$(BCD碼)轉成二進制，或把$(PB_7PB_6……PB_0)$(二進制碼)轉換成 BCD 碼。

   ③ 數值運算：加、減、乘、除。

   ④ 當然還有很多可以玩的。

⑹

> 我們所強調的是
> 寧願把微電腦系統學好，也不要浪費時間做太多接線和接線錯誤。

⑺ 目前只要把電源接好後，只剩下接 8 條單心線和四個 4Pin 的排線就一切搞定，實在方便許多。

5. 資料設定與顯示(這就是 I/O 實驗了)

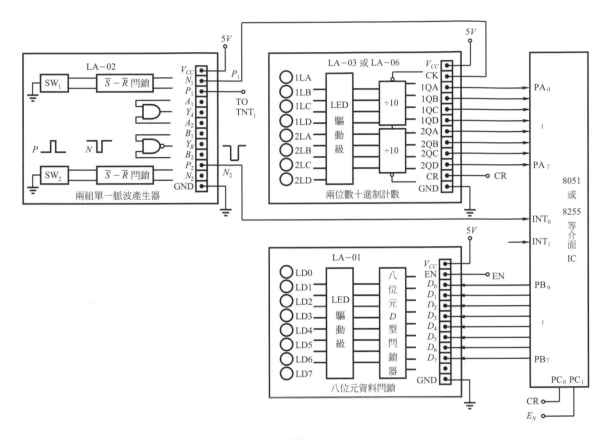

圖 A-8

(1) LA-03(或LA-06)當做數值設定(也相當於鍵盤編碼輸出)加到$(PA_0 \sim PA_7)$(此時可用 INT0 或 INT1 當中斷輸入)。

(2) LA-02 的SW_1，每按一次，則 LA-03 數值改變，則設定了不同的數值加到$(PA_0 \sim PA_7)$，故SW_1相當於鍵盤的按鍵(只要一個)。

(3) LA-01 只是純純的顯示，沒有其它歪念。

這麼簡單的接線可完成哪些 I/O 實驗？(5 種程式撰寫練習)

(1) INT0 收到中斷信號時，把$(PA_7 \sim PA_0)$的資料，送到$PB_7 \sim PB_0$，並由 LA-01 顯示。(看看對不對)

(2) INT0 收到中斷信號時，把$(PA_7 \sim PA_0)$的資料和 55 比較一下，若大於 55 則送出 AA 到$(PB_7 \sim PB_0)$，若等於 55 則……。

(3) INT0 收到中斷信號時，把$(PA_7 \sim PA_0)$的資料存到位址為(XXXX)的地方。

(4) 按SW_1，以改變$(PA_7 \sim PA_0)$的資料，此時程式一直判斷$(PB_7 \sim PB_0)$是否等於$(66)_{10}$。若等於 66 由PC_0產生一瞬間的邏輯 0，則把$(PA_7 \sim PA_0)$全部清除為 0。

(5) 當$(PA_7 \sim PA_0)$等於$(45)_{10}$的時候，由PC_1送一瞬間的邏輯 1($\sqcap$)到 LA-01 的EN。則把此時$(PB_7 \sim PB_0)$的資料鎖住，並由$(LD_7 \sim LD_0)$(LA-01 上的 LED)顯示出來。

⋮

光這樣的接線，就能讓您把程式操個半死，希望您能把系統搞懂，並要有"軟體是活的"、而"硬體卻是死的"的觀念。但若軟硬不搭配，那就是穩死無疑。

附錄 B　常用 CMOS IC 接腳圖

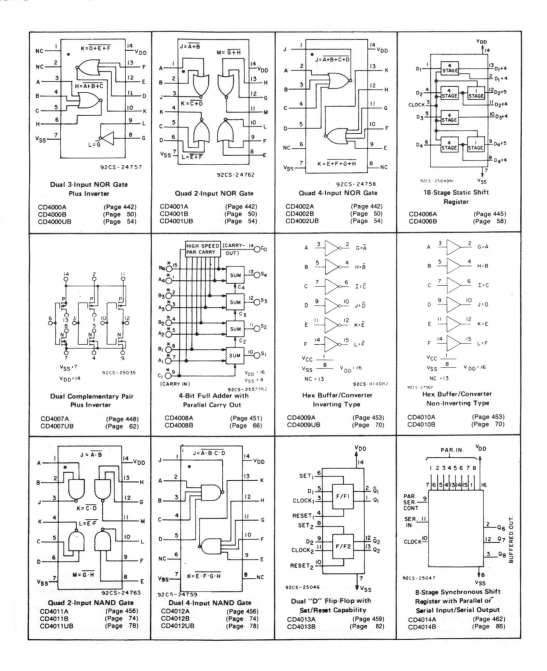

Dual 3-Input NOR Gate Plus Inverter	**Quad 2-Input NOR Gate**	**Quad 4-Input NOR Gate**
CD4000A (Page 442) CD4000B (Page 50) CD4000UB (Page 54)	CD4001A (Page 442) CD4001B (Page 50) CD4001UB (Page 54)	CD4002A (Page 442) CD4002B (Page 50) CD4002UB (Page 54)
18-Stage Static Shift Register CD4006A (Page 445) CD4006B (Page 58)		
Dual Complementary Pair Plus Inverter CD4007A (Page 448) CD4007UB (Page 62)	**4-Bit Full Adder with Parallel Carry Out** CD4008A (Page 451) CD4008B (Page 66)	**Hex Buffer/Converter Inverting Type** CD4009A (Page 453) CD4009UB (Page 70)
Hex Buffer/Converter Non-Inverting Type CD4010A (Page 453) CD4010B (Page 70)		
Quad 2-Input NAND Gate CD4011A (Page 456) CD4011B (Page 74) CD4011UB (Page 78)	**Dual 4-Input NAND Gate** CD4012A (Page 456) CD4012B (Page 74) CD4012UB (Page 78)	**Dual "D" Flip-Flop with Set/Reset Capability** CD4013A (Page 459) CD4013B (Page 82)
8-Stage Synchronous Shift Register with Parallel or Serial Input/Serial Output CD4014A (Page 462) CD4014B (Page 86)		

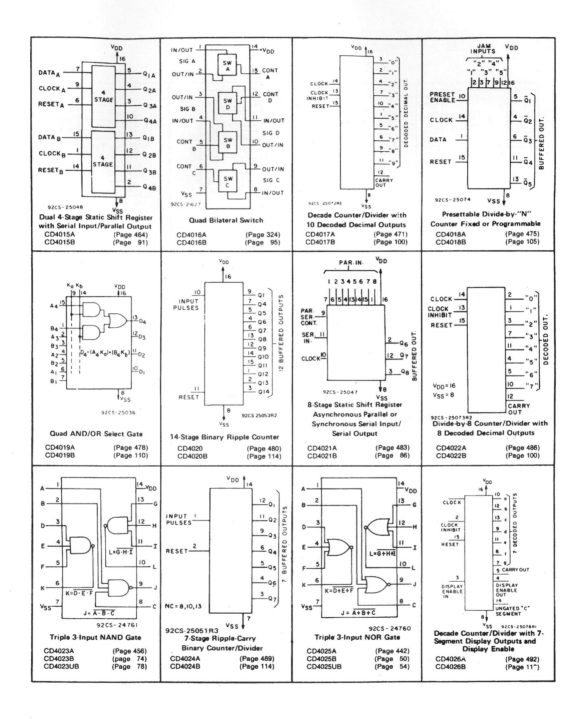

Dual 4-Stage Static Shift Register
with Serial Input/Parallel Output
CD4015A   (Page 464)
CD4015B   (Page 91)

Quad Bilateral Switch
CD4016A   (Page 324)
CD4016B   (Page 95)

Decade Counter/Divider with
10 Decoded Decimal Outputs
CD4017A   (Page 471)
CD4017B   (Page 100)

Presettable Divide-by-"N"
Counter Fixed or Programmable
CD4018A   (Page 475)
CD4018B   (Page 105)

Quad AND/OR Select Gate
CD4019A   (Page 478)
CD4019B   (Page 110)

14-Stage Binary Ripple Counter
CD4020   (Page 480)
CD4020B   (Page 114)

8-Stage Static Shift Register
Asynchronous Parallel or
Synchronous Serial Input/
Serial Output
CD4021A   (Page 483)
CD4021B   (Page 86)

Divide-by-8 Counter/Divider with
8 Decoded Decimal Outputs
CD4022A   (Page 486)
CD4022B   (Page 100)

Triple 3-Input NAND Gate
CD4023A   (Page 456)
CD4023B   (page 74)
CD4023UB   (Page 78)

7-Stage Ripple-Carry
Binary Counter/Divider
CD4024A   (Page 489)
CD4024B   (Page 114)

Triple 3-Input NOR Gate
CD4025A   (Page 442)
CD4025B   (Page 50)
CD4025UB   (Page 54)

Decade Counter/Divider with 7-
Segment Display Outputs and
Display Enable
CD4026A   (Page 492)
CD4026B   (Page 11^)

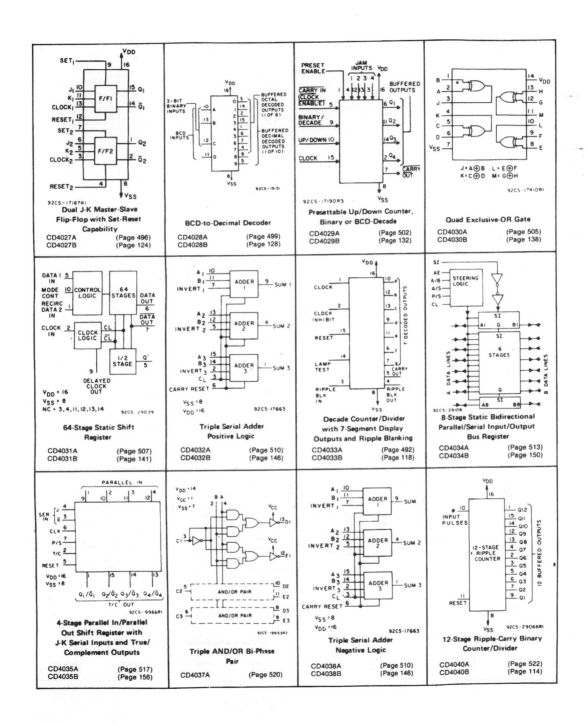

Dual J-K Master-Slave Flip-Flop with Set-Reset Capability

CD4027A	(Page 496)
CD4027B	(Page 124)

BCD-to-Decimal Decoder

CD4028A	(Page 499)
CD4028B	(Page 128)

Presettable Up/Down Counter, Binary or BCD-Decade

CD4029A	(Page 502)
CD4029B	(Page 132)

Quad Exclusive-OR Gate

CD4030A	(Page 505)
CD4030B	(Page 138)

J = A ⊕ B　L = E ⊕ F
K = C ⊕ D　M = G ⊕ H

64-Stage Static Shift Register

CD4031A	(Page 507)
CD4031B	(Page 141)

Triple Serial Adder Positive Logic

CD4032A	(Page 510)
CD4032B	(Page 146)

Decade Counter/Divider with 7-Segment Display Outputs and Ripple Blanking

CD4033A	(Page 492)
CD4033B	(Page 118)

8-Stage Static Bidirectional Parallel/Serial Input/Output Bus Register

CD4034A	(Page 513)
CD4034B	(Page 150)

4-Stage Parallel In/Parallel Out Shift Register with J-K Serial Inputs and True/Complement Outputs

CD4035A	(Page 517)
CD4035B	(Page 156)

Triple AND/OR Bi-Phase Pair

CD4037A	(Page 520)

Triple Serial Adder Negative Logic

CD4038A	(Page 510)
CD4038B	(Page 146)

12-Stage Ripple-Carry Binary Counter/Divider

CD4040A	(Page 522)
CD4040B	(Page 114)

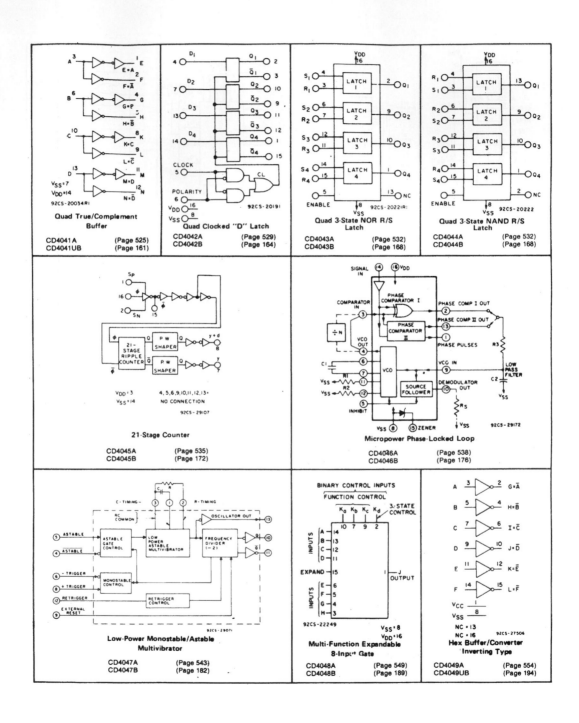

Quad True/Complement Buffer
CD4041A (Page 525)
CD4041UB (Page 161)

Quad Clocked "D" Latch
CD4042A (Page 529)
CD4042B (Page 164)

Quad 3-State NOR R/S Latch
CD4043A (Page 532)
CD4043B (Page 168)

Quad 3-State NAND R/S Latch
CD4044A (Page 532)
CD4044B (Page 168)

21-Stage Counter
CD4045A (Page 535)
CD4045B (Page 172)

Micropower Phase-Locked Loop
CD4046A (Page 538)
CD4046B (Page 176)

Low-Power Monostable/Astable Multivibrator
CD4047A (Page 543)
CD4047B (Page 182)

Multi-Function Expandable 8-Input Gate
CD4048A (Page 549)
CD4048B (Page 189)

Hex Buffer/Converter Inverting Type
CD4049A (Page 554)
CD4049UB (Page 194)

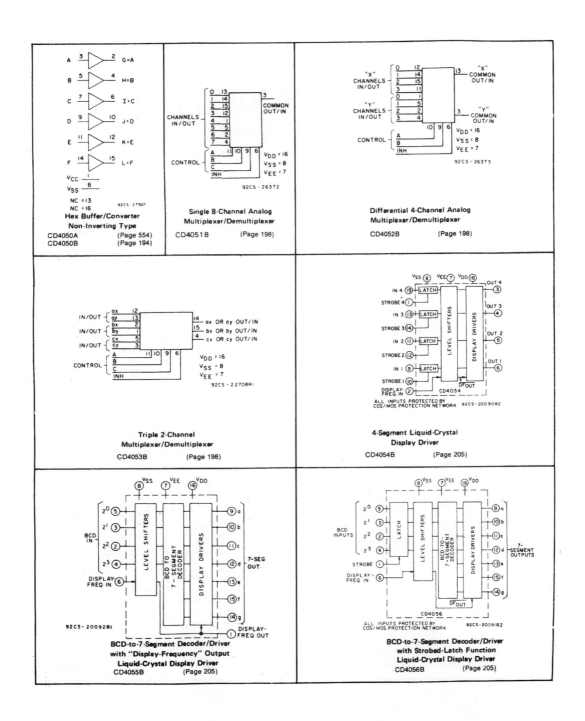

**Hex Buffer/Converter
Non-Inverting Type**

CD4050A　　　(Page 554)
CD4050B　　　(Page 194)

**Single 8-Channel Analog
Multiplexer/Demultiplexer**

CD4051B　　　(Page 198)

**Differential 4-Channel Analog
Multiplexer/Demultiplexer**

CD4052B　　　(Page 198)

**Triple 2-Channel
Multiplexer/Demultiplexer**

CD4053B　　　(Page 198)

**4-Segment Liquid-Crystal
Display Driver**

CD4054B　　　(Page 205)

**BCD-to-7-Segment Decoder/Driver
with "Display-Frequency" Output
Liquid-Crystal Display Driver**

CD4055B　　　(Page 205)

**BCD-to-7-Segment Decoder/Driver
with Strobed-Latch Function
Liquid-Crystal Display Driver**

CD4056B　　　(Page 205)

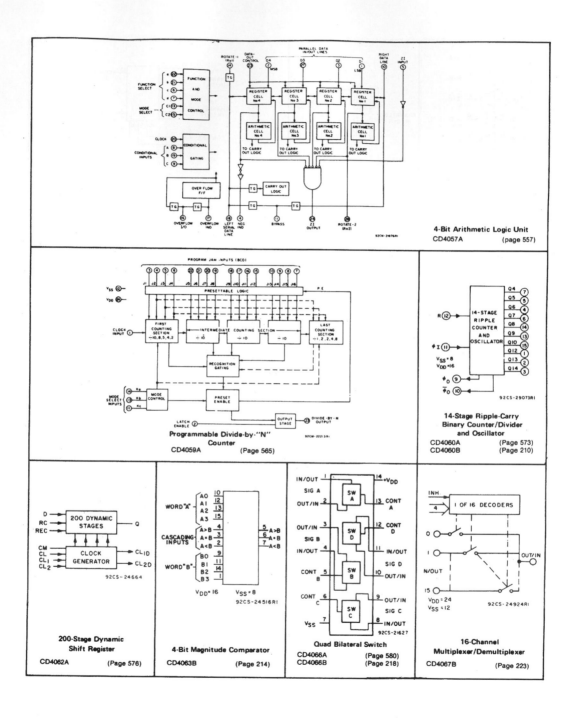

4-Bit Arithmetic Logic Unit
CD4057A   (page 557)

Programmable Divide-by-"N" Counter
CD4059A   (Page 565)

14-Stage Ripple-Carry Binary Counter/Divider and Oscillator
CD4060A   (Page 573)
CD4060B   (Page 210)

200-Stage Dynamic Shift Register
CD4062A   (Page 576)

4-Bit Magnitude Comparator
CD4063B   (Page 214)

Quad Bilateral Switch
CD4066A   (Page 580)
CD4066B   (Page 218)

16-Channel Multiplexer/Demultiplexer
CD4067B   (Page 223)

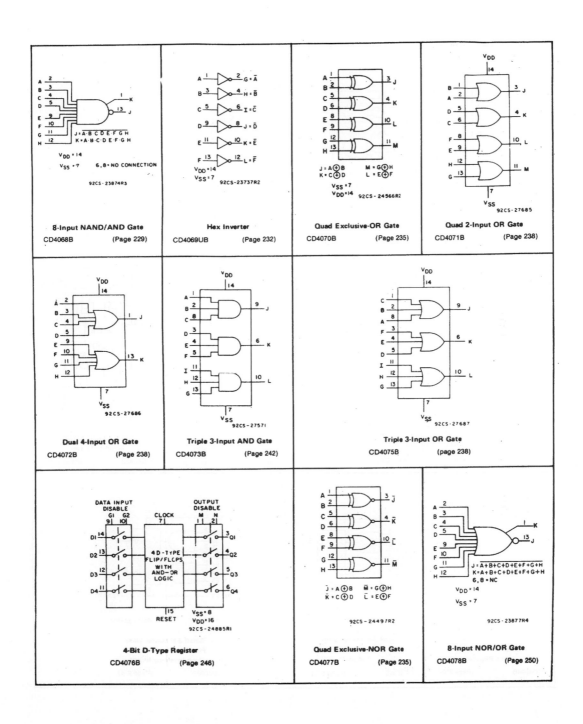

8-Input NAND/AND Gate
CD4068B　　　(Page 229)

Hex Inverter
CD4069UB　　　(Page 232)

Quad Exclusive-OR Gate
CD4070B　　　(Page 235)

Quad 2-Input OR Gate
CD4071B　　　(Page 238)

Dual 4-Input OR Gate
CD4072B　　　(Page 238)

Triple 3-Input AND Gate
CD4073B　　　(Page 242)

Triple 3-Input OR Gate
CD4075B　　　(page 238)

4-Bit D-Type Register
CD4076B　　　(Page 246)

Quad Exclusive-NOR Gate
CD4077B　　　(Page 235)

8-Input NOR/OR Gate
CD4078B　　　(Page 250)

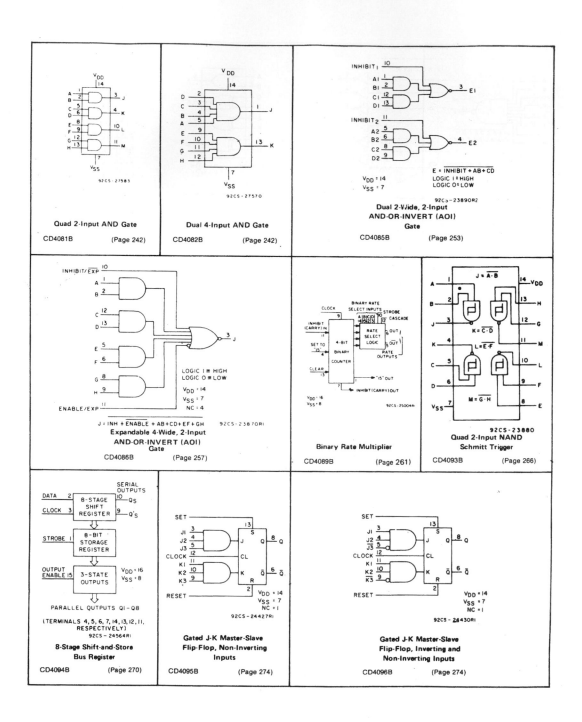

Quad 2-Input AND Gate
CD4081B   (Page 242)

Dual 4-Input AND Gate
CD4082B   (Page 242)

Dual 2-Wide, 2-Input
AND-OR-INVERT (AOI)
Gate
CD4085B   (Page 253)

E = INHIBIT + AB + CD
LOGIC 1 ≡ HIGH
LOGIC 0 ≡ LOW

Expandable 4-Wide, 2-Input
AND-OR-INVERT (AOI)
Gate
CD4086B   (Page 257)

LOGIC 1 ≡ HIGH
LOGIC 0 ≡ LOW
VDD = 14
VSS = 7
NC = 4

J = INH + ENABLE + AB + CD + EF + GH

Binary Rate Multiplier
CD4089B   (Page 261)

Quad 2-Input NAND
Schmitt Trigger
CD4093B   (Page 266)

8-Stage Shift-and-Store
Bus Register
CD4094B   (Page 270)

Gated J-K Master-Slave
Flip-Flop, Non-Inverting
Inputs
CD4095B   (Page 274)

Gated J-K Master-Slave
Flip-Flop, Inverting and
Non-Inverting Inputs
CD4096B   (Page 274)

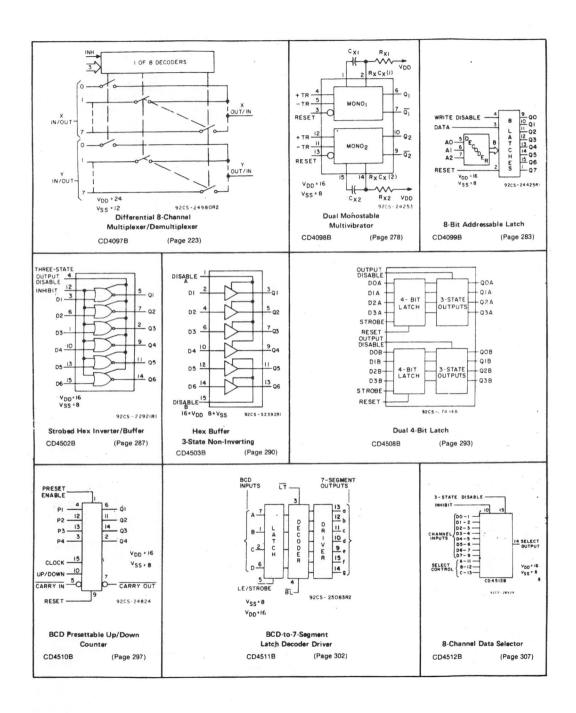

Differential 8-Channel
Multiplexer/Demultiplexer

CD4097B　　　(Page 223)

Dual Monostable
Multivibrator

CD4098B　　　(Page 278)

8-Bit Addressable Latch

CD4099B　　　(Page 283)

Strobed Hex Inverter/Buffer

CD4502B　　　(Page 287)

Hex Buffer
3-State Non-Inverting

CD4503B　　　(Page 290)

Dual 4-Bit Latch

CD4508B　　　(Page 293)

BCD Presettable Up/Down
Counter

CD4510B　　　(Page 297)

BCD-to-7-Segment
Latch Decoder Driver

CD4511B　　　(Page 302)

8-Channel Data Selector

CD4512B　　　(Page 307)

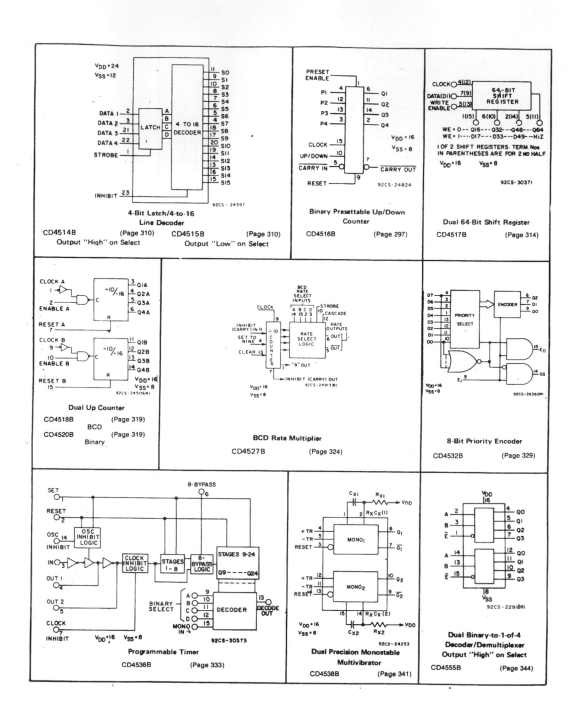

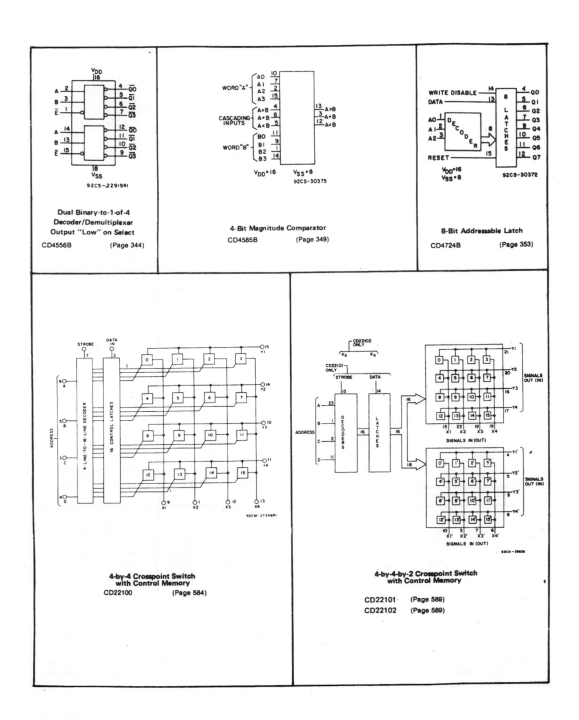

Dual Binary-to-1-of-4
Decoder/Demultiplexer
Output "Low" on Select
CD4556B   (Page 344)

4-Bit Magnitude Comparator
CD4585B   (Page 349)

8-Bit Addressable Latch
CD4724B   (Page 353)

4-by-4 Crosspoint Switch
with Control Memory
CD22100   (Page 584)

4-by-4-by-2 Crosspoint Switch
with Control Memory
CD22101   (Page 589)
CD22102   (Page 589)

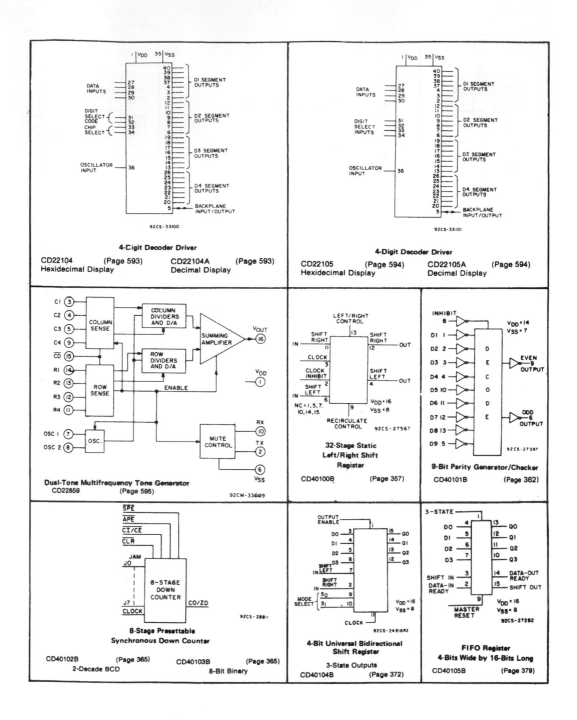

4-Digit Decoder Driver

CD22104 (Page 593) CD22104A (Page 593)
Hexidecimal Display Decimal Display

4-Digit Decoder Driver

CD22105 (Page 594) CD22105A (Page 594)
Hexidecimal Display Decimal Display

Dual-Tone Multifrequency Tone Generator
CD22859 (Page 595)

32-Stage Static Left/Right Shift Register
CD40100B (Page 357)

9-Bit Parity Generator/Checker
CD40101B (Page 362)

8-Stage Presettable Synchronous Down Counter

CD40102B (Page 365) CD40103B (Page 365)
2-Decade BCD 8-Bit Binary

4-Bit Universal Bidirectional Shift Register
3-State Outputs
CD40104B (Page 372)

FIFO Register 4-Bits Wide by 16-Bits Long
CD40105B (Page 379)

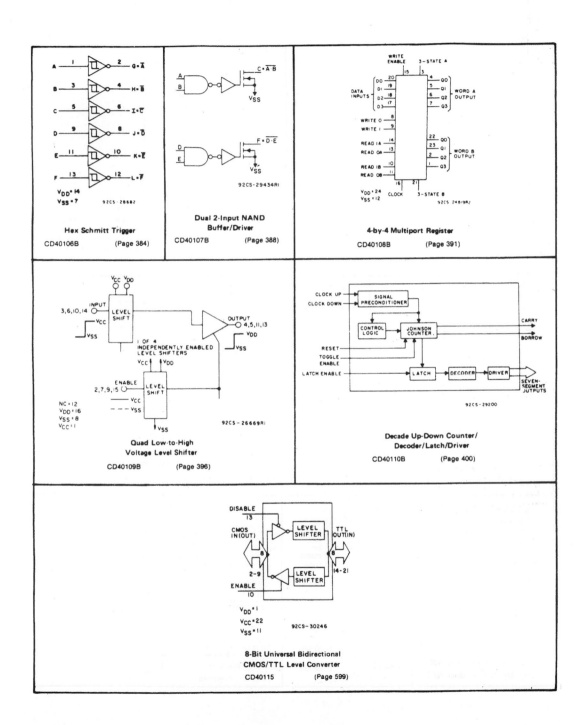

Hex Schmitt Trigger

CD40106B　　　　(Page 384)

Dual 2-Input NAND Buffer/Driver

CD40107B　　　　(Page 388)

4-by-4 Multiport Register

CD40108B　　　　(Page 391)

Quad Low-to-High Voltage Level Shifter

CD40109B　　　　(Page 396)

Decade Up-Down Counter/ Decoder/Latch/Driver

CD40110B　　　　(Page 400)

8-Bit Universal Bidirectional CMOS/TTL Level Converter

CD40115　　　　(Page 599)

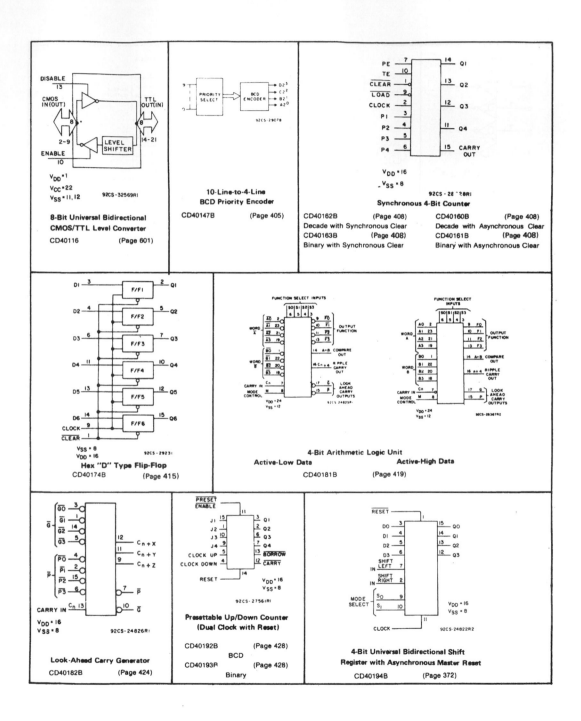

8-Bit Universal Bidirectional CMOS/TTL Level Converter
CD40116   (Page 601)

10-Line-to-4-Line BCD Priority Encoder
CD40147B   (Page 405)

Synchronous 4-Bit Counter

CD40162B   (Page 408)
Decade with Synchronous Clear
CD40163B   (Page 408)
Binary with Synchronous Clear

CD40160B   (Page 408)
Decade with Asynchronous Clear
CD40161B   (Page 408)
Binary with Asynchronous Clear

Hex "D" Type Flip-Flop
CD40174B   (Page 415)

4-Bit Arithmetic Logic Unit
Active-Low Data   Active-High Data
CD40181B   (Page 419)

Look-Ahead Carry Generator
CD40182B   (Page 424)

Presettable Up/Down Counter (Dual Clock with Reset)
CD40192B   (Page 428)
BCD
CD40193B   (Page 428)
Binary

4-Bit Universal Bidirectional Shift Register with Asynchronous Master Reset
CD40194B   (Page 372)

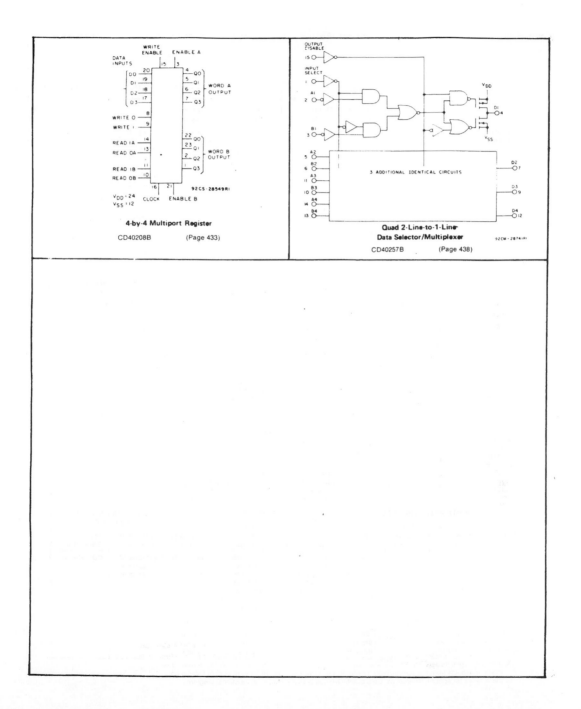

4-by-4 Multiport Register

CD40208B   (Page 433)

Quad 2-Line-to-1-Line Data Selector/Multiplexer

CD40257B   (Page 438)

附錄 C　常用 CMOS 分類表

GATES							MULTIVIBRATORS	
Single-Level			Multi-Level				Flip-Flops/Latches	
NOR/NAND		OR/AND	Buffers & Inverters	Multi-function/AOI	Decoders/ Encoders	Schmitt Trigger		
CD4000B CD4000UB CD4000A CD4001B CD4001UB CD4001A CD4002B CD4002UB CD4002A CD4011B CD4011UB CD4011A	CD4012B CD4012UB CD4012A CD4023B CD4023UB CD4023A CD4025B CD4025UB CD4025A CD4068B CD4078B CD40107B	CD4071B CD4072B CD4073B CD4075B CD4081B CD4082B	CD4007UB CD4007A CD4009UB CD4009A CD4010B CD4010A CD4041UB CD4041A CD4049UB CD4049A CD4050B CD4050A CD4069UB CD4502B CD4503B CD40107B	CD4019B CD4019A CD4030B ■ CD4030A ■ CD4037A CD4048B CD4048A CD4070B■ CD4077B■ CD4085B CD4086B ■See Comparators	CD4028B CD4028A CD4514B CD4515B CD4532B CD4555B* CD4556B* CD40147B *See Demultiplexers	CD4093B CD40106B	CD4013B CD4013A CD4027B CD4027A CD4042B CD4042A CD4043B CD4043A CD4044B CD4044A CD4076B** CD4095B **See Storage Registers	CD4096B CD4099B** CD4508B CD4724B** CD40174B Astable/ Mono-stable CD4047B CD4047A Mono-stable CD4098B CD4538B

REGISTERS			COUNTERS		MULTIPLEXERS/ DEMULTIPLEXERS	PHASE-LOCKED LOOP	QUAD BILATERAL SWITCHES	INTER-FACE CIRCUITS
Shift	Storage	FIFO Buffer	Binary Ripple	Synchronous	Analog/Digital Data Selectors			
CD4006B CD4006A CD4014B CD4014A CD4015B CD4015A CD4021B CD4021A CD4031B CD4031A • CD4034B • CD4034A CD4035B CD4035A CD4062A CD4094B CD4517B CD40100B CD40104B CD40194B	CD4076B CD4099B CD4724B CD40108B■ CD40208B■ •See Multiport Register	CD40105B	CD4020B CD4020A CD4024B CD4024A CD4040B CD4040A CD4060B CD4060A TIMERS CD4045B CD4045A CD4536B	CD4017B CD4017A CD4018B CD4018A CD4022B CD4022A CD4029B CD4029A CD4059A CD4510B CD4516B CD4518B CD4520B CD40102B CD40103B CD40160B CD40161B CD40162B CD40163B CD40192B CD40193B	CD4016B △ CD4016A △ CD4019B CD4019A CD4051B CD4052B CD4053B CD4066B △ CD4066A △ CD4067B CD4097B CD4512B CD4555B ⊕ CD4556B ⊕ CD40257B △See Quad Bilateral Switch ⊕See Decoders/ Encoders	CD4046B CD4046A	CD4016B ◆ CD4016A ◆ CD4066B ◆ CD4066A ◆ ◆See Multiplexers	CD4009UB CD4009A CD4010B CD4010A CD4049UB CD4049A CD4050B CD4050A CD40107B CD40109B CD40115 ▽ CD40116 ▽

ARITHMETIC CIRCUITS				DISPLAY DRIVERS			TELECOMMUNICATION CIRCUITS	
Adders/ Comparators	ALU/Rate Multipliers	Parity Generator/ Checker	Multiport Register	With Counter	For LCD* Drive	For LED●● Drive	Crosspoint Switches	Tone Generator
CD4008B CD4008A CD4030B + CD4030A + CD4032B CD4032A CD4038B CD4038A CD4063B CD4070B + CD4077B + CD4585B	CD4057A CD4089B CD4527B CD40181B CD40182B +See Multifunc-tion/AOI	CD40101B	CD40108B* CD40208B* CD4034B* CD4034A* *See Storage Register	CD4026B CD4026A CD4033B CD4033A CD40110B	CD4054B CD4055B CD4056B CD22104 ▽ CD22104A▽ CD22105 ▽ CD22105A▽ *Liquid Crystal Display	CD4511B ●●Light Emitting Diode	CD22100 ▽ CD22101 ▽ CD22102 ▽	CD22859 ▽

▽ Indicates types designed for special applications. Ratings and characteristics data for these types differ in some aspects from the standardized data for A- and B-series types. Refer to RCA data bulletin on these types for specific differences. Data bulletin file numbers are shown on functional diagrams.

Function	Type No.	No. of Pins
Gates		
NOR/NAND		
Dual 4-input NOR	CD4002B	14
	CD4002UB	14
	CD4002A	14
Dual 4-input NAND	CD4012B	14
	CD4012UB	14
	CD4012A	14
Triple 3-input NOR	CD4025B	14
	CD4025UB	14
	CD4025A	14
Triple 3-input NAND	CD4023B	14
	CD4023UB	14
	CD4023A	14
Quad 2-input NOR	CD4001B	14
	CD4001UB	14
	CD4001A	14
Quad-2 input NAND	CD4011B	14
	CD4011UB	14
	CD4011A	14
8-input NOR/OR	CD4078B	14
8-input NAND/AND	CD4068B	14
Dual 3-input NOR plus inverter	CD4000B	14
	CD4000UB	14
	CD4000A	14
Dual 2-input NAND buffer/driver	CD40107B	8,14
OR/AND		
Dual 4-input OR	CD4072B	14
Dual 4-input AND	CD4082B	14
Triple 3-input OR	CD4075B	14
Triple 3-input AND	CD4073B	14
Quad 2-input OR	CD4071B	14
Quad 2-input AND	CD4081B	14
Buffers and Inverters		
Dual complementary pair plus inverter	CD4007UB	14
	CD4007A	14
Hex inverter	CD4069UB	14
Hex inverter/buffer (3-state)	CD4502B	16
Hex buffer (3-state non-inverting)	CD4503B	16
Hex buffer/converter (inverting)	CD4009UB	16
	CD4009A	16
Hex buffer/converter (inverting)	CD4049UB	16
	CD4049A	16
Hex buffer/converter (non-inverting)	CD4010B	16
	CD4010A	16
Hex buffer/converter (non-inverting)	CD4050B	16
	CD4050A	16
Quad true/complement buffer	CD4041UB	14
	CD4041A	14
Dual 2-input NAND buffer/driver	CD40107B	8,14
Multifunction/AOI		
Triple AND-OR bi-phase pairs	CD4037A	14
Quad exclusive-OR	CD4030B	14
	CD4030A	14
Quad exclusive-OR	CD4070B	14
Quad exclusive-NOR	CD4077B	14

Function	Type No.	No. of Pins
Gates (cont'd)		
Multifunction/AOI (cont'd)		
Quad AND/OR Select	CD4019B	16
	CD4019A	16
Dual 2-wide, 2-input AND/OR invert (AOI)	CD4085B	14
Expandable 4-wide, 2-input AND/OR invert (AOI)	CD4086B	14
Multifunctional expandable 8-input (3-state output)	CD4048B	16
	CD4048A	16
Decoders/Encoders		
BCD-to-decimal decoder	CD4028B	16
	CD4028A	16
8-input priority encoder	CD4532B	16
10-line to 4-line BCD priority encoder	CD40147B	16
4-bit latch/4-to-16 line decoder (outputs high)	CD4514B	24
4-bit latch/4-to-16 line decoder (outputs low)	CD4515B	24
Dual 1-of-4 decoder/demultiplexer (outputs high)	CD4555B	16
Dual 1-of-4 decoder/demultiplexer (outputs low)	CD4556B	16
Schmitt Trigger		
Quad 2-input NAND	CD4093B	14
Hex	CD40106B	14
Interface		
Quad low-to-high voltage	CD40109B	16
Hex high-to-low voltage (inverting)	CD4009UB	16
	CD4009A	16
	CD4049UB	16
	CD4049A	16
Hex high-to-low voltage (non-inverting)	CD4010B	16
	CD4010A	16
	CD4050B	16
	CD4050A	16
Dual 2-input NAND buffer/driver	CD40107B	8,14
8-bit bidirectional CMOS-to-TTL level converter	CD40115 ▽	22
8-bit bidirectional CMOS-to-TTL level converter	CD40116 ▽	22
Multivibrators		
Monostable/astable	CD4047B	14
	CD4047A	14
Dual monostable	CD4098B	16
Dual precision monostable	CD4538B	16
Flip-Flops		
Dual "D" with set/reset capability	CD4013B	14
	CD4013A	14
Dual "J-K" with set/reset capability	CD4027B	16
	CD4027A	16
Gated "J-K" (non-inverting)	CD4095B	14
Gated "J-K" (inverting and non-inverting)	CD4096B	14

▽ Indicates types designed for special applications. Ratings and characteristics data for these types differ in some aspects from the standardized data for A- and B-series types. Refer to RCA data bulletin on these types for specific differences. Data bulletin file numbers are shown on functional diagrams.

Function	Type No.	No. of Pins	Function	Type No.	No. of Pins
Multivibrators (cont'd)			**Counters (cont'd)**		
Flip-Flops			**Binary Ripple**		
Hex "D"	CD40174B	16	14-stage counter/divider and		
4-bit "D" with 3-state outputs	CD4076B	14	oscillator	CD4060B	16
Latches				CD4060A	16
Quad clocked "D"	CD4042B	16	**Timers**		
	CD4042A	16	21-stage	CD4045B	14
Quad NOR R/S (3-state outputs)	CD4043B	16		CD4045A	14
	CD4043A	16	Programmable	CD4536B	16
Quad NAND R/S (3-state outputs)	CD4044B	16	**Synchronous**		
	CD4044A	16	Decade counter/divider plus 10		
Dual 4-bit	CD4508B	24	decoded decimal outputs	CD4017B	16
8-bit addressable	CD4099B	16		CD4017A	16
	CD4724B	16	Divide-by-8 counter/divider with		
Registers			8 decimal outputs	CD4022B	16
Shift Registers-Static				CD4022A	16
Dual 4-stage with serial input/			Presettable divide-by-"N" counter,		
parallel output	CD4015B	16	fixed or programmable	CD4018B	16
	CD4015A	16		CD4018A	16
18-stage	CD4006B	14	Programmable-divide-by-"N"		
	CD4006A	14	counter	CD4059A	24
64-stage	CD4031B	16	Presettable up/down counter,		
	CD4031A	16	binary or BCD-decade	CD4029B	16
Dual 64-bit	CD4517B	16		CD4029A	16
8-stage with synchronous parallel			Presettable 4-bit BCD up/down		
or serial input/serial output	CD4014B	16	counter	CD4510B	16
	CD4014A	16	Presettable 4-bit binary up/down		
8-stage with asynchronous parallel			counter	CD4516B	16
input or synchronous serial			Presettable 2-decade BCD down		
input/serial output	CD4021B	16	counter	CD40102B	16
	CD4021A	16	Presettable 8-bit binary down		
4-stage parallel-in/parallel-out with			counter	CD40103B	16
J-K input and true/complement			Presettable 4-bit BCD up/down		
output	CD4035B	16	counter	CD40192B	16
	CD4035A	16	Presettable 4-bit binary up/down		
4-bit universal bidirectional			counter	CD40193B	16
with 3-state outputs	CD40104B	16	Dual BCD up counter	CD4518B	16
4-bit universal bidirectional			Dual binary up counter	CD4520B	16
with asynchronous master reset	CD40194B	16	Decade counter/asynchronous clear	CD40160B	16
8-stage bidirectional parallel or			Binary counter/asynchronous clear	CD40161B	16
serial input/parallel output	CD4034B	24	Decade counter/synchronous clear	CD40162B	16
	CD4034A	24	Binary counter/synchronous clear	CD40163B	16
32-bit left/right	CD40100B	16	**Display Drivers**		
8-stage shift-and-store bus	CD4094B	16	**With Counter**		
Shift Registers-Dynamic			Decade counter/divider with 7-		
200-stage	CD4062A	12	segment display outputs and		
Storage Registers			display enable	CD4026B	16
8-bit addressable latch	CD4099B	16		CD4026A	16
	CD4724B	16	Decade counter/divider with 7-		
4-bit "D"-type with 3-state outputs	CD4076B	16	segment display outputs and		
4 X 4 Multiport	CD40108B	24	ripple blanking	CD4033B	16
4 X 4 Multiport	CD40208B	24		CD4033A	16
FIFO Buffer Registers			Up/Down Counter-Latch-		
4-bit X 16 word	CD40105B	16	Decoder-Driver	CD40110B	16
Counters			**For Liquid-Crystal-Display Drive**		
Binary Ripple			4-segment display driver	CD4054B	16
7-stage	CD4024B	14	BCD-to-7-segment decoder/driver		
	CD4024A	14	with "display-frequency" output	CD4055B	16
12-stage	CD4040B	16	BCD-to-7-segment decoder/driver		
	CD4040A	16	with strobed-latch function	CD4056B	16
14-stage	CD4020B	16	4-digit decoder/driver with		
	CD4020A	16	hexidecimal display	CD22104▽	40

附錄 D　常用 TTL 分類表

GATES AND INVERTERS

POSITIVE-NAND GATES AND INVERTERS

DESCRIPTION	TYPE	STD TTL	ALS	AS	H	L	LS	S	VOLUME
Hex 2-Input Gates	'804		●	B					CF
Hex Inverters	'04	●			●	●	●	●	2
	'1004		A	●					3
Quadruple 2-Input Gates	'00	●			●	●	●	●	2
	'1000		A	●					3
Triple 3-Input Gates	'10	●	A	●					3S
	'1010		A						3
Dual 4-Input Gates	'20	●			●	●	●	●	2
	'1020		A	●					3
8-Input Gates	'30	●			●	●	●	●	2
			A	●					3S
13-Input Gates	'133							●	2
Dual 2-Input Gates	'8003		●						3

POSITIVE-NAND GATES AND INVERTERS WITH OPEN-COLLECTOR OUTPUTS

DESCRIPTION	TYPE	STD TTL	ALS	AS	H	L	LS	S	VOLUME
Hex Inverters	'05	●			●		●		2
	'1005		A	●					3
Quadruple 2-Input Gates	'01	●			●		●		2
									3
	'03	●				●	●	●	2
	'1003		A						3
Triple 3-Input Gates	'12	●					●		2
			A						3S
Dual 4-Input Gates	'22	●			●		●	●	2
			B						3S

POSITIVE-AND GATES

DESCRIPTION	TYPE	STD TTL	ALS	AS	H	LS	S	VOLUME
Hex 2-Input Gates	'808		●	B				CF
Quadruple 2-Input Gates	'08	●				●	●	2
	'1008		A	●				3
Triple 3-Input Gates	'11		A	●	●	●	●	2
			A					3S
	'1011		A					3
Dual 4-Input Gates	'21				●	●		2
			●	●				3
Triple 4-Input AND/NAND	'800			▲				

POSITIVE-AND GATES WITH OPEN-COLLECTOR OUTPUTS

DESCRIPTION	TYPE	STD TTL	ALS	AS	H	LS	S	VOLUME
Quadruple 2-Input Gates	'09					●	●	2
			●					3
Triple 3-Input Gates	'15				●	●	●	2
			●,A					3

POSITIVE-OR GATES

DESCRIPTION	TYPE	STD TTL	ALS	AS	LS	S	VOLUME
Hex 2-Input Gates	'832		●	B			CF
Quadruple 2-Input Gates	'32	●			●	●	2
			●	●			
	'1032		A	●			3
Triple 4-Input OR/NOR	'802			▲			

POSITIVE-NOR GATES

DESCRIPTION	TYPE	STD TTL	ALS	AS	L	LS	S	VOLUME
Hex 2-Input Gates	'805		●	B				CF
Quadruple 2-Input Gates	'02	●			●	●	●	2
			●	●				
	'1002		A					3
Triple 3-Input Gates	'27	●				●		2
			●	●				3
Dual 4-Input Gates with Strobe	'25	●						2
Dual 5-Input Gates	'260					●		

SCHMITT-TRIGGER POSITIVE-NAND GATES AND INVERTERS

DESCRIPTION	TYPE	STD TTL	ALS	AS	LS	S	VOLUME
Hex Inverters	'14	●			●		
	'19				●		
Octal Inverters	'619				●		2
Dual 4-Input Positive-NAND	'13	●			●		
	'18				●		
Triple 4-Input Positive-NAND	'618				●		
Quadruple 2-Input Positive-NAND	'24				●		
	'132	●			●	●	

CURRENT-SENSING GATES

DESCRIPTION	TYPE	ALS	AS	LS	VOLUME
Hex	'63			●	2

DELAY ELEMENTS

DESCRIPTION	TYP	ALS	AS	LS	VOLUME
Inverting and Noninverting Elements, 2-Input NAND Buffers	'31			●	2

CF Denotes contact factory
● Denotes available technology.
▲ Denotes planned new products.
A Denotes "A" suffix version available in the technology indicated.
B Denotes "B" suffix version available in the technology indicated.
S Denotes supplement to data book.

GATES, EXPANDERS, BUFFERS, DRIVERS, AND TRANSCEIVERS

AND-OR-INVERT GATES

DESCRIPTION	TYPE	STD TTL	ALS	AS	H	L	LS	S	VOLUME
2-Wide 4-Input	'55			●	●	●			
4-Wide 4-2-3-2 Input	'64						●	●	
4-Wide 2-2-3-2 input	'54			●					2
4-Wide 2-Input	'54	●							
4-Wide 2-3-3-2 input	'54						●	●	
Dual 2-Wide 2-Input	'51	●			●	●	●	●	

AND-OR-INVERT GATES WITH OPEN-COLLECTOR OUTPUTS

DESCRIPTION	TYPE	STD TTL	ALS	AS	S	VOLUME
4-Wide 4-2-3-2-Input	'65				●	2

EXPANDABLE GATES

DESCRIPTION	TYPE	STD TTL	ALS	AS	H	L	LS	VOLUME
Dual 4-Input Positive-NOR With Strobe	'23	●						
4-Wide AND-OR	'52			●				
4-Wide AND-OR-INVERT	'53	●		●				2
2-Wide AND-OR-INVERT	'55			●	●	●		
Dual 2-Wide AND-OR-INVERT	'50	●			●			

EXPANDERS

DESCRIPTION	TYPE	STD TTL	ALS	AS	H	VOLUME
Dual 4-Input	'60	●			●	
Triple 3-Input	'61				●	2
3-2-2-3-Input AND-OR	'62				●	

BUFFER AND INTERFACE GATES WITH OPEN-COLLECTOR OUTPUTS

DESCRIPTION	TYPE	STD TTL	ALS	AS	LS	S	VOLUME
Hex	'07	●					2
	'17	●					
	'35		●				3S
	'1035		●				3
Hex Inverter	'06	●					2
	'16	●					
	'1005		●				3
Quad 2-Input Positive-NAND	'26	●			●		2
	'38	●			●	●	
	'38		A,B				3
	'39	●					2
	'1003		A				3
Quad 2-Input Positive-NOR	'33	●			●		2
	'33		A				3

BUFFERS, DRIVERS, AND BUS TRANSCEIVERS WITH OPEN-COLLECTOR OUTPUTS

DESCRIPTION	TYPE	STD TTL	ALS	AS	LS	S	VOLUME
Noninverting Octal Buffers/Drivers	'743		▲				CF
	'757		●	●			3S
	'760			●			
Inverting Octal Buffers/Drivers	'742		▲				CF
	'756			●			
	'763		●	●			
Inverting and Noninverting Octal Buffers/Drivers	'762		●	●			3S
Noninverting Quad Transceivers	'759			●			
Inverting Quad Transceivers	'758			●			

GATES, BUFFERS, DRIVERS, AND BUS TRANSCEIVERS WITH 3-STATE OUTPUTS

DESCRIPTION	TYPE	STD TTL	ALS	AS	LS	S	VOLUME
Noninverting Octal Buffers/Drivers	'241	·			●	●	2
	'241		A	●			3
	'244				●	●	2
	'244		A	●			3
	'465				●		2
	'465		A				3
	'467				●		2
	'467		A				3
	'541				●		2
	'541		●				CF
	'1241¶		●				
	'1244¶		A				3
Inverting Octal Buffers/Drivers	'231				●		
	'240				●	●	2
	'240		A	●			3
	'466				●		2
	'466		A				3
	'468				●		2
	'468		A				3
	'540				●		2
	'540		●				CF
	'1240¶		●				
Inverting and Noninverting Octal Buffers/Drivers	'230			●			3
Octal Transceivers	'245				●		2
	'245		A	▲			3
	'1245		A				3S
Noninverting Hex Buffers/Drivers	'365	A			A		2
	'365		●				3
	'367	A			A		2
	'367		●				3
Inverting Hex Buffers/Drivers	'366	A			A		2
	'366		▲				3
	'368	A			A		2
	'368		▲				3
Quad Buffers/Drivers with Independent Output Controls	'125	●			A		
	'126	●			A		2
	'425	●					
	'426	●					
Noninverting Quad Transceivers	'243				●		2
	'243		A	●			3
	'1243¶		●				
Inverting Quad Transceivers	'242				●		2
	'242		A,B	●			3
	'1242¶		●				
Quad Transceivers with Storage	'226					●	2
12-Input NAND Gate	'134					●	

50-OHM/75-OHM LINE DRIVERS

DESCRIPTION	TYPE	STD TTL	ALS	AS	S	VOLUME
Hex 2-Input Positive-NAND	'804		●	B		
Hex 2-Input Positive-NOR	'805		●	B		CF
Hex 2-Input Positive-AND	'808		●	B		
Hex 2-Input Positive-OR	'832		●	B		
Quad 2-Input Positive-NOR	'128	●				2
Dual 4-Input Positive-NAND	'140				●	

CF Denotes Contact Factory
● Denotes available technology.
▲ Denotes planned new products.
◖ Denotes very low power.
A Denotes "A" suffix version available in the technology indicated.
S Denotes supplement to data book.

BUFFERS, DRIVERS, TRANSCEIVERS, AND CLOCK GENERATORS

BUFFERS, CLOCK/MEMORY DRIVERS

DESCRIPTION	TYPE	STD TTL	ALS	AS	H	LS	S	VOLUME
Hex 2-Input Positive-NAND	'804		●	B				
Hex 2-Input Positive-NOR	'805		●	B				CF
Hex 2-Input Positive-AND	'808		●	B				
Hex 2-Input Positive-OR	'832		●	B				
Hex Inverter	'1004		●	●				
Hex Buffer	'34		▲	●				3
Hex Buffer	'1034		●	●				
Quad 2-Input Positive-NAND	'37	●				●	●	2
Quad 2-Input Positive-NAND	'1000		A	●				3
Quad 2-Input Positive-NOR	'28	●	A			●		2
Quad 2-Input Positive-NOR	'1002		A					
	'1036			●				
Quad 2-Input Positive-AND	'1008		A	●				
Quad 2-Input Positive-OR	'1032		A	●				
Triple 3-Input Positive-NAND	'1010		A					3
Triple 3-Input Positive-AND	'1011		A					
Triple 4-Input AND-NAND	'800			▲				
Triple 4-Input OR-NOR	'802			▲				
Dual 4-Input Positive-NAND	'40	●			●	●	●	2
Dual 4-Input Positive-NAND	'1020		A					3
Line Driver/Memory Driver with Series Damping Resistor	'436						●	2
Line Driver/Memory Driver	'437						●	

BI-/TRI-DIRECTIONAL BUS TRANSCEIVERS AND DRIVERS

DESCRIPTION	TYPE OF OUTPUT	TYPE	ALS	AS	LS	S	VOLUME
Quad with Bit Direction	3-State	'446			●		
Controls	3-State	'449			●		
Quad Tridirection	OC	'440			●		
	OC	'441			●		2
	3-State	'442			●		
	3-State	'443			●		
	3-State	'444			●		
	OC	'448			●		
4-Bit with Storage	3-State	'226				●	

OCTAL BUS TRANSCEIVERS/MOS DRIVERS

DESCRIPTION	TYPE	STD TTL	ALS	AS	LS	S	VOLUME
Inverting Outputs, 3-State	'2620			●			
	'2640			●			3
True Outputs, 3-State	'2623			●			
	'2645			●			

OCTAL BUFFERS AND LINE DRIVERS WITH INPUT/OUTPUT RESISTORS

DESCRIPTION		TYPE	STD TTL	ALS	AS	LS	S	VOLUME
Input Resistors	Inverting Outputs	'746		▲				
	Noninverting Outputs	'747		▲				CF
Output Resistors	Inverting Outputs	'2540		●				
	Noninverting Outputs	'2541		●				

OCTAL BI-/TRI-DIRECTIONAL BUS TRANSCEIVERS

DESCRIPTION	POWER	TYPE OF OUTPUT	TYPE	ALS	AS	LS	VOLUME
12 mA 24 mA 48 mA 64 mA Sink, True Outputs	Low Power	3 State	'245	A	●		3
						●	2
		OC	'621	A	●		3S
						●	2
		3 State	'623	A	●		3S
						●	2
		OC, 3-State	'639	A	●		3
						●	2
		3 State	'652	▲	●		3S
						●	2
		OC, 3-State	'654	▲			3
						●	2
	Very Low Power	OC	'1621	▲			
		3 State	'1623	▲			3
		OC, 3-State	'1639	▲			
12 mA 24 mA 48 mA 64 mA Sink, Inverting Outputs	Low Power	3 State	'620	A	●		3S
						●	2
		OC	'622	A	●		3S
						●	2
		OC, 3-State	'638	A	●		3
						●	2
		3 State	'851	▲	●		3S
						●	2
		OC, 3-State	'653	▲			3
						●	2
	Very Low Power	3 State	'1620	▲			
		OC	'1622	▲			3
		OC, 3-State	'1638	▲			
12 mA 24 mA 48 mA 64 mA Sink, True Outputs	Low Power	OC	'641	A	●		2
		3 State	'645	A	●		3
						●	2
	Very Low Power	OC	'1641	A			3
		3 State	'1645	A			
12 mA 24 mA 48 mA 64 mA Sink, Inverting Outputs	Low Power	3 State	'640	A	●		2
		OC	'642	A	●		3
						●	2
	Very Low Power	3 State	'1640	A			3
		OC	'1642	A			
12 mA 24 mA 48 mA 64 mA Sink, True and Inverting Outputs	Low Power	3 State	'643	A		●	2
		OC	'644	A	●		3
						●	2
	Very Low Power	3 State	'1643	A			3
		OC	'1644	A			
Registered with Multiplex 12 mA 24 mA 48 mA 64 mA True Outputs		3 State	'646	▲	●		3S
						●	2
		OC	'647	▲			3
						●	2
Registered with Multiplexed 12 mA 24 mA 48 mA 64 mA Inverting Outputs		3 State	'648	▲	●		3S
						●	2
		OC	'649	▲			3
						●	2
Universal Transceiver Port Controllers		3-State	'877			●	3S
			'852			●	CF
			'856			●	

CF Denotes contact factory
● Denotes available technology.
▲ Denotes planned new products.
A Denotes "A" suffix version available in the technology indicated.
S Denotes supplement to data book.

FLIP-FLOPS

DUAL AND SINGLE FLIP-FLOPS

DESCRIPTION	TYPE	STD TTL	ALS	AS	H	L	LS	S	VOLUME
Dual J·K Edge Triggered	'73	●			●	●	A		
	'76						A		
	'78				●	●	A		
	'103				●				2
	'106				●				
	'107	●					A		
	'108				●		A		
	'109	●					A		
			A	●					3S
	'112						A	●	2
			A	▲					3
	'113						A	●	2
			A	▲					3
	'114						A	●	2
			A	▲					3
Single J·K Edge Triggered	'70	●							
	'101				●				
	'102				●				
Dual Pulse Triggered	'73	●			●	●			
	'76	●			●				2
	'78				●	●			
	'107	●							
Single Pulse Triggered	'71	●			●	●			
	'72	●			●	●			
	'104	●							
	'105	●							
Dual J·K with Data Lockout	'111	●							
Single J·K with Data Lockout	'110	●							
Dual D·Type	'74	●			●	●	A	●	
			A	●					3S

QUAD AND HEX FLIP-FLOPS

DESCRIPTION	NO. OF FFs	OUTPUTS	TYPE	STD TTL	ALS	AS	LS	S	VOLUME
D Type	6	Q	'174	●			●	●	2
			'378		●	●	●		3
	4	Q, Q̄	'171				●	●	2
			'175	●	●	●	●	●	3S
			'379				●		
J·K	4	Q	'276	●					2
			'376	●					

OCTAL, 9-BIT, AND 10-BIT D-TYPE FLIP-FLOPS

DESCRIPTION	NO. OF BITS	OUTPUT	TYPE	STD TTL	ALS	AS	LS	S	VOLUME
True Data	Octal	3 State	'374		●	●			3
		3 State	'574		●	●	●	●	2
									3
True Data with Clear	Octal	2 State	'273		●				2
		3 State	'575		●	●	●		
		3 State	'874		●	●			3
		3 State	'878		●	●			
True with Enable	Octal	2 State	'377				●		2
Inverting	Octal	3 State	'534		●	●			
		3 State	'564		●	●			
Inverting with Clear	Octal	3 State	'576		●	●			3
		3 State	'577		●	●			
Inverting with Preset	Octal	3 State	'876		●	●			
True	Octal	3 State	'825		●				
Inverting	Octal	3 State	'826		●				
True	9 Bit	3 State	'823		●				CF
Inverting	9 Bit	3 State	'824		●				
True	10 Bit	3 State	'821		●				
Inverting	10 Bit	3 State	'822		●				

CF Denotes contact factory.
● Denotes available technology.
▲ Denotes planned new products.
A Denotes "A" suffix version available in the technology indicated.
B Denotes "B" suffix version available in the technology indicated.
S Denotes supplement to data book.

LATCHES AND MULTIVIBRATORS

QUAD LATCHES

DESCRIPTION	OUTPUT	TYPE	TECHNOLOGY					VOLUME
			STD TTL	ALS	AS	L	LS	
Dual 2 Bit Transparent	2 State	'75	•			•	•	2
	2 State	'77	•			•	•	
	2 State	'375					•	
S R	2 State	'279	•				A	

RETRIGGERABLE MONOSTABLE MULTIVIBRATORS

DESCRIPTION	TYPE	TECHNOLOGY					VOLUME
		STD TTL	ALS	AS	LS	L	
Single	'122	•			•	•	2
	'130	•					
	'422				•		
Dual	'123	•			•	•	
	'423				•		

D-TYPE
OCTAL, 9-BIT, AND 10-BIT RAD-BACK LATCHES

DESCRIPTION	NO. OF BITS	TYPE	TECHNOLOGY					VOLUME
			STD TTL	ALS	AS	LS	S	
Edge Triggered Inverting and Noninverting	Octal	'996		▲				
Transparent True	Octal	'990		▲				
	9-Bit	'992		▲				
	10-Bit	'994		▲				
Transparent Noninverting	Octal	'991		▲				5
	9-Bit	'992		▲				
	10-Bit	'994		▲				
Transparent with Clear True Outputs	Octal	'666		▲				
Transparent with Clear Inverting Outputs	Octal	'667		▲				

OCTAL, 9-BIT, AND 10-BIT LATCHES

DESCRIPTION	NO. OF BITS	OUTPUT	TYPE	TECHNOLOGY					VOLUME
				STD TTL	ALS	AS	LS	S	
Transparent	Octal	3-State	'268					•	2
		3-State	'373				•	•	3
		3-State	'573		•	•			3
Dual 4-Bit Transparent	Octal	2-State	'100	•					2
		2-State	'116	•					
		3-State	'873		•	•			
Inverting Transparent	Octal	3-State	'533		•	•			3
		3-State	'563		•				
		3-State	'580		•	•			
Dual 4-Bit Inverting Transparent	Octal	3-State	'880		•	•			
2-Input Multiplexed	Octal	3-State	'604					•	2
		OC	'605					•	
		3-State	'606					•	
		OC	'607					•	
Addressable	Octal	2-State	'259	•	•				3
Multi-Mode Buffered	Octal	3-State	'412					•	2
True	Octal	3-State	'845		•	•			
Inverting	Octal	3-State	'846		•	•			
True	9-Bit	3-State	'843		•	•			3
Inverting	9-Bit	3-State	'844		•	•			
True	10-Bit	3-State	'841		•	•			
Inverting	10-Bit	3-State	'842		•	•			

MONOSTABLE MULTIVIBRATORS WITH SCHMITT-TRIGGER INPUTS

DESCRIPTION	TYPE	TECHNOLOGY						VOLUME
		STD TTL	ALS	AS	LS	S	L	
Single	'121	•					•	2
Dual	'221	•			•			

CF Denotes contact factory.
• Denotes available technology.
▲ Denotes planned new products.
S Denotes supplement to data book.

REGISTERS

SHIFT REGISTERS

DESCRIPTION	NO. OF BITS	S-R	S-L	LOAD	HOLD	TYPE	STD TTL	ALS	AS	L	LS	S	VOLUME
Sign Protected		X		X	X	'322					A		
		X	X	X	X	'198	●						2
Parallel-In, Parallel-Out, Bidirectional	8	X	X	X	X	'299				●	●		3
		X	X	X	X	'323		●	▲				2
								●	▲				3
	4	X	X	X	X	'194	●				A	●	2
									▲				3
Parallel-In, Parallel-Out, Registered Outputs	4	X	X	X	X	'671					●		
		X	X	X	X	'672					●		2
	8	X		X	X	'199	●						
	5	X		X		'96	●			●	●		
Parallel In, Parallel Out		X		X		'95	A			●	B		2
									●				3S
	4	X		X		'99				●			
		X		X	X	'178	●						2
		X		X	X	'179	●						
		X		X		'195	●				A	●	2
									▲				3
		X		X		'295					B		2
		X		X		'395					A		2
									▲				3
Serial-In Parallel-Out	16	X		X	X	'873					●		2
	8	X				'164	●			●	●		
									▲				3
Parallel-In, Serial-Out	16	X		X	X	'674					●		2
	8	X		X	X	'165	●				A		2
									▲				3
		X		X	X	'166	●				A		2
									▲				3
Serial-In, Serial Out	8	X				'91	A			●	●		2
	4	X		X		'94	●						

SHIFT REGISTERS WITH LATCHES

DESCRIPTION	NO. OF BITS	OUTPUTS	TYPE	ALS	AS	LS	VOLUME
Parallel-In, Parallel-Out with Output Latches	4	3-State	'671			●	
		3-State	'672			●	
Serial-In, Parallel-Out with Output Latches	16	2-State	'673			●	
	8	Buffered	'594			●	
		3-State	'595			●	
		OC	'596			●	
		OC	'599			●	2
Parallel-In, Serial-Out, with Input Latches	8	2-State	'597			●	
		3-State	'589			●	
Parallel I/O Ports with Input Latches, Multiplexed Serial Inputs	8	3-State	'598			●	

SIGN-PROTECTED REGISTERS

DESCRIPTION	NO. OF BITS	S-R	S-L	LOAD	HOLD	TYPE	ALS	AS	LS	VOLUME
Sign-Protected Register	8	X		X	X	'322			A	2

REGISTER FILES

DESCRIPTION	OUTPUT	TYPE	STD TTL	ALS	AS	LS	VOLUME
8 Words × 2 Bits	3-State	'172	●				
4 Words × 4 Bits	OC	'170	●			●	2
	3-State	'670	●			●	
Dual 16 Words × 4 Bits	3-State	'870			▲		3
	3-State	'871			▲		

OTHER REGISTERS

DESCRIPTION	TYPE	STD TTL	ALS	AS	L	LS	S	VOLUME
Quadruple Multiplexers with Storage	'98				●			2
	'298	●				●		
	'398			●				3S
	'399			●				2
8-Bit Universal Shift Registers	'299					●	●	
			●	▲				3
Quadruple Bus Buffer Registers	'173	●				A		2
Octal Storage Register	'396					●		

● Denotes available technology.
▲ Denotes planned new products.
A Denotes "A" suffix version available in the technology indicated.
B Denotes "B" suffix version available in the technology indicated.
S Denotes supplement to data book.

COUNTERS

SYNCHRONOUS COUNTERS — POSITIVE-EDGE TRIGGERED

DESCRIPTION	PARALLEL LOAD	TYPE	STD TTL	ALS	AS	L	LS	S	VOLUME
Decade	Sync	'160	●				A		2
			B	●					CF
	Sync	'162	●				A		2
			B	●					CF
	Sync	'560	A						3
	Sync	'668					●		
	Sync	'690					●		2
	Sync	'692					B	●	
Decade Up/Down	Sync	'168					B		3S
			B	●					
	Async	'190	●				●		2
				●					3
	Async	'192	●			●	●		2
				●					3
	Sync	'568	A						
	Sync	'696					●		
	Sync	'698					●		2
Decade Rate Multiplier, 1/N10	Async Set-to-9	'167	●						2
4 Bit Binary	Sync	'161	●				A		2
			B	●					CF
	Sync	'163	●				A	●	2
			B	●					CF
	Sync	'561	A						3
	Sync	'669					●		
	Sync	'691					●		2
	Sync	'693					●		
	Sync	'169					B	●	3S
			B	●					
4 Bit Binary Up/Down	Async	'191	●				●		2
				●					3
	Async	'193	●			●	●		2
				●					3
	Sync	'569	A						
	Sync	'697					●		
	Sync	'699					●		2
6 Bit Binary Rate Multiplier, 1/N2		'97	●						
8 Bit Up/Down	Async CLR	'867			●				3
	Sync CLR	'869			●				

ASYNCHRONOUS COUNTERS (RIPPLE CLOCK) — NEGATIVE-EDGE TRIGGERED

DESCRIPTION	PARALLEL LOAD	TYPE	STD TTL	ALS	AS	L	LS	S	VOLUME
Decade	Set to 9	'90	A			●	●		2
		'68					●		
	Yes	'176	●				●		
	Yes	'196	●				●	●	
	Set to 9	'290	●				●		
4-Bit Binary	None	'93	A			●	●		
		'69					●		
	Yes	'177	●				●		
	Yes,	'197	●				●	●	
	None	'293	●				●		
Divide-by-12	None	'92	A				●		
Dual Decade	None	'390	●				●		
	Set to 9	'490	●				●		
Dual 4 Bit Binary	None	'393	●				●		

8-BIT BINARY COUNTERS WITH REGISTERS

DESCRIPTION	TYPE OF OUTPUT	TYPE	ALS	AS	LS	VOLUME
Parallel Register Outputs	3 State	'590			●	2
	OC	'591			●	
Parallel Register Inputs	2-State	'592			●	
Parallel I/O	3-State	'593			●	

FREQUENCY DIVIDERS, RATE MULTIPLIERS

DESCRIPTION	TYPE	STD TTL	ALS	AS	LS	VOLUME
50-to-1 Frequency Divider	'56				●	2
60-to-1 Frequency Divider	'57				●	
6-Bit Binary Rate Multiplier,	'97	●				
Decade Rate Multiplier,	'167	●				

CF Denotes contact factory.

● Denotes available technology.

▲ Denotes planned new products.

A Denotes "A" suffix version available in the technology indicated.

B Denotes "B" suffix version available in the technology indicated.

S Denotes supplement to data book.

DECODERS, ENCODERS, DATA SELECTORS/MULTIPLEXERS AND SHIFTERS

DATA SELECTORS/MULTIPLEXERS

DESCRIPTION	TYPE OF OUTPUT	TYPE	STD TTL	ALS	AS	L	LS	S	VOLUME
16 To 1	2 State	'150	●						2
	3 State	'250			●				
	3 State	'850			●				3S
	3 State	'851			●				
Dual 8 To 1	3 State	'351	●						2
8 To 1	2 State	'151	A				●	●	2
				●	●				3S
	2 State	'152	A				●		2
	3 State	'251	●				●	●	2
				●	▲				3
	3 State	'354					●		2
	2 State	'355					●		
	3 State	'356					●		
	OC	'357					●		
Dual 4 To 1	2 State	'153	●			●	●	●	
				●	●				3
	3 State	'253					●	●	2
				●	●				3
	2 State	'352					●		2
				●	●				3
	3 State	'353					●		2
				●	●				3
Octal 2 To 1 with Storage	3 State	'604					●		
	OC	'605					●		
	3 State	'606					●		2
	OC	'607					●		
Quad 2 To 1 with Storage	2 State	'98				●			
	2 State	'298		●			●		2
					●				3S
	2 State	'398					●		
	2 State	'399					●		2
Quad 2 To 1	2 State	'157	●			●	●	●	
				●	●				3
	2 State	'158					●	●	2
				●	●				3
	3 State	'257					B	●	2
				A	●				CF
	3 State	'258					B	●	2
				A	●				CF
6 to 1 Universal Multiplexer	3 State	'857		●	●				3

DECODERS/DEMULTIPLEXERS

DESCRIPTION	TYPE OF OUTPUT	TYPE	STD TTL	ALS	AS	L	LS	S	VOLUME
4 To 16	3 State	'154	●		●				
	OC	'159	●						
4 To 10 BCD To Decimal	2 State	'42	A				●	●	2
4 To 10 Excess 3 To Decimal	2 State	'43	A			●			
4 To 10 Excess 3 Gray To-Decimal	2 State	'44	A			●			
3-To-8 with Address Latches	2 State	'131		●	▲				3
		'137		●	▲				3
							●		2
3 To 8	2 State	'138		●	▲				3
							●	●	2
	3 State	'538		▲					3
Dual 2 To 4	2 State	'139		▲	●		A	●	
	2 State	'155	●				A		2
	OC	'156	●				●		
Dual 1 To 4 Decoders	3 State	'539		▲					3

CODE CONVERTERS

DESCRIPTION	TYPE	STD TTL	S	VOLUME
6 Line BCD to 6 Line Binary, Or 4 Line to 4 Line BCD 9's BCD 10's Converters	'184	●		2
6 Bit Binary to 6 Bit BCD Converters	'185	A		
BCD to Binary Converters	'484		A	4
Binary to BCD Converters	'485		A	

PRIORITY ENCODERS/REGISTERS

DESCRIPTION	TYPE	STD TTL	ALS	AS	LS	VOLUME
Full BCD	'147	●			●	2
Cascadable Octal	'148	●			●	
Cascadable Octal with 3 State Outputs	'348				●	
4 Bit Cascadable with Registers	'278	●				

SHIFTERS

DESCRIPTION	OUTPUT	TYPE	STD TTL	ALS	AS	L	LS	S	VOLUME
4 Bit Shifter	3 State	'350						●	2
Parallel 16 Bit Multi Mode Barrel Shifter	3 State	'897			▲				5

CF Denotes contact factory.
● Denotes available technology.
▲ Denotes planned new products.
A Denotes "A" suffix version available in the technology indicated.
B Denotes "B" suffix version available in the technology indicated.
S Denotes supplement to data book.

DISPLAY DECODERS/DRIVERS, MEMORY/MICROPROCESSOR CONTROLLERS, AND VOLTAGE-CONTROLLED OSCILLATORS

OPEN-COLLECTOR DISPLAY DECODERS /DRIVERS

DESCRIPTION	OFF-STATE OUTPUT VOLTAGE	TYPE	STD TTL	ALS	AS	L	LS	VOLUME
BCD-To-Decimal	30 V	'45	●					
	60 V	'141	●					
	15 V	'145	●				●	
	7 V	'445					●	
BCD-To-Seven-Segment	30 V	'46	A			●		
	15 V	'47	A			●	●	
	5.5 V	'48	●				●	
	5.5 V	'49	●				●	2
	30 V	'246	●					
	15 V	'247	●				●	
	7 V	'347					●	
	7 V	'447					●	
	5.5 V	'248	●				●	
	5.5 V	'249	●				●	

OPEN COLLECTOR DISPLAY DECODERS/DRIVERS WITH COUNTERS/LATCH

DESCRIPTION	TYPE	STD TTL	ALS	AS	VOLUME
BCD Counter/4-Bit Latch/BCD-To-Decimal Decoder/Driver	'142	●			
BCD Counter/4-Bit Latch/BCD-To-Seven-Segment Decoder/Lad Driver	'143	●			2
BCD Counter/4-Bit Latch/BCD-To-Seven-Segment Decoder/Lamp Driver	'144	●			

VOLTAGE-CONTROLLED OSCILLATORS

No. VCOs	COMP'L Z_{OUT}	ENABLE	RANGE INPUT	R_{ext}	f_{max} MHz	TYPE	LS	S	VOLUME
Single	Yes	Yes	Yes	No	20	'624	●		
Single	Yes	Yes	Yes	Yes	20	'628	●		
Dual	No	Yes	Yes	No	60	'124		●	2
Dual	Yes	Yes	No	No	20	'626	●		
Dual	No	No	No	No	20	'627	●		
Dual	No	Yes	Yes	No	20	'629	●		

MEMORY/MICROPROCESSOR CONTROLLERS

DESCRIPTION		TYPE	ALS	AS	LS	S	VOLUME
System Controllers, Universal or For 8881		890	▲				5
Memory Refresh Controllers	Transparent	4K, 16K	'600			A		
	Burst Modes 64K	'601			A		
	Cycle Steal 4K, 16K	'602			A		
	Burst Modes 64K	'603			A		
Memory Cycle Controller		608			●		
Memory Mappers	3 State	'612			●		2
	OC	'613			●		
Memory Mappers	3 State	'610			●		
With Output Latches	OC	'611			●		
Multi Mode Latches (8080A Applications)		'412				●	

CLOCK GENERATOR CIRCUITS

DESCRIPTION	TYPE	STD TTL	ALS	AS	LS	S	VOLUME
Quadruple Complementary-Output Logic Elements	'265	●					
Dual Pulse Synchronizers/Drivers	'120	●					
Crystal-Controlled Oscillators	'320				●		
	'321				●		2
Digital Phase-Lock Loop	'297				●		
Programmable Frequency	'292				●		
Dividers Digital Timers	'294				●		
Triple 4-Input AND NAND Drivers	'800		▲				3
Triple 4-Input OR NOR Drivers	'802		▲				
Dual VCO	'124					●	2

RESULTANT DISPLAYS USING '46A, '47A, '48, '49, 'L46, 'L47, 'LS47, 'LS48, 'LS49, 'LS347

0 1 2 3 4 5 6 7 8 9 10 11 12 13 14

RESULTANT DISPLAYS USING '246, '247, '248, '249, 'LS247, 'LS248, 'LS249, 'LS447

0 1 2 3 4 5 6 7 8 9 10 11 12 13 14

RESULTANT DISPLAYS USING '143, '144

0 1 2 3 4 5 6 7 8 9

● Denotes available technology.
▲ Denotes planned new products.
A Denotes "A" suffix version available in the technology indicated.

COMPARATORS AND ERROR DETECTION CIRCUITS

4-BIT COMPARATORS

| DESCRIPTION | | | | | TYPE | TECHNOLOGY | | | | | | VOLUME |
P=Q	P>Q	P<Q	OUTPUT	OUTPUT ENABLE		STD TTL	ALS	AS	L	LS	S	
Yes	Yes	No	2-State	No	'85	●			●	●	●	2

8-BIT COMPARATORS

| DESCRIPTION | | | | | | | TYPE | TECHNOLOGY | | | VOLUME |
INPUTS	P=Q	P̄=Q̄	P>Q	P<Q	OUTPUT	OUTPUT ENABLE		ALS	AS	LS	
20-kΩ Pull-Up	Yes	No	No	No	OC	Yes	'518	●			3
	No	Yes	No	No	2-State	Yes	'520	●			3
	No	Yes	No	No	OC	Yes	'522	●			3
	Yes	No	Yes	No	2-State	No	'682			●	2
	Yes	No	Yes	No	OC	No	'683			●	2
Standard	Yes	No	No	No	OC	Yes	'519	●			3
	No	Yes	No	No	2-State	Yes	'521	●			3
	Yes	No	Yes	No	2-State	No	'684			●	2
	Yes	No	Yes	No	OC	No	'685			●	2
	Yes	No	Yes	No	2-State	Yes	'686			●	2
	Yes	No	Yes	No	OC	Yes	'687			●	2
	No	Yes	No	Yes	2-State	Yes	'688	●			3
										●	2
	No	Yes	No	No	OC	Yes	'689	●			3
										●	2
Latched P	No	No	Yes	Yes	2-State	Yes	'885		●		3
Latched P and Q	Yes	No	Yes	Yes	Latched	Yes	'866		●		3

ADDRESS COMPARATORS

| DESCRIPTION | OUTPUT ENABLE | LATCHED OUTPUT | TYPE | TECHNOLOGY | | VOLUME |
				ALS	AS	
16-Bit to 4-Bit	Yes		'677	●		
		Yes	'678	●		
12-Bit to 4-Bit	Yes		'679	●		3S
		Yes	'680	●		

PARITY GENERATORS/CHECKERS, ERROR DETECTION AND CORRECTION CIRCUITS

| DESCRIPTION | | NO. OF BITS | TYPE | TECHNOLOGY | | | | | VOLUME |
				STD TTL	ALS	AS	LS	S	
Odd/Even Parity Generators/Checkers		8	'180	●			●	●	2
		9	'280		●	▲			3
		9	'286			▲			3
Parallel Error Detection/Correction Circuits	3-State	8	'636				●		2
	OC	8	'637				●		2
	3-State	16	'616		▲	●			5
	OC	16	'617		▲				5
	3-State	16	'630				●		2
	OC	16	'631				●		2
	3-State	32	'632		A				
	OC	32	'633		▲				CF
	3-State	32	'634		▲				
	OC	32	'635		▲				

FUSE-PROGRAMMABLE COMPARATORS

| DESCRIPTION | TYPE | TECHNOLOGY | | | | | VOLUME |
		STD TTL	ALS	AS	LS	S	
16-Bit Identity Comparator	'526		▲				
12-Bit Identity Comparator	'528		▲				3
8-Bit Identity Comparator and 4-Bit Comparator	'527		▲				

CF Denotes contact factory.
● Denotes available technology.
▲ Denotes planned new products.
S Denotes supplement to data book.

ARITHMETIC CIRCUITS AND PROCESSOR ELEMENTS

PARALLEL BINARY ADDERS

DESCRIPTION	TYPE	TECHNOLOGY						VOLUME
		STD TTL	ALS	AS	H	LS	S	
1-Bit Gated	'80	●						
2-Bit	'82	●						
4-Bit	'83	A				A		2
	'283	●				●	●	
Dual 1-Bit Carry-Save	'183					●	●	

ACCUMULATORS, ARITHMETIC LOGIC UNITS, LOOK-AHEAD CARRY GENERATORS

DESCRIPTION		TYPE	TECHNOLOGY					VOLUME
			STD TTL	ALS	AS	LS	S	
4-Bit parallel Binary Accumulators		'281					●	
		'681				●	●	2
4-Bit Arithmetic Logic Units/ Function Generators		'181		●		●	●	3
		'381			A		●	2
		'881			A			3
4-Bit Arithmetic Logic Unit with Ripple Carry		'382				●		2
Look-Ahead Carry Generators	16-Bit	'182		●			●	2
		'282			▲			3
	32-Bit	'882			●			3
Quad Serial Adder/Subtractor		'385				●		2
8-Bit Slice Elements		'888			▲			5

MULTIPLIERS

DESCRIPTION	TYPE	TECHNOLOGY					VOLUME
		STD TTL	ALS	AS	LS	S	
2-Bit-by-4-Bit Parallel Binary Multipliers	'261				●		
4-Bit-by-4-Bit Parallel Binary Multipliers	'284	●					
	'285	●					2
25-MHz 6-Bit Binary Rate Multipliers	'97	●					
25-MHz Decade Rate Multipliers	'167	●					
8-Bit × 1-Bit 2's Complement Multipliers	'384				●		
16-Bit Multimode Multiplier	'1616		▲				5

OTHER ARITHMETIC OPERATORS

DESCRIPTION	TYPE	TECHNOLOGY							VOLUME
		STD TTL	ALS	AS	H	L	LS	S	
Quad 2-Input Exclusive-OR Gates with Totem-Pole Outputs	'86	●				●	A	●	2 / 3S
	'386						A		2
Quad 2-Input Exclusive-OR Gates with Open-Collector Outputs	'136		●					●	3S
Quad 2-Input Exclusive-NOR Gates	'266						●		2 / 3S
	'810		●	▲					3S
Quad 2-Input Exclusive-NOR Gates with Open-Collector Outputs	'811		●	▲					3S
Quad Exclusive OR/NOR Gates	'135						●		2
4-Bit True/Complement Element	'87				●				2

BIPOLAR BIT-SLICE PROCESSOR ELEMENTS

DESCRIPTION	CASCADABLE TO N-BITS	TYPE	TECHNOLOGY				VOLUME
			ALS	AS	LS	S	
8-Bit-Slice	Yes	'888		●			5

● Denotes available technology.
▲ Denotes planned new products.
A Denotes "A" suffix version available in the technology indicated.
S Denotes supplement to data book.

MEMORIES

USER-PROGRAMMABLE READ-ONLY MEMORIES (PROM's)
STANDARD PROM's

DESCRIPTION	TYPE	ORGANIZATION	TYPE OUTPUT	S	VOLUME
16K-Bit Arrays	TBP28S166	2048W × 8B	3-State	●	
	TBP38S165	2048W × 8B	3-State	▲	
	TBP38S166	2048W × 8B	3-State	▲	
	TBP38SA165	2048W × 8B	OC	▲	
	TBP38SA166	2048W × 8B	OC	▲	
	TBP34S162	4096W × 4B	3-State	▲	
	TBP34SA162	4096W × 4B	OC	▲	
8K-Bit Arrays	TBP24S81	2048W × 4B	3-State	●	
	TBP24SA81	2048W × 4B	OC	●	
	TBP28S85A	1024W × 8B	3-State	●	
	TBP28S86A	1024W × 8B	3-State	●	
	TBP28SA86A	1024W × 8B	OC	●	
	TBP38S85	1024W × 8B	3-State	▲	
	TBP38S86	1024W × 8B	3-State	▲	
	TBP38SA85	1024W × 8B	OC	▲	
	TBP38SA86	1024W × 8B	OC	▲	4
4K-Bit Arrays	TBP24S41	1024W × 4B	3-State	●	
	TBP24SA41	1024W × 4B	OC	●	
	TBP28S42	512W × 8B	3-State	●	
	TBP28SA42	512W × 8B	OC	●	
	TBP28S46	512W × 8B	3-State	●	
	TBP28SA46	512W × 8B	OC	●	
2K-Bit Arrays	TBP38S22	256W × 8B	3-State	▲	
	TBP38SA22	256W × 8B	OC	▲	
1K-Bit Arrays	TBP24S10	256W × 4B	3-State	●	
	TBP24SA10	256W × 4B	OC	●	
	TBP34S10	256W × 4B	3-State	▲	
	TBP34SA10	256W × 4B	OC	▲	
256-Bit Arrays	TBP18S030	32W × 8B	3-State	●	
	TBP18SA030	32W × 8B	OC	●	
	TBP38S030	32W × 8B	3-State	●	
	TBP38SA030	32W × 8B	OC	●	

LOW-POWER PROM's

DESCRIPTION	TYPE	ORGANIZATION	TYPE OUTPUT	S	VOLUME
16K-Bit Arrays	TBP28L166	2048W × 8B	3-State	●	
	TBP38L165	2048W × 8B	3-State	●	
	TBP38L166	2048W × 8B	3-State	▲	
	TBP34L162	4096W × 4B	3-State	▲	
8K-Bit Arrays	TBP28L85A	1024W × 8B	3-State	▲	
	TBP28L86A	1024W × 8B	3-State	▲	
	TBP38L85	1024W × 8B	3-State	▲	
	TBP38L86	1024W × 8B	3-State	▲	4
4K-Bit Arrays	TBP28L42	512W × 8B	3-State	●	
	TBP28L46	512W × 8B	3-State	●	
2K-Bit Arrays	TBP28L22	256W × 8B	3-State	●	
	TBP28LA22	256W × 8B	OC	▲	
	TBP38L22	256W × 8B	3-State	▲	
1K-Bit Arrays	TBP34L10	256W × 4B	3-State	▲	
256-Bit Arrays	TBP38L030	32W × 8B	3-State	▲	

REGISTERED PROM's

DESCRIPTION	TYPE	ORGANIZATION	TYPE OUTPUT	S	VOLUME
16K-Bit Arrays	TBP34R162	4096W × 4B	3-State	▲	4
	TBP34SR165	4096W × 4B	3-State	▲	

RANDOM-ACCESS READ-WRITE MEMORIES (RAM's)

DESCRIPTION	ORGANIZATION	TYPE OF OUTPUT	TYPE	TECHNOLOGY STD TTL	ALS	AS	LS	S	VOLUME
256-Bit Arrays	256 × 1	3-State	'201					●	
		OC	'301					●	
64-Bit Arrays	16 × 4	OC	'89	●					
		3-State	'189				A	B	4
		3-State	'219				A		
		OC	'289				A	B	
		OC	'319				A		
16-Bit Multiple-Port Register File	8 × 2	3-State	'172	●					
16-Bit Register File	4 × 4	OC	'170	●			●		2
		3-State	'670				●		
Dual 64-Bit Register Files	16 × 4	3-State	'870			●			3
			'871			●			

FIRST-IN FIRST-OUT MEMORIES (FIFO'S)

DESCRIPTION	TYPE OF OUTPUT	TYPE	TECHNOLOGY ALS	AS	LS	LS	VOLUME
16 Words × 5 Bits	3-State	'225			●		
64 Words × 5 Bits	3-State	'233	▲				5
64 Words × 4 Bits	3-State	'232	▲				

● Denotes available technology.
▲ Denotes planned new products.
A Denotes "A" suffix version available in the technology indicated.
B Denotes "B" suffix version available in the technology indicated.

PROGRAMMABLE LOGIC ARRAYS

PROGRAMMABLE LOGIC ARRAYS

DESCRIPTION	INPUTS	NO.	OUTPUTS TYPE	TYPE NO	ALS	NO. OF PINS	VOLUME
Impact PAL® Circuits	16	8	Active-Low	'PAL16L8-15	●	20	
		4		'PAL16R4-15	●		
		6	Registered	'PAL16R6-15	●		
		8		'PAL16R8-15	●		
Half-Power Impact Circuits	16	8	Active-low	'PAL16L8-25	●	20	
		4		'PAL16R4-25	●		
		6	Registered	'PAL16R6-25	●		
		8		'PAL16R8-25	●		
High-Performance PAL® Circuits	16	8	Active-Low	'PAL16L8A	●	20	
		4		'PAL16R4A	●		
		6	Registered	'PAL16R6A	●		
		8		'PAL16R8A	●		
Half-Power PAL® Circuits	16	8	Active-Low	'PAL16L8A-2	●	20	
		4		'PAL16R4A-2	●		
		6	Registered	'PAL16R6A-2	●		
		8		'PAL16R8A-2	●		
High-Performance PAL® Circuits	20	8	Active-Low	'PAL20L8A	▲	24	
		4		'PAL20R4A	▲		
		6	Registered	'PAL20R6A	▲		
		8		'PAL20R8A	▲		
Half-Power PAL® Circuits	20	8	Active-Low	'PAL20L8A-2	▲	24	
		4		'PAL20R4A-2	▲		
		6	Registered	'PAL20R6A-2	▲		
		8		'PAL20R8A-2	▲		
Exclusive-OR PAL® Circuits	20	10	Active Low	'PAL20L10-20	▲	24	4
		4		'PAL20X4-20	▲		
		8	Registered	'PAL20X8-20	▲		
		10		'PAL20X10-20	▲		
Exclusive-OR PAL® Circuits	20	8	Active-Low	'PALR19L8-35	▲	24	
		4		'PAL20X4-35	▲		
		8	Registered	'PAL20X8-35	▲		
		10		'PAL20X10-35	▲		
Registered-Input PAL® Circuits	19	8	Active-Low	'PAL19L8-25	▲	24	
		4		'PALR19R4-25	▲		
		6	Registered	'PALR19R6-25	▲		
		8		'PALR19R8-25	▲		
Registered-Input PAL® Circuits	19	8	Active-Low	'PALR19L8-40	▲	24	
		4		'PALR19R4-40	▲		
		6	Registered	'PALR19R6-40	▲		
		8		'PALR19R8-40	▲		
Latched-Input PAL® Circuits	19	8	Active-Low	'PALT19L8-25	▲	24	
		4		'PALT19R4-25	▲		
		6	Registered	'PALT19R6-25	▲		
		8		'PALT19R8-25	▲		
Latched-Input PAL® Circuits	19	8	Active-Low	'PALT19L8-40	▲	24	
		4		'PALT19R4-40	▲		
		6	Registered	'PALT19R6-40	▲		
		8		'PALT19R8-40	▲		
Field-Programmable 14 x 32 x 6 Logic Arrays	14	6	3-State	FPLA839	●	24	
			OC	FPLA840	●		

® PAL is a registered trademark of Monolithic Memories Incorporated.

● Denotes available technology.
▲ Denotes planned new products.

國家圖書館出版品預行編目資料

數位 IC 積木式實驗與專題製作：附數位實驗模板 PCB / 盧明智編著. -- 四版. -- 新北市：全華圖書, 2019.12
　　面 ；　　公分
ISBN 978-986-503-315-6(平裝)

1.積體電路　2.實驗

448.62034　　　　　　　　　108022307

數位 IC 積木式實驗與專題製作

(附數位實驗模板 PCB)

作者 / 盧明智

發行人 / 陳本源

執行編輯 / 賴辰豪

出版者 / 全華圖書股份有限公司

郵政帳號 / 0100836-1 號

印刷者 / 宏懋打字印刷股份有限公司

圖書編號 / 03838036

四版一刷 / 2020 年 1 月

定價 / 新台幣 670 元

ISBN / 978-986-503-315-6 (平裝)

全華圖書 / www.chwa.com.tw

全華網路書店 Open Tech / www.opentech.com.tw

若您對書籍內容、排版印刷有任何問題，歡迎來信指導 book@chwa.com.tw

臺北總公司(北區營業處)
地址：23671 新北市土城區忠義路 21 號
電話：(02) 2262-5666
傳真：(02) 6637-3695、6637-3696

中區營業處
地址：40256 臺中市南區樹義一巷 26 號
電話：(04) 2261-8485
傳真：(04) 3600-9806

南區營業處
地址：80769 高雄市三民區應安街 12 號
電話：(07) 381-1377
傳真：(07) 862-5562

✂ (請由此線剪下)

歡迎加入 全華會員

● **會員享**

會員享購書折扣、紅利積點、生日禮金、不定期優惠活動…等。

● **如何加入會員**

填妥讀者回函卡直接傳真 (02) 2262-0900 或寄回,將由專人協助登入會員資料,待收到 E-MAIL 通知後即可成為會員。

如何購買 全華書籍

1. 網路購書

全華網路書店「http://www.opentech.com.tw」,加入會員購書更便利,並享有紅利積點回饋等各式優惠。

2. 全華門市、全省書局

歡迎至全華門市(新北市土城區忠義路21號)或全省各大書局、連鎖書店選購。

3. 來電訂購

(1) 訂購專線:(02) 2262-5666 轉 321-324
(2) 傳真專線:(02) 6637-3696
(3) 郵局劃撥(帳號:0100836-1 戶名:全華圖書股份有限公司)
※ 購書未滿一千元者,酌收運費 70 元。

OpenTech.com.tw 全華網路書店

全華網路書店 www.opentech.com.tw
E-mail: service@chwa.com.tw

※ 本會員制如有變更則以最新修訂制度為準,造成不便請見諒。

親愛的讀者：

感謝您對全華圖書的支持與愛護，雖然我們很慎重的處理每一本書，但恐仍有疏漏之處，若您發現本書有任何錯誤，請填寫於勘誤表內寄回，我們將於再版時修正，您的批評與指教是我們進步的原動力，謝謝！

全華圖書 敬上

勘 誤 表

書 號			
頁 數	行 數	書 名	作 者
		錯誤或不當之詞句	建議修改之詞句

我有話要說：（其它之批評與建議，如封面、編排、內容、印刷品質等・・・）